全国专业技术人员新职业培训教程

虚拟现实工程技术人员 初级

虚拟现实应用开发

人力资源社会保障部专业技术人员管理司　组织编写

中国人事出版社

图书在版编目（CIP）数据

虚拟现实工程技术人员：初级.虚拟现实应用开发 / 人力资源社会保障部专业技术人员管理司组织编写. -- 北京：中国人事出版社，2023

全国专业技术人员新职业培训教程

ISBN 978-7-5129-1798-9

Ⅰ.①虚… Ⅱ.①人… Ⅲ.①虚拟现实 - 技术培训 - 教材 Ⅳ.①TP391.98

中国国家版本馆 CIP 数据核字（2023）第 014915 号

中国人事出版社出版发行

（北京市惠新东街 1 号　邮政编码：100029）

*

保定市中画美凯印刷有限公司印刷装订　　新华书店经销

787 毫米 ×1092 毫米　16 开本　29.5 印张　447 千字
2023 年 3 月第 1 版　　2023 年 3 月第 1 次印刷

定价：68.00 元

营销中心电话：400-606-6496

出版社网址：http://www.class.com.cn

版权专有　　侵权必究

如有印装差错，请与本社联系调换：（010）81211666
我社将与版权执法机关配合，大力打击盗印、销售和使用盗版图书活动，敬请广大读者协助举报，经查实将给予举报者奖励。
举报电话：（010）64954652

本书编委会

指导委员会

主　　任：赵沁平

副 主 任：王涌天

委　　员：胡事民　史元春　周　昆　马惠敏　陈宝权　黄　华　迟小羽

编审委员会

总 编 审：宋维涛

副总编审：翁冬冬

主　　编：刘　越

副 主 编：路　行　胡　翔　周立经

编写人员：王　达　胡　清　胡开拓　王　靖

主审人员：陶建华　武仲科　史晓刚

出版说明

当今世界正经历百年未有之大变局,我国正处于实现中华民族伟大复兴关键时期。在全球经济低迷,我国加快形成以国内大循环为主体、国内国际双循环相互促进的新发展格局背景下,数字经济发挥着提振经济的重要作用。党的十九届五中全会提出,要发展战略性新兴产业,推动互联网、大数据、人工智能等同各产业深度融合,推动先进制造业集群发展,构建一批各具特色、优势互补、结构合理的战略性新兴产业增长引擎。"十四五"期间,数字经济将继续快速发展、全面发力,成为我国推动高质量发展的核心动力。

近年来,人工智能、物联网、大数据、云计算、数字化管理、智能制造、工业互联网、虚拟现实、区块链、集成电路等数字技术领域新职业不断涌现,这些新职业从业人员通过不断学习与探索,将推动科技创新、释放巨大能量,推动人们生产生活方式智能化、智慧化、数字化,推动传统产业转型升级,为经济高质量发展注入强劲活力。我国在技术、消费与应用领域具备数字经济创新领先优势,但还存在数字技术人才供给缺口较大、关键核心技术领域自主创新能力不足、数字经济与实体经济融合的深度和广度不够等问题。发展数字经济,推进数字产业化和产业数字化,推动数字经济和实体经济深度融合,急需培育壮大数字技术工程师队伍。

人力资源社会保障部会同有关行业主管部门将陆续制定颁布数字技术领域国家职业标准,坚持以职业活动为导向、以专业能力为核心,遵循人才成长规律,对从业人员的理论知识和专业能力提出综合性引导性培养标准,为加快培育数字技术人才提供基本依据。根据《人力资源社会保障部办公厅关于加强新职业培训工作的通知》（人社厅发〔2021〕28号）要求，为提高新职业培训的针对性、有效性，进一步发挥新职业培训促进更好就业的作用，人力资源社会保障部专业技术人员管理司组织相关领域的专家学者编写了全国专业技术人员新职业培训教程，供相关领域开展新职业培训使用。

本系列教程依据相应国家职业标准和培训大纲编写，划分初级、中级、高级三个等级，有的职业划分若干职业方向。教程紧贴数字技术人员职业活动特点，定位于全国平均水平，且是相关数字技术人员经过继续教育或岗位实践能够达到的水平，突出该职业领域的核心理论知识、主流技术及未来发展要求，为教学活动和培训考核提供规范和引导，将帮助广大有意或正在从事数字技术职业人员改善知识结构、掌握数字技术、提升创新能力。

希望本系列教程的出版，能够在加强数字技术人才队伍建设、推动数字经济快速发展中发挥支持作用。

目 录

绪论 ····· 001

第一章　虚拟现实引擎工具 ····· 007
第一节　虚拟现实引擎工具的概况和安装 ····· 009

第二节　虚拟现实引擎工具术语 ····· 015

第三节　虚拟现实引擎编辑器 ····· 019

第二章　虚拟现实基础交互 ····· 025
第一节　编程基础 ····· 027

第二节　蓝图基础 ····· 145

第三节　输入响应 ····· 218

第四节　变换组件 ····· 224

第五节　物理组件概述 ····· 235

第六节　物理碰撞 ····· 237

第七节　射线检测 ····· 243

第八节　用户界面设计器 ····· 251

第九节　控件及交互组件 ····· 258

第三章 虚拟现实显示设备应用 ································ 273

第一节 打包项目 ································ 275

第二节 在虚拟现实设备上运行 ································ 285

第四章 代码调试和版本管理 ································ 291

第一节 代码调试工具 ································ 293

第二节 错误处理 ································ 313

第三节 软件版本管理 ································ 325

第五章 软件测试概述 ································ 351

第一节 软件测试基础 ································ 353

第二节 系统测试环境搭建 ································ 387

第六章 黑盒测试 ································ 389

第一节 黑盒测试概述 ································ 391

第二节 黑盒测试用例设计技术 ································ 393

第七章 白盒测试 ································ 413

第一节 白盒测试概述 ································ 415

第二节 白盒测试用例设计技术 ································ 420

第八章 软件测试报告 ································ 437

第一节 测试大纲、计划和用例模板 ································ 439

第二节 测试报告模板 ································ 451

参考文献 ································ 461

后记 ································ 463

绪　论

虚拟现实（Virtual Reality，VR）是一个新兴的、快速增长的行业。随着信息技术，尤其是5G、智能传感器与图形显示等技术的发展，虚拟现实技术已成为21世纪最先进的主流技术之一，并且在产业应用方面的贡献日益突出。虚拟现实以其独特的沉浸性、构想性和交互性在商业、工业、军事、医疗、教育、传媒、娱乐等众多领域应用广泛且深入，实现了各传统型产业/专业的增值、增效。当前，产业的发展急需虚拟现实高素质、复合型技术技能人才的支撑。

新职业的发布意味着虚拟现实职业将逐步建立统一的规范，相关的培训教育体系也会日益完善。建立新职业信息发布制度是国际的通行做法，也是职业分类动态调整机制的重要内容。而且，新职业的发布还具有如下意义：

（1）有利于促进就业创业。通过发布新职业信息对新职业进行规范，加快开发就业岗位，扩大就业容量，强化职业指导和就业服务，促进劳动者的就业创业。

（2）有利于促进职业教育和职业培训改革。推动专业设置、课程内容与社会需求和企业的实际生产相适应，促进职业教育培训质量的提升，实现人才的培养和培训与社会需求的紧密衔接。

（3）有利于完善我国的职业分类和职业标准体系。将新职业纳入国家职业分类统一管理，并根据产业发展和人才队伍建设的需要，加快职业技能标准的开发工作，有利于建立动态更新的职业分类体系，以及完善的职业标准体系。

可见，随着虚拟现实工程技术人员职业的发布，相信虚拟现实的未来会更美好。

虚拟现实工程技术人员（初级）——虚拟现实应用开发

一、虚拟现实工程技术人员的职业概况

（一）职业定义

使用虚拟现实引擎及相关工具，进行虚拟现实产品的策划、设计、编码、测试、维护和服务的工程技术人员。

（二）专业技术等级

本职业共设三个等级，分别为：初级、中级、高级。

初级、中级、高级均设两个职业方向：虚拟现实应用开发、虚拟现实内容设计。

（三）专业技术考核要求

取得初级培训学时证明，并具备以下条件之一者，可申报初级专业技术等级：

（1）取得技术员职称。

（2）具备相关专业大学本科及以上学历（含在读的应届毕业生）。

（3）具备相关专业大学专科学历，从事本职业技术工作满1年。

（4）技工院校毕业生按国家有关规定申报。

取得中级培训学时证明，并具备以下条件之一者，可申报中级专业技术等级：

（1）取得助理工程师职称后，从事本职业技术工作满2年。

（2）具备大学本科学历，或学士学位，或大学专科学历，取得初级专业技术等级后，从事本职业技术工作满3年。

（3）具备硕士学位或第二学士学位，取得初级专业技术等级后，从事本职业技术工作满1年。

（4）具备相关专业博士学位。

（5）技工院校毕业生按国家有关规定申报。

取得高级培训学时证明，并具备以下条件之一者，可申报高级专业技术等级：

（1）取得工程师职称后，从事本职业技术工作满3年。

（2）具备硕士学位，或第二学士学位，或大学本科学历，或学士学位，取得中级专业技术等级后，从事本职业技术工作满4年。

（3）具备博士学位，取得中级专业技术等级后，从事本职业技术工作满1年。

（4）技工院校毕业生按国家有关规定申报。

二、虚拟现实工程技术人员的职业功能

（一）职业定位

近年来，虚拟现实应用技术在国内外都得到了飞速发展并且逐步走向成熟，不管是企业还是国家都对虚拟现实技术有着强烈的发展需求。同时，虚拟现实技术也是国家工业2025年规划的重点发展行业。当前我国虚拟现实技术人才相当短缺，现有的技术人员主要从游戏、动漫、3D仿真、模型等行业转型而来，与行业结合的复合型高级人才的储备明显不足，无法有效满足产业快速发展的需要。

虚拟现实工程技术人员主要面向虚拟现实、增强现实、动漫游戏、网络传媒、软件开发等高新技术行业，以及房产动画、装饰装潢、建筑设计、出版等商业文化单位，能在动漫、游戏、人机交互、影视及广告、图书、网络媒体、建筑、服装、艺术、工业等行业从事虚拟现实开发、产品概念设计、策划、角色造型设计、全景视频缝合等工作。

（二）专业能力要求

按照《虚拟现实工程技术人员国家职业技术技能标准》（见表0-1），初级、中级、高级均分为虚拟现实应用开发和虚拟现实应用设计两个方向。专业能力分为搭建虚拟现实系统、开发虚拟现实应用、设计虚拟现实内容、优化虚拟现实效果、管理虚拟现实项目5个板块。根据专业技术等级的提高，每个专业对能力要求模块的占比也有所调整。

虚拟现实工程技术人员所需的技能可以划分为两类，分别是基础知识和专业技能。初级、中级、高级对专业能力和相关知识的要求依次递进，即高级别涵盖低级别的要求。

基础知识涵盖了搭建虚拟现实系统和管理虚拟现实项目两方面的相关知识，更倾向于理论知识点，同时适用于虚拟现实应用开发和虚拟现实内容设计两个职业方向的理论知识学习。

表 0-1　专业能力要求

项目	专业技术等级	初级/%		中级/%		高级/%	
		虚拟现实应用开发	虚拟现实内容设计	虚拟现实应用开发	虚拟现实内容设计	虚拟现实应用开发	虚拟现实内容设计
专业能力要求	搭建虚拟现实系统	30	25	25	20	20	15
	开发虚拟现实应用	55	—	45	—	30	—
	设计虚拟现实内容	—	60	—	45	—	30
	优化虚拟现实效果	—	—	10	15	20	25
	管理虚拟现实项目	15	15	20	20	30	30
合计		100	100	100	100	100	100

专业能力要求中的开发虚拟现实应用和优化虚拟现实效果是虚拟现实应用开发职业方向的专业知识。开发虚拟现实应用由开发应用程序和测试应用两部分组成；优化虚拟现实效果的主要内容是优化虚拟现实交互效果，合理配置项目性能消耗。这两方面的内容更倾向于实际操作应用类技能。而且，随着专业技术等级的提升，这两方面的知识将逐步深入。

专业要求中的设计虚拟现实内容和优化虚拟现实效果是虚拟现实内容设计职业方向的专业知识，也是倾向于实际操作应用的相关知识。设计虚拟现实内容由采集数据、制作三维模型、制作材质、处理图像、创建与渲染场景等相关知识点构成；优化虚拟现实效果的主要内容是优化三维模型、二维图像等资源的制作方式。而且，随着专业技术等级的提升，这两方面的知识将逐步深入。

（三）主要工作任务

（1）虚拟现实软件的产品策划、场景设计、界面设计、模型制作、程序开发、系统测试。

（2）设计、开发、集成、测试虚拟现实硬件系统。

（3）研究、应用虚拟现实体系架构、技术和标准。

（4）管理、监控、维护并保障虚拟现实产品的稳定和安全运行。

（5）提供虚拟现实技术相关的技术咨询、技术培训和技术支持服务。

三、市场需求和职业前景

（一）市场需求

信息产业是我国国民经济的基础性、战略性、先导性产业，对我国经济结构的调整具有重要的示范意义，是稳增长、促改革的主战场。我国是全球领先的信息产业大国，虚拟现实作为下一个时代的交互方式，是如今最受关注的前沿科技之一。以虚拟现实等产品为代表的一批市场反响好、用户体验佳的创新性产品推动了供给侧改革，成为提升消费类电子产品有效供给能力的重要手段。

虚拟现实技术起源于20世纪60年代，是指借助计算机系统及传感器技术生成三维环境，创造出一种崭新的人机交互方式，并通过调动用户的各种感官（视觉、听觉、触觉、嗅觉等）来享受更加真实甚至有如身临其境的体验，可广泛应用于游戏、新闻媒体、社交、体育与比赛、电影、演唱会、教育、电商、医学、城市规划、房地产等。而且，随着硬件性能提升和成本大幅度降低，近年来虚拟现实产品获得了广泛发展。

（二）职业前景

据全球VR人才供需报告显示，在全球VR人才的三大梯队中，美国、英国、中国的VR人才占比分别为40%、8%和2%。而从人才需求来看，中国的VR人才需求量居于全球第二，仅次于美国。

相关行业的发展需要大量的VR技术人才。除了医疗、装修、教育等垂直细分领域持续地保持用人需求外，视频平台网站在招聘网上放出的招聘信息，也同样有VR专业技术人才的需求。如VR+游戏、VR+教育、VR+医疗、VR+房地产等行业都在积极开拓自身在虚拟现实领域的新突破。现如今，VR市场愈发蓬勃壮大，其对人才的需求也达到了前所未有的高度。

"VR+"将对互联网模式进行重构。随着VR等新技术的发展，现实世界和虚拟世界将逐渐结合，未来五年互联网将发生巨大变化，VR技术将会改变商业、金融、房地产、制造、医疗等各个行业及领域。VR对传统行业商业模式的改变，会像以前互联网商业模式对传统商业模式的冲击，完全不是一个维度上的竞争。可见，VR人才，尤其是精通VR技术与行业应用的"VR+"复合型人才将成为紧缺人才。

四、本教材包含的内容

本教材是面向虚拟现实工程技术人员应用开发方向的开发人员，以虚拟现实应用开发流程的先后顺序，以及与之对应的内容展开讲解。本教材共八章，首先从开发虚拟现实应用所需的虚拟现实引擎工具为入口，讲述了国内外主流的引擎工具，并以某型通用软件为例展开介绍。其次讲述了开发虚拟现实应用所需的编程语言基础，引擎工具中常用到的组件和功能模块。再次讲述了虚拟现实应用开发完成后如何打包发布到虚拟现实显示设备上运行。最后讲述了虚拟现实应用在开发过程中需要涉及的调试和测试过程，以及需要用到的软件、方法、流程等内容，并完整讲述了开发虚拟现实应用的流程和需要具备的能力。

第一章
虚拟现实引擎工具

虚拟现实引擎工具为虚拟现实的内容设计和应用开发提供了方便,并且推动了虚拟现实技术在其他行业或者领域的交叉应用。虚拟现实应用开发者要根据业务要求掌握相关的虚拟现实引擎工具的特性、各功能模块,并能使用虚拟现实引擎工具开发虚拟现实交互系统。

本章介绍虚拟现实引擎工具的下载和安装,并介绍与虚拟现实引擎工具相关联的术语和各个功能模块所对应的编辑器。

- **职业功能:** 开发虚拟现实应用。
- **工作内容:** 开发应用程序。
- **专业能力要求:** 能使用虚拟现实引擎及相关工具实现基础交互功能。
- **相关知识要求:** 计算机软件编程基础知识;虚拟现实引擎及相关工具知识。

第一节　虚拟现实引擎工具的概况和安装

考核知识点及能力要求：
- 掌握虚拟现实引擎工具的概况。
- 掌握虚拟现实引擎工具的安装。

用虚拟现实引擎工具开发虚拟现实系统，有两大必不可少的部分，分别是虚拟现实内容设计和应用开发。在虚拟现实引擎工具中，为开发者准备了可以高度渲染3D图形的工具，运用这些工具就可以制作出逼真唯美的虚拟场景。但是在得到高分辨率的3D图形渲染效果的同时，也对开发者的硬件设备提出了更高的要求。介绍引擎安装之前，对国内外主流的虚拟现实引擎工具进行介绍。

一、主流虚拟现实引擎工具

早期，国内外的引擎大多面向游戏行业，如国外的Unity3D、Unreal Engine 4、CryEngine等引擎。随着虚拟现实技术的不断发展，虚拟现实与各个行业或领域的结合应用不断成熟，这些引擎也慢慢成为虚拟现实应用开发的主流引擎工具。而国内也针对虚拟现实应用开发设计了自主引擎，例如IdeaVR。这些引擎工具都有各自的特点，下面将分别介绍。

（一）Unity3D

Unity3D是由Unity Technologies公司开发的一个让用户创建，诸如三维视频游戏、建筑可视化、实时三维动画等类型互动内容的多平台的综合型游戏开发工具，是一个全面整合的专业游戏引擎。Unity类似于Director、Blender game engine、Virtools或Torque Game Builder等利用交互的图形化开发环境为首要方式的软件。其编辑器运行在Windows和Mac OS X下，可发布游戏至Windows、Mac、Wii、iPhone、WebGL（需要HTML5）、Windows phone 8和Android平台，而且可以利用Unity web player插件发布网页游戏，并支持Mac和Windows的网页浏览。同时，Mac支持其网页播放器。

（二）Unreal Engine 4

Unreal Engine 4由Epic Game公司设计开发。Unreal Engine 4专为具有很高的视觉效果要求的3A级游戏和照片级的可视化项目而设计，通过使用自定义光照、着色、视觉特效，以及过场动画系统，把应用于计算机和虚拟现实中的视觉效果推向极致。

Unreal Engine 4中包含蓝图工具和可视化调试系统，可以快速构建游戏原型并制作完整游戏、模拟及可视化内容，从而使游戏内容的创建变得更方便，其设计目标是赋予美工人员及游戏设计人员尽可能多的控制权来开发可视化环境中的资源，同时为程序员提供一个高度模块化的、可升级的、可扩展的架构，以便可以开发、测试及发行各种类型的游戏。

（三）CryEngine

CryEngine引擎由德国Crytek公司设计研发。在3D技术方面，CryEngine 5引擎支持基于物理的渲染，使用真实世界的物理质感来模拟光和材料之间的相互作用，通过复制光线在真实世界中的效果，让游戏中的虚拟世界更加逼真，并且充分发挥HDR（高动态光照渲染）的作用，实现令人震撼的大片级画质。

CryEngine提供了所见即所玩的可视化关卡编辑器——沙盒，具有直观而且强大的关卡设计功能，允许开发者在PC上实时创作和预览跨平台游戏。目前CryEngine 5也已开源其完整的引擎源代码。

（四）IdeaVR

IdeaVR由曼恒数字公司设计开发。IdeaVR囊括动画系统、材质系统、交互编辑器、UI系统、粒子系统、物理系统、光照系统和自然环境模拟等常用场景的创作模块，内置多种预设参数，让用户可快速进行场景搭建。IdeaVR用图形化的交互编辑器取代了传统的代码编程，并提供丰富的交互内容，用户可通过拖拽逻辑单元模块和连线即可定义场景交互逻辑。IdeaVR内置丰富的预设资源，同时提供可复用的项目模板，且其中已预设了完整的交互功能和工具类插件，使不同行业的用户可以快速搭建出高品质的内容场景。

IdeaVR 2021是曼恒数字对IdeaVR引擎软件的重大更新，是里程碑式的突破。用户可实现基于图像识别算法的手势交互，轻松通过抓取、点击等自然手势实现与虚拟物体的交互操作。

（五）Nibiru Creator

Nibiru Creator是Nibiru睿悦公司全自主研发的一款国产无代码三维交互智能引擎工具，具有三维无代码可视化工具，底层采用自主研发的Nibiru Studio引擎，拥有人工智能后台数据分析的能力，并支持多个硬件终端和网页模式。

Nibiru Studio是一款三维实时渲染交互引擎工具，凭借其渲染能力、跨平台开发能力，为行业场景的应用提供了底层技术支持，在交通、水利、金融、教育等场景得到了广泛应用。

二、创建开发者账户

由于不同软件的功能特性，使其本身对硬件及软件会存在一定要求，虚拟现实引擎工具也一样，例如运行游戏、编辑器或使用虚拟现实引擎工具进行开发就需要满足虚拟现实引擎工具一些特定的硬件及软件要求。下面将以某型通用引擎为例，介绍在不同的操作系统下，使用该引擎的推荐配置和最低软件要求，并以此为入口讲解该引擎的安装。

Windows操作系统下推荐硬件配置表见表1-1，运行引擎最低软件要求表见表1-2。如果程序员使用该引擎开发则需要安装额外的编程工具，Visual Studio的版本最低要求为Visual Studio 2015 Pro版或Visual Studio 2015 Community版。

表 1–1　　　　　　　　Windows 操作系统下推荐硬件配置表

操作系统	Windows10 64–bit
处理器	2.5 GHz 或者更快的 Intel 或 AMD 四核处理器
内存	8 GB RAM
显卡 /DirectX 版本	DirectX11 或 12 兼容显卡

表 1–2　　　　　　　　运行引擎最低软件要求表

操作系统	64 位的 Windows7
DirectX 运行库	DirectX 终端用户运行环境（2010 年 6 月版）

该引擎并不是那种在售的套装软件，而是通过注册账号参加到该引擎的社区中来获取使用该引擎的权利，也就是说注册账号就可以免费使用。具体操作为首先浏览 UnrealEngine.com 网站，进入网站之后点击 Get Unreal 按钮，即可获得该引擎。获取某型通用引擎界面图如图 1-1 所示。

图 1-1　获取某型通用引擎界面图

另外，在安装之前需要登录该引擎开发者的账号，如果没有注册该账号，需要点击右上角的注册按钮并注册（可以选择邮箱注册等方式）。如果已经注册过，则直接登录。

三、下载并安装启动程序

登录一个有效的账户后，会进入一个新的页面，然后选择"下载启动程序"并点击下载。点击完下载按钮，会出现一个"路径选择及下载"窗口，设置完路径之后，点击下载按钮来获取安装程序。

下载完成后，运行安装程序，在 Epic Games Launcher Setup（Epic Games 启动程序设置）对话框出现时，点击"安装"按钮。

四、登录到启动程序

在设置程序安装该引擎的启动程序之后，需要登录账号，并需要选择账号类型进行登录，可以使用之前创建的账号凭证进行登录。

五、安装引擎

通过上述步骤已经登录到该引擎的启动程序中，现在准备安装该引擎的不同版本，只是安装该引擎需要使用较大的硬盘空间，而且引擎版本的不同所需的空间也不同，因此在安装之前需要确认有足够的硬盘空间。

该引擎的启动程序载入界面图如图 1-2 所示。根据该图可知，点击界面左上方的"虚幻引擎"选项卡，然后点击正上方的"库"选项，进入新的界面，该界面包含已经安装的版本，本地存在的该账号之前打开过的工程，以及之前下载过的资源包。

点击界面中的"添加引擎版本"按钮，即可以安装新的引擎版本，选中 4.26.2 版本，点击即可。选择安装新版本虚幻引擎界面图如图 1-3 所示。

因为是在线安装，所以进入安装阶段之前，要下载安装程序，并选择安装路径，选好路径之后进入安装界面，此时进行安装文件的下载，还可以看到要下载文件的大小，以及当前的下载速度。

安装完成后需要进行验证，若验证没有出现问题即表示安装完成。此时，可以在新安装的版本下面点击启动来使用新版本的引擎。

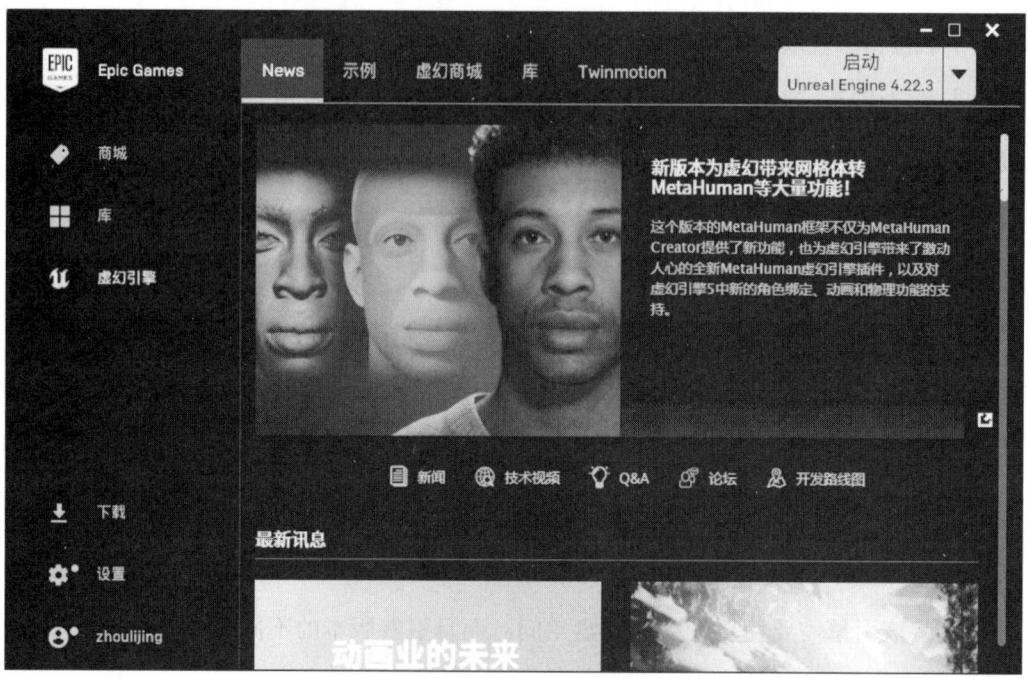

图1-2　某型通用引擎启动程序载入界面图

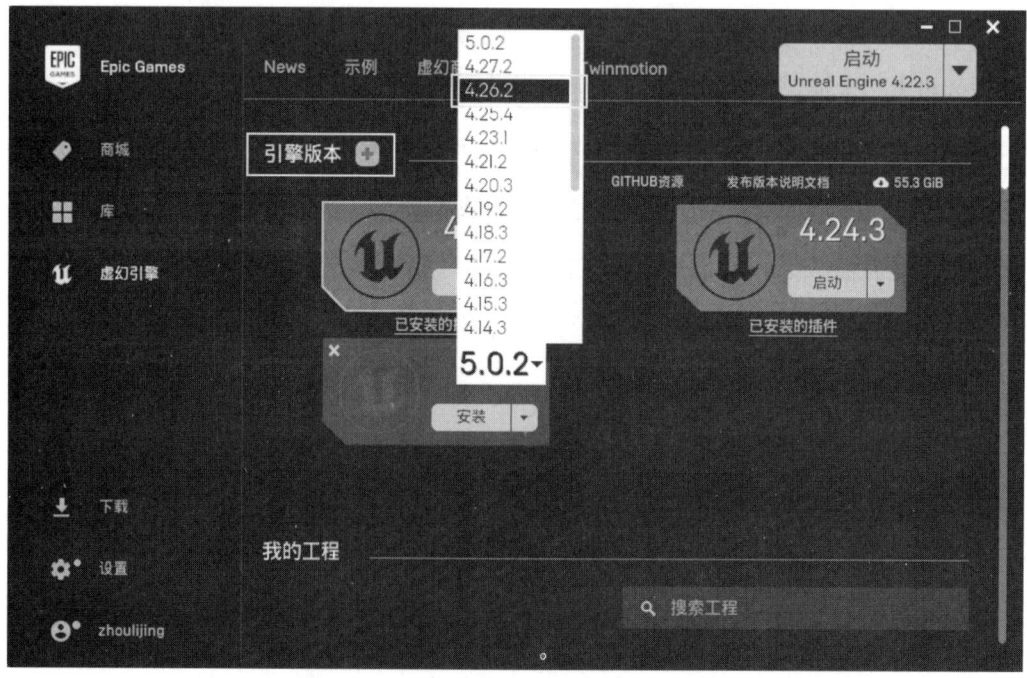

图1-3　选择安装新版本虚幻引擎界面图

第二节 虚拟现实引擎工具术语

考核知识点及能力要求：
- 了解虚拟现实引擎工具的基础知识。
- 掌握虚拟现实引擎工具的术语。

为了更方便地理解在学习虚拟现实引擎工具的文档及使用引擎相关参数时出现的专业类名词，非常有必要学习引擎的相关术语。而且通过对相关术语的学习，可以明确知道文档中所描述的功能对象面向的是谁。

以某型通用引擎为例，如果你发现自己会问诸如"什么是 Actor""什么是组件""什么是 Pawn"这样的问题，那么本节通过对某型通用引擎术语的讲解，将会给出关于这些问题的描述。一旦理解每个术语的意思，就能更深层次地去学习如何使用它们。

一、项目

项目（Project）是保存所有组成单独游戏并与硬盘上的一组目录设置相一致的所有内容和代码的自包含单位，可以通过新建一个带初始内容的项目来直观对比项目中的内容浏览器与项目所在的文件夹结构。具体创建步骤为：启动上一节已经安装的 4.26.2 版本引擎，新建一个游戏（Games）工程；选择第一人称（First Person）游戏模板进行创建；在项目设置窗口中选择并创建工程；对比工程内容浏览器下的文件层次结构与硬盘目录下的项目文件夹结构。可见，内容浏览器的层次结构树中包含的文件与硬盘中的项目文件夹具有相同的目录结构。

尽管项目经常被与其关联的.uproject文件所引用，但它们是互存的两个单独文件。.uproject是用于创建、打开或保存文件的参考文件，项目（Project）中则包含了所有与其关联的文件和文件夹。开发者可以创建任意数量的不同项目，并且可以并行地保存并开发它们。同时引擎可以方便地在其中切换，且它们支持同时开发多个游戏，或除了主要游戏项目外，具有多个测试项目。

二、对象

在某型通用引擎中，最基础的建造单元称为对象（Object），对于制作游戏内容来说，它包含了很多必要的功能。该引擎中几乎所有的东西都是继承于对象。在C++中，UObject是所有类的基类，实现了诸如垃圾回收、开放变量给编辑器的元数据（UProperty），以及存盘和读盘时的序列化功能。

三、类

类（Class）是一组行为、属性或其他元素（如函数和事件等）的集合，在创建该引擎游戏时要使用特殊的元素。类是以层次化结构呈现的，一个类继承其父类（其所继承的类）并将信息传给其子类。类既可以使用C++代码创建，也可以使用蓝图创建。

四、Actor

Actor是可以放置在关卡中的任意对象，是支持三维变换的通用类，如平移、旋转和缩放变换。Actor可以通过游戏代码（C++或者蓝图）来创建及销毁。在C++中，AActor是所有Actor的基类。

引擎中有多种不同类型的Actor，例如，静态网格物体（Static Mesh Actor）、摄像机（Camera Actor）及用户起始点（Player Start Actor）。

五、组件

组件（Component）是一种特殊类的对象，可用作 Actor 中的一个子对象。组件一般用于需要简单切换部件的地方，以便改变具有该组件的 Actor 的某个特定方面的行为和功能。例如，一辆汽车的控制及运动和飞机的有很大的差别，而飞机的控制和运动又和船的有很大的差别，以此类推。然而，这些交通工具都存在一个共性。因此，若通过使用一个组件来处理这些控制和运动，可以很轻松地使同一交通工具的行为变得像任何一种特定类型交通工具的行为。

六、人形体

人形体（Pawn）是 Actor 的子类，可以作为游戏中的化身或人物，如游戏中的角色。人形体可以由用户控制或者由游戏的 AI 控制，如非用户控制角色（NPCs）。

当人形体由人类角色或者 AI 角色控制，被视为被支配。相反，当人形体不由人类角色或者 AI 角色控制，则被视为不受支配。

七、角色

角色（Character）是 Pawn Actor 的子类，可用作用户角色。角色子类包括碰撞设置、两足动物运动的输入绑定，以及控制用户运动的额外代码。

八、用户控制器

用户控制器（Player Controller）类可用于获得用户输入并将其转化为游戏中的互动，并且每个游戏至少有一个用户控制器。用户控制器常常支配着游戏中代表用户的 Pawn 或者角色。

用户控制器也是多人游戏中主要的网络交互点。在多人游戏中，服务器具有游戏中每个用户的用户控制器的一个实例，因为其必须能对每个用户进行网络函数调用。每个客户端仅具有与其用户相符合的用户控制器，并且仅能使用其用户控制器来与服务器沟通。

九、人工智能控制器

正如用户控制器控制一个人形体让其代表游戏中的非用户角色（NPC），在默认情况下，人形体和角色都将由人工智能控制器（AI Controller）这个基类控制，或者为其指定一个用户控制器控制，又或者为其自身创建一个特定的人工智能控制器子类。

十、画刷

画刷（Brush）是用来定义 BSP 关卡几何体和游戏体积的 3D 体积。另外，其也表示可以用来对表面或者场景涂画不同的值（如颜色等）的一种用户接口设备。

十一、关卡

关卡（Level）是定义的游戏区域，也被称为地图。其主要通过放置、变换及编辑 Actor 的属性来创建，而且，可查看及修改关卡。在虚幻编辑器中，每个关卡都被保存为单独的 .umap 文件，其与项目文件（.uproject）不同。

十二、世界

一个世界（World）包含了已加载的一系列关卡，其处理关卡的动态载入及动态 Actor 的生成。尽管没有必要直接同世界交互，但其确实在游戏中提供了一个特定的引用点，也就是当提到"世界"时，说的并不是关卡、地图或游戏。

十三、游戏模式

游戏模式（Game Mode）类负责设置正在运行的游戏规则，这些规则包括用户如何加入游戏、游戏是否可以暂停、关卡转变及任何游戏的特定行为，如胜利条件等。

可以在项目设置（Project Setting）中设置默认游戏模式，但可以基于每个关卡覆盖该设置。而且无论选择如何实现游戏模式，每个关卡中将始终仅存在一种游戏模式。另外，在多用户游戏中，游戏模式仅存在于服务器上，而各种规则会被复制到每个连接的客户端上。

十四、游戏状态

游戏状态（Game State）包含了在游戏中想要复制到每个客户端的信息，简单来讲，它就是每个连接到该游戏的用户的"游戏状态"。其通常包括的信息有游戏分数、比赛是否开始、根据世界中的用户数量会生成多少个 AI 及其他与游戏相关的信息。对于多用户游戏来说，每个用户的机器上都有一个游戏状态的实例，其中服务器的实例是最权威的。

十五、用户状态

用户状态（Player State）是游戏中的一个参与者，例如人类用户或者模拟人类用户的机器人。不过，在游戏世界中存在部分非人类用户 AI 没有用户状态。

用户状态中出现的恰当的示例数据包括用户名称或分数、其当前关卡的生命值、其当前是否在游戏中携带旗帜。对于多人游戏来说，所有的用户状态存在于所有的计算机上，并且从服务器复制数据到客户端以保持其同步。

第三节　虚拟现实引擎编辑器

考核知识点及能力要求：

- 了解虚拟现实引擎工具的各功能模块。
- 掌握虚拟现实引擎工具的各功能模块所对应的编辑器。

虚拟现实引擎工具根据其功能模块的不同，会有不同类型的编辑器窗口。以某型通用引擎为例，在该引擎中有多种不同类型的编辑器窗口。例如，或是在关卡编辑器（Level Editor）中设计关卡，或是在蓝图编辑器（Blueprint Editor）下为某个 Actor 编写关卡中的脚本行为，或是在特效编辑器（Cascade Editor）中制作粒子特效，或是在角色编辑器（Personal Editor）内设置角色的动画逻辑。若是对每个编辑器都有较好的理解，并知道它们能够做些什么事情，以及如何在它们之间来回切换，将会在工作流程上得到很好的改善，并能够在开发过程中避免无意义的障碍。下面将以某型通用引擎为例展开讲解。

一、关卡编辑器

关卡编辑器是用来构建游戏关卡的最主要的编辑窗口，简单来讲，这里就是用来定义游戏的场所，可以添加各种不同类型的 Actors、几何体、蓝图、级联粒子系统或者其他想要添加到场景关卡中的东西。在默认情况下，当新建一个项目或者打开一个项目时，都会打开关卡编辑器窗口。

二、材质编辑器

在材质编辑器中，可以新建（或者编辑已经存在的）材质，这些材质能够被应用于一个模型来控制模型的可见外观。例如，能够创建一个"泥土"的材质，并将其应用于场景中的地面或者地表上，来实现泥地的表面可视效果。

三、蓝图编辑器

在蓝图编辑器中，可制作或者修改蓝图。蓝图是一种特殊的资源，能够被作为一个新的 Actor 类型来创建，并且用脚本来响应关卡事件，无须编写任何 C++ 的代码。

四、行为树编辑器

在行为树编辑器中，可以通过一种可视化的基于节点的脚本系统（类似于蓝图）

来控制关卡中 Actor 的人工智能（AI）。例如，任意数量的敌对角色的行为、NPC 角色行为、车辆行为等。

五、角色编辑器

角色编辑器是该引擎中的动画编辑工具集，可以用来编辑骨架（Skeleton）、骨架网格体（Skeletal Mesh）、动画蓝图和其他动画资源。即使不是所有的动画，但大部分与该引擎动画相关的工作内容都在这个编辑器中进行。

六、级联粒子编辑器

在该引擎中的粒子系统由级联粒子编辑器来编辑制作，这是一个完全整合在引擎中的模块化粒子特效编辑器。级联粒子系统提供了实时的粒子效果查看，以及效果的模块化编辑，能够多快好省地创建并制作哪怕是最复杂的特效表现。

七、界面编辑器

界面编辑器是个可视化的 UI 编辑工具，可以用来创建 UI 元素，例如游戏内的 HUD 界面、菜单或者其他想要给用户看到的与图形有关的界面。

八、过场动画编辑器

过场动画（Level Sequence）编辑器专注于过场动画制作，在这里可以放置关键帧来设置场景中特定角色的某些属性。而且，在这里可以创建游戏中的过场动画，动态的游戏事件表现，甚至基于时间来修改一些角色的参数（如用这个工具驱动光照基于时间的明暗变化）。

九、音频播放编辑器

在该引擎中音频的回放行为由音频播放（Sound Cue）定义，而且这些音频播放可以在音频播放编辑器中进行修改。在音频播放编辑器中，可以组合并混响几个不同的声音资源来得到一个单一的具有混合效果的"输出"并保存为一个音频播放。

十、二维图片编辑器

二维（Paper2D）图片编辑器能够设置并编辑独立的二维图片集，Paper2D Sprites 是该引擎中快速方便地显示 2D 图片的方法。

十一、纸质二维动画编辑器

通过使用纸质二维动画（Paper2D Flipbook）编辑器，可以创建被称为 Flipbook 的二维动画。在纸质二维动画编辑器中，可通过定义一系列图片和相应的关键帧信息，并将这些关键帧转换成动画。对于 Flipbook 的理解，最佳的思维方式是把它看作以前手绘风格的动画片。

十二、物理资源工具编辑器

物理资源（Physics Asset）工具编辑器用来为骨架网格体（Skeletal Mesh）创建物理资源，即能够使用自动化的工具来生成物体基础的具有物理属性的各个部分，以及物理约束设置。

十三、静态网格体编辑器

静态网格体编辑器用来对模型的外观、碰撞和 UV 做预览，并且能修改静态网格体的一些参数属性。在静态网格体编辑器中还可以为静态网格模型资源设置 LODs（Level of Details）。

十四、媒体播放编辑器

媒体播放编辑器在该引擎中播放来自媒体文件或者其他 URL 地址的源媒体。虽然这里的"编辑器"并非真的能够在这个编辑器中编辑媒体文件，但在这里能用于定义媒体文件回放时的设置，例如是否自动播放，播放速率，以及是否循环播放等。同时还能够在该编辑器中查看媒体的信息，以及使用标准回放来控制并查看该媒体内容。

思考题

1. 国内外主流的虚拟现实引擎工具有哪些？对比并分析它们的优势。
2. 挑选一种国内外主流的虚拟现实引擎工具，并尝试自己下载和安装。
3. 什么是关卡？
4. 过场动画编辑器的作用是什么？
5. 通用虚拟现实引擎工具编辑器主要包含哪些？
6. 引擎中组件的作用是什么？

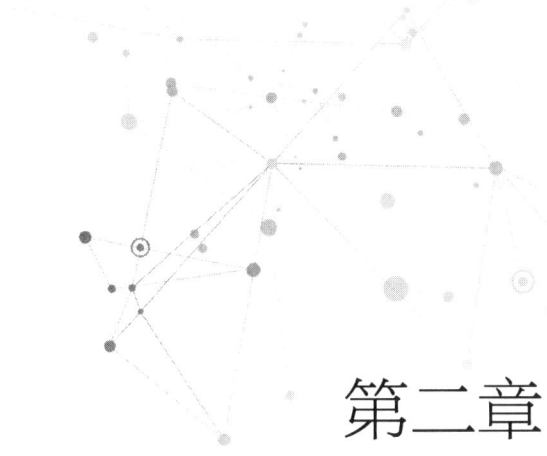

第二章
虚拟现实基础交互

虚拟现实技术的交互性是体验者与虚拟环境之间的一座桥梁，通过与虚拟环境中的物体进行交互才能让体验者产生较强的沉浸感。同时，交互也让体验者能够像真实环境中一样与虚拟环境进行互动，实现对真实环境的仿真模拟。虚拟现实应用开发者要根据系统要求掌握虚拟现实交互功能的开发，从而拉近用户与系统之间的距离。

本章介绍开发虚拟现实基础交互所需要的语言知识，以及在引擎中交互功能会涉及并需要掌握的内容。

- **职业功能：** 开发虚拟现实应用。
- **工作内容：** 开发应用程序。
- **专业能力要求：** 能使用程序语言和开发环境开发虚拟现实基础交互功能。
- **相关知识要求：** 计算机软件编程基础知识；虚拟现实引擎及相关工具知识。

第一节 编程基础

考核知识点及能力要求：
- 掌握计算机软件编程的语言基础。
- 掌握计算机软件编程的流程控制。
- 掌握计算机软件编程的函数使用。

一、语言基础

（一）变量

变量关系到数据的存储。实际上，可以把计算机内存中的变量看成架子上的盒子。在这些盒子中可以放入一些东西后，再把它们取出来，或者只是看看盒子里是否有东西。变量也是这样，数据可放在变量中，也可以根据需要从变量中取出数据或查看它们。

尽管计算机中的所有数据事实上都是相同的东西（一组 0 和 1），但变量有不同的内涵，可称为类型。下面再用盒子来类比，盒子有不同的形状和尺寸，且某些东西只适合放在特定的盒子中。建立类型系统的原因，正是因为不同类型的数据需要用不同的方法来处理，而将变量限定为不同的类型则可以避免混淆。例如，组成数字图片的 0 和 1 序列与组成音频文件的 0 和 1 序列，其处理方式是不同的。

要使用变量，首先需要对它们声明，即给变量指定名称和类型。声明变量后，就可以把它们用作存储单元，存储所声明的数据类型的数据。

声明变量的语法仅指定类型和变量名,如下所示:

```
<type> <name>;
```

如果使用未声明的变量,代码将无法编译,但此时编译器会提示出现了什么问题。另外,使用未赋值的变量也会产生一个错误,而编译器也会检测出这个错误。

1. 常见变量类型

简单类型就是组成应用程序中基本构件的类型,例如,数值和布尔值(true 或 false)。与复杂类型不同,简单类型没有子类型或特性,且大多数简单类型都可用来存储数值。

有很多数值类型是在计算机内存中,均把数字作为一系列的 0 和 1 来存储。对于整数值,用一定的位(单个数字,可以是 0 或 1)来存储,用二进制格式来表示。以 N 位来存储的变量可以表示任何介于 0 到(2^N-1)之间的数。大于这个值的数表示超出了表示范围,无法存储在这个变量中。

【例 2-1】

有一个变量存储了两位,在整数和表示该整数的位之间的映射如下所示:

0 = 00

1 = 01

2 = 10

3 = 11

可见,如果要存储更多数字,就需要更多的位(例如,3 位可以存储 0 到 7 之间的数),因此得到的结论是若要存储每个可以想象得到的数,就需要非常多的位,但这并不适合 PC。即使可以用足够多的位来表示每一个数,但用这么多的位存储一个表示范围很小的变量(例如 0 到 10)的效率也非常低下,因为存储器被浪费了。其实表示 0 到 10 之间的数,4 位就足够了,这样就可以用相同的内存空间存储这个范围内的更多数值。

相反,许多不同的整数类型可用于存储不同范围的数值,占用不同的内存空间(最多 64 位),这些类型见表 2-1。

表 2-1　　　　　　　　　　　　　整数类型

类型	别名	允许的值
sbyte	System.SByte	介于 –128 和 127 之间的整数
byte	System.byte	介于 0 和 255 之间的整数
short	System.Int16	介于 –32 768 和 32 767 之间的整数
ushort	System.UInt16	介于 0 和 65 535 之间的整数
int	System.Int32	介于 –2 147 483 648 和 2 147 483 647 之间的整数
uint	System.UInt32	介于 0 和 4 294 967 295 之间的整数
long	System.Int64	介于 –9 223 372 036 854 775 808 和 9 223 372 036 854 775 807 之间的整数
ulong	System.UInt64	介于 0 和 18 446 744 073 709 551 615 之间的整数

这些类型中的每种都利用了 .NET Framework 中定义的标准类型。在 C# 中这些类型的名称是 Framework 中定义的类型的别名，表 2-1 列出了这些类型在 .NET Framework 库中的名称。

一些变量名称前面的 "u" 是 unsigned 的缩写，表示不能在这些类型的变量中存储负数，参见表 2-1 中的 "允许的值" 一列。

当然，还需要存储浮点数，而浮点数并非整数。可以使用的浮点数变量类型有 3 种：float、double 和 decimal。前两种可以用 m×2e 的形式存储浮点数，其中 m 和 e 的值因类型而异。decimal 使用另一种形式：±m×10e。这 3 种类型所允许的 m 和 e 的值，以及它们在实数中的上下限见表 2-2。

表 2-2　　　　　　　　　　　　　浮点类型

类型	别名	m 的最小值	m 的最大值	e 的最小值	e 的最大值	近似的最小值	近似的最大值
float	System.Single	0	2^{24}	–149	104	1.5×10^{-45}	3.4×10^{38}
double	System.Double	0	2^{53}	–1 075	970	5.0×10^{-324}	1.7×10^{308}
decimal	System.Decimal	0	2^{96}	–28	0	1.0×1^{-28}	7.9×10^{28}

除数值类型外，另外还有 3 种简单类型，见表 2-3。组成 string 的字符数量没有上限，因为其可以使用可变大小的内存。

表 2-3　　　　　　　　　　　　　　文本和布尔类型

类型	别名	允许的值
char	System.Char	一个 Unicode 字符，存储 0 和 65 535 之间的整数
bool	System.Boolean	布尔值：true 或 false
string	System.String	一个字符序列

布尔类型 bool 是 C# 中最常用的一种变量类型，类似的类型在其他语言的代码中非常丰富。当编写应用程序的逻辑流程时，一个可以是 true 或 false 的变量具有非常重要的分支作用。例如，考虑一下有多少问题可以用 true 或 false（或 yes 和 no）来回答。而执行变量值之间的比较或检查输入的有效性就是后面使用布尔变量的两个编程示例。

介绍了这些类型后，下面用个简短示例来声明和使用它们。在下例中，要使用一些简单的代码来声明两个变量，给它们赋值后，再输出这些值。

【例 2-2】

使用简单类型的变量：Ch02Ex01\Program.cs。

第一步：在目录 G:\C#Project\Chapter 02 下创建一个新的控制台应用程序 Ch02Ex01。

第二步：在 Program.cs 中添加如下代码：

```
static void Main (string[] args)
{
    int myInteger;
    string myString;
    myInteger = 18;
    myString = "\"myInteger\" is";
    Console.WriteLine ($"{myString}{myInteger}");
    Console.ReadKey ( );
}
```

第三步：运行代码，赋值代码的运行结果如图 2-1 所示。

```
G:\C#Project\Chapter02\Chapter02\Ch02Ex01\bin\Debug\net6.0\Ch02Ex01.exe
"myInteger" is18
```

图 2-1 赋值代码的运行结果

示例说明：添加的代码完成了以下 3 项任务。

（1）声明两个变量。

（2）给这两个变量赋值。

（3）将这两个变量的值输出到控制台。

变量声明使用下述代码：

```
int myInteger;
string myString;
```

第一行声明一个类型为 int 的变量 myInteger，第二行声明一个类型为 string 的变量 myString。需要注意变量的命名是有限制的，不能使用任意字符序列。

接下来的两行代码为变量赋值：

```
myInteger=18;
myString="\"myInteger\" is";
```

使用 = 赋值运算符。把整数 18 赋给 myInteger，把字符串 "myInteger"is（包括引号）赋给 myString。

```
"myInteger\" is
```

以这种方式给字符串赋予字面值时，必须用双引号把字符串括起来。因此，如果字符串本身包含双引号，就会出现错误，必须用一些表示这些字符的其他字符（即转义序列）来替代它们。本例使用序列 \" 来转义双引号：

```
myString="\"myInteger\" is";
```

如果不使用这些转义序列，而输入如下代码。

```
myString = ""myInteger" is";
```

就会出现编译错误。

注意给字符串赋予字面值时，必须小心换行——C#编译器会拒绝分布在多行上的字符串字面值。若要添加一个换行符，可在字符串中使用换行符的转义序列，即 \n。例如，赋值语句：

```
myString = "This string has a\nline break.";
```

会在控制台视图中将字符串显示为两行，如下所示。

```
This string has a
line break.
```

所有转义序列都包含一个反斜杠符号，后面跟一个字符组合（详见后面的内容），因为反斜杠符号的这种用途，所以其本身也有一个转义序列，即两个连续的反斜杠。

下面继续解释代码，还有一行没有说明。

```
Console.WriteLine ($"{myString}{myInteger}");
```

这是 C#6 中的一个新功能，称为字符串插入（String Interpolation），其看起来类似于第一个示例中把文本写到控制台的简单方法，但本例指定了变量。这里不详细讨论这行代码，只需要知道这是利用控制台窗口输出文本的一种技巧。

在后面的示例中，就使用这种利用控制台输出文本的方式来显示代码的输出结果。最后一行代码用于在程序结束前等待用户输入内容。

```
Console.ReadKey ( );
```

这里不详细探讨这行代码，但后面的示例会常常用到它。现在只需要知道，它暂停执行代码，直到用户按下某个键。

2. 类型转换

无论是什么类型，所有数据都是一系列的位，即一系列 0 和 1。变量的含义是通过解释这些数据方式来确定的。最简单的示例是 char 类型，这种类型用一个数字表示 Unicode 字符集中的一个字符。实际上，这个数字与 ushort 的存储方式完全相同，它们都存储 0 和 65 535 之间的数字。

但在一般情况下，不同类型的变量使用不同的模式来表示数据。这就意味着即使可以把一系列的位从一种类型的变量移动到另一种类型的变量中（也许它们占用的存储空间相同，也许目标类型有足够的存储空间包含所有的源数据位），结果也可能与期望的不同。

因此，需要对数据进行类型转换，而不是将数据位从一个变量一对一映射到另一个变量。类型转换有以下两种形式。

隐式转换：从类型 A 到类型 B 的转换可在所有情况下进行，执行转换的规则非常简单，可以让编译器执行转换。

显式转换：从类型 A 到类型 B 的转换只能在某些情况下进行，转换规则比较复杂，应进行某种类型的额外处理。

（1）隐式转换

隐式转换不需要做任何工作，也不需要另外编写代码。只考虑以下代码。

```
var1 = var2;
```

如果 var2 的类型可以隐式地转换为 var1 的类型，这条赋值语句就涉及隐式转换。这两个变量的类型也可能相同，此时就不需要隐式转换。例如，ushort 和 char 的值是可以互换的，因为它们都可以存储 0 和 65 535 之间的数字，在这两种类型之间可以进行隐式转换，如下面的代码所示。

```
ushort destinationVar;
char sourceVar = 'a';
destinationVar = sourceVar;
```

```
Console.WriteLine ($"sourceVar val:{sourceVar}");
Console.WriteLine ($"destinationVar val:{destinationVar}");
```

这里将存储在 sourceVar 中的值放在 destinationVar 中。在用两个 WirteLine ( ) 命令输出变量时，得到如下结果：

```
sourceVar val:a
destinationVar val:97
```

即使两个变量存储的信息相同，当使用不同的类型解释它们时，方式也是不同的。

简单类型有许多隐式转换，其中 bool 和 string 没有隐式转换，但数值类型有一些隐式转换。表 2-4 列出了编译器可以隐式执行的数值转换（char 存储的是数值，所以 char 被当作数值类型）。

表 2-4 隐式数值转换

类型	可以安全转换成的类型
byte	short, ushort, int, uint, long, ulong, float, double, decimal
sbyte	short, int, long, float, double, decimal
short	int, long, float, double, decimal
ushort	int, uint, long, ulong, float, double, decimal
int	long, float, double, decimal
uint	long, ulong, float, double, decimal
long	float, double, decimal
ulong	float, double, decimal
float	double
char	ushort, int, uint, long, ulong, float, double, decimal

不需要记住这个表格，因为很容易看出编译器可以执行哪些隐式转换。表 2-1、表 2-2 和表 2-3 列出了每种简单数字类型的取值范围。这些类型的隐式转换规则是：任何类型 A，只要其取值范围包含在类型 B 的取值范围内，就可以隐式转换为类型 B。

其原因很简单，如果把个值放在变量中，而其值超出了变量的取值范围，就会出问题。例如，short 类型的变量可以存储 0~32 767 之间的数值，而 byte 可以存储的最大值是 255，所以如果要把 short 值转换为 byte 值，就会出问题。如果 short 包含的值在 256 和 32 767 之间，其相应数值就不能放在 byte 中。如果 short 类型变量中的值小于 255，虽然可以进行转换但必须使用显式转换。执行显式转换有点类似于"我已经知道你对我这么做提出了警告，但我将对其后果负责"。

（2）显式转换

在明确要求编译器把数值从一种数据类型转换为另一种数据类型时，就是在执行显式转换。因此，这就需要另外编写代码，而代码的格式因转换方法而异。在学习显式转换代码前，首先需要分析如果不添加任何显式转换代码，会发生什么情况。

【例 2-3】

下面对上一节的代码进行修改，试着把 short 值转换为 byte 类型。

```
byte destinationVar;
short sourceVar = 7;
destinationVar = sourceVar;
Console.WriteLine ( $"sourceVar val:{sourceVar}");
Console.WriteLine ( $"destinationVar val:{destinationVar}");
```

如果编译这段代码，就会产生错误，隐式转换编译错误图如图 2-2 所示。

图 2-2　隐式转换编译错误图

为成功编译这段代码，需要添加代码，进行显式转换，最简单的方式是把 short 变量强制转换为 byte 类型。强制转换就是强迫数据从一种类型转换为另一种类型，其语法比较简单：

```
(<destinationType>) <sourceType>
```

此时，可将 <sourceType> 中的值转换为 <destinationType> 类型。这种转换方式只在某些情况下可行。彼此间几乎没有什么关系的类型或根本没关系的类型不能进行强制转换。

因此可以使用这个语法修改示例，把 short 类型强制转换为 byte 类型。

```
byte destinationVar;
short sourceVar = 7;
destinationVar = (byte) sourceVar;
Console.WriteLine ( $"sourceVar val:{sourceVar}");
Console.WriteLine ( $"destinationVar val:{destinationVar}");
```

得到如下结果。

```
sourceVar val:7
destinationVar val:7
```

在试图把一个值强制转换为不兼容的变量类型时，会发生什么呢？以整数为例，不能把一个大整数放到一个太小的数值类型中。按如下所示修改代码就能证明这一点。

```
byte destinationVar;
short sourceVar = 281;
destinationVar = (byte) sourceVar;
Console.WriteLine ( $"sourceVar val:{sourceVar}");
Console.WriteLine ( $"destinationVar val:{destinationVar}");
```

结果如下。

```
sourceVar val:281
destinationVar val:25
```

看看这两个数字的二进制表示,以及可以存储在 byte 中的最大值 255:

281 = 100011001

25 = 000011001

255 = 011111111

可以看出,源数据最左边的一位丢失了,这便引发出一个问题:如何确定数据是何时丢失的?显然,当需要把一种数据类型显式转换为另一种数据类型时,最好能够先了解是否有数据丢失的情况,否则,很容易发生严重问题。例如,财务应用程序或确定火箭飞往月球轨道的应用程序。

解决上述问题的方式有两种:一种方式是检查源变量的值,将其与目标变量的取值范围进行比较;另一种方式是迫使系统特别注意运行期间的转换。在将一个值放在一个变量中时,如果该值过大,就不能放在该类型的变量中,否则会导致溢出,此时就需要检查。

为表达式设置溢出检查,需要用到两个关键字——checked 和 unchecked。按下面方式使用这两个关键字。

```
checked (<expression>)
unchecked (<expression>)
```

下面对上一个示例进行溢出检查。

```
byte destinationVar;
short sourceVar = 281;
destinationVar = checked ( byte) sourceVar;
Console.WriteLine ( $"sourceVar val:{sourceVar}");
Console.WriteLine ( $"destinationVar val:{destinationVar}");
```

执行这段代码时,程序会崩溃,并显示错误信息,溢出检查的错误信息如图 2-3 所示。

但在这段代码中,如果用 unchecked 替代 checked,就会得到与以前同样的结果,不会出现错误。这与前面的默认做法是一样的。

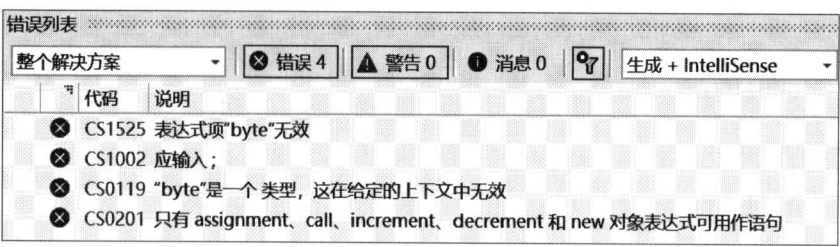

图2-3 溢出检查的错误信息

另外，也可以配置应用程序，让这种类型的表达式都和包含checked关键字一样，除非表达式明确使用unchecked关键字（换言之，可以改变溢出检查的默认设置）。为此，应修改项目的属性：右击解决方案（Solution Explorer）窗口中的项目，选择属性（Properties）选项，然后单击窗口左边的生成（Build），并打开生成（Build）设置。

要修改的属性是一个高级（Advanced）设置，所以单击高级（Advanced）按钮。在打开的对话框中，选中检查运算上溢/下溢（Check for arithmetic overflow/underflow）选项，激活检查运算上溢/下溢如图2-4所示。在默认情况下这个设置是被禁用的，若激活它就可以提供上述checked行为。不过，这个设置可能会对程序的执行速度带来一定的影响，因此当不再需要时就将其禁用。

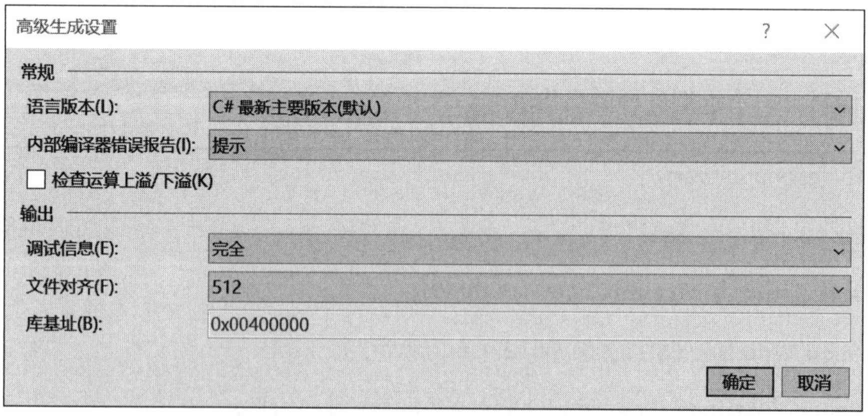

图2-4 激活检查运算上溢/下溢

3. 复杂的变量类型

除了简单的变量类型外，C#还提供了3个较复杂但非常有用的变量：枚举、结构和数组。

（1）枚举

上述介绍的每种类型（除 string 外）都有明确的取值范围，而且有些类型（如 double）的取值范围非常大，虽然可以看成是连续的，但它们仍是一个固定集合。最简单的示例是 bool 类型，其只能取两个值 true 或 false。

有时则希望变量取的是一个固定集合中的值。例如，让 orientation 类型可以存储 north、south、east 或 west 中的一个值。此时可以使用枚举类型。枚举可以完成 orientation 类型的任务，它们允许定义一个类型，其取值范围是用户提供的值的有限集合。所以，需要创建自己的枚举类型 orientation，其可以从上述 4 个值中任取一个值。注意有一个附加步骤不仅仅是声明一个给定类型的变量，而是在声明和描述一个用户定义的类型后，再声明这个新类型的变量。

定义枚举：可以用 enum 关键字定义枚举，如下所示。

```
enum <typeName>
{
    <value1>,
    <value2>,
    <value3>,
    ...
    <valueN>
}
```

接着声明这个新类型的变量。

```
<typeName> <varName>
```

并赋值：

```
<varName> = <typeName>.<value>
```

枚举使用一个基本类型来存储。枚举类型可取的每个值都存储为该基本类型的一

个值,在默认情况下该类型为 int。通过在枚举声明中添加类型,就可以指定其他基本类型:

```
enum <typeName> : <underlyingType>
{
    <value1>,
    <value2>,
    <value3>,
    …
    <valueN>
}
```

枚举的基本类型是 byte、sbyte、short、ushort、int、uint、long 和 ulong。

在默认情况下,每个值都会根据定义的顺序(从 0 开始),被自动赋予对应的基本类型值。这意味着 <value1> 的值是 0,<value2> 的值是 1,<value3> 的值是 2,等。可以重复赋值过程,使用 "=" 运算符,并指定每个枚举的实际值。

```
enum <typeName> :<underlyingType>
{
    <value1> = <actualVal1>,
    <value2> = <actualVal2>,
    <value3> = <actualVal3>,
    …
    <valueN> = <actualValN>
}
```

还可以使用一个值作为另一个枚举的基础值,并为多个枚举指定相同的值。

```
enum <typeName> :<underlyingType>
{
```

```
    <value1> = <actualVal1>,
    <value2> = < value1>,
    <value3>,
    …
    <valueN> = <actualValN>
}
```

未赋值的任何值都会自动获得一个初始值，这里使用的值是从比上一个明确声明的值大 1 开始的序列。例如，在上面的代码中，<value3> 的值是 <value1>+1。但这可能会产生预料不到的问题，在一个定义（如 <value2> = <value1>）后指定的值可能与其他值相同。例如，在下面的代码中，<value4> 的值与 <value2> 的值相同。

```
enum <typeName> :<underlyingType>
{
    <value1> = <actualVal1>,
    <value2>,
    <value3> = < value1>,
    <value4>,
    …
    <valueN> = <actualValN>
}
```

当然，如果这正是希望的结果，代码就是正确的。还要注意，以循环方式赋值可能会产生错误，例如：

```
enum <typeName> :<underlyingType>
{
    <value1> = < value2>,
    <value2> = < value1>
}
```

下面看一个示例。其代码定义了一个枚举 orientation，然后演示了其用法。

【例 2-4】

使用枚举：Ch02Ex02\Program.cs。

第一步：在 G：\C#Project\Chapter02 目录中创建一个新的控制台应用程序 Ch02Ex02。

第二步：把下列代码添加到 Program.cs 中。

```csharp
using static System.Console;
using static System.Convert;

namespace Ch02Ex02
{
    enum orientation:byte
    {
        north = 1,
        south = 2,
        east = 3,
        west = 4
    }
    class Program
    {
        static void Main (string[] args)
        {
            orientation myDirection = orientation.north;
            WriteLine ($"myDirection = {myDirection}");
            ReadKey ( );
        }
    }
}
```

第三步：运行应用程序，得到相应的输出结果。枚举使用实例的运行结果如图 2-5 所示。

```
G:\C#Project\Chapter02\Chapter02\Ch02Ex02\bin\Debug\net6.0\Ch02Ex02.exe
myDirection = north
```

图 2-5　枚举使用实例的运行结果

第四步：退出应用程序，并修改 Main ( ) 方法中的代码，如下所示。

```
byte directionByte;
string directionString;
orientation myDirection = orientation.north;
WriteLine ($"myDirection = {myDirection}");
directionByte = (byte) myDirection;
directionString = Convert.ToString (myDirection);
WriteLine ($"byte equivalent = {directionByte}");
WriteLine ($"string equivalent = {directionString}");
ReadKey ( );
```

第五步：再次运行应用程序，修改之后的运行结果如图 2-6 所示。

```
G:\C#Project\Chapter02\Chapter02\Ch02Ex02\bin\Debug\net6.0\Ch02Ex02.exe
myDirection = north
byte equivalent = 1
string equivalent = north
```

图 2-6　修改之后的运行结果

示例说明：这段代码定义并使用了一个枚举类型 orientation。需要注意的是，类型定义代码放在名称空间 Ch02Ex02 中，但并没有与其余代码放在一起。这是因为在运行期间，类型定义代码并不像执行应用程字中的代码那样一行一行地执行。应用程序是从我们熟悉的位置开始执行的，其可以访问新类型，因为该类型位于同一个名称空间中。

该示例的第一个迭代演示了创建新类型的变量,首先为其赋值,以及将其输出到控制台。接着修改代码,把枚举值转换为其他类型。注意这里必须使用显式转换。即使orientation的基本类型是byte,也仍须使用(byte)强制实现类型转换,把myDirection的值转换为byte类型。

```
directionByte = (byte) myDirection;
```

如果要将byte类型转换为orientation,也同样需要进行显式转换。例如,可以使用下述代码将byte类型变量myByte转换为orientation类型,并将这个值赋给myDirection。

```
myDirection = (orientation) myByte;
```

当然,这里必须要小心,因为并不是所有byte类型变量的值都可以映射为已定义的orientation值。orientation类型可以存储其他byte值,虽然这样做不会直接产生错误,但会在应用程序的后面违反逻辑。

要获得枚举值的字符串值,可以使用Convert.ToString( )。

```
directionString = Convert.ToString (myDirection);
```

使用(string)强制类型转换是行不通的,因为需要进行的处理并不仅是把存储在枚举变量中的数据放在string变量中,而是更复杂一些。另外,可以使用变量本身的ToString( )命令。下面的代码与使用Convert.ToString( )的效果相同。

```
directionString = myDirection.ToString ( );
```

也可以把string转换为枚举值,但其语法稍复杂一些。有一个特定命令可用于完成此类转换,即Enum.Parse( ),其用法如下。

```
(enumerationType) Enum.Parse (typeof (enumerationType), enumerationValueString);
```

这里使用了另一个运算符typeof,其可以得到操作数的类型。对orientation类型使用这个命令,如下所示。

```
string myString = "north";
orientation myDirection = (orientation) Enum.Parse (typeof (orientation), myString);
```

当然，并非所有的字符串值都会映射为一个 orientation 值。如果传入的一个值不能映射为枚举值中的一个，就会产生错误。与 C# 中的其他值一样，这些值要区分大小写，所以如果字符串与一个值相同，但大小写不同（例如，将 myString 设置为 North 而不是 north），就会产生错误。

（2）结构

结构（struct，structure 的简写）是由几个数据（这些数据可能具有不同的类型）组成的数据结构。而根据结构，就可以定义自己的变量类型。例如，假定要存储从起点开始到某位置的路径，路径由方向和距离值组成。为简单起见，可以假定该方向是指南针上的点，而且方向可用上一节的 orientation 枚举来表示，距离值可用 double 类型来表示。

通过前面的代码，可用两个不同的变量来表示路径。

```
orientation myDirection;
double myDistance;
```

像这样使用两个变量是没有错误的，但若在同一个地方存储这些信息就更简单（在需要多个路径时，就尤为简单）。

定义结构：使用 struct 关键字定义结构，如下所示。

```
struct <typeName>
{
    <memberDeclarations>
}
```

<memberDeclarations> 部分包含的变量称为结构数据成员的声明，其格式与前面的变量声明一样，每个成员的声明都采用如下形式。

```
<accessibility> <type> <name>;
```

要让调用结构的代码访问该结构的数据成员,可以对 <accessibility> 使用关键字 public,例如:

```
struct route
{
    public orientation direction;
    public double distance;
}
```

定义结构类型后,就可以定义该结构类型的变量。

```
route myRoute;
```

还可以通过句点字符访问这个组合变量中的数据成员。

```
myRoute.direction = orientation.north;
myRoute.distance = 2.5;
```

下面的示例将演示该类型,其中会使用上一个示例中的 orientation 枚举和上面的 route 结构。本例在代码中会处理这个结构,以便了解结构的工作原理。

【例 2-5】

使用结构:Ch02Ex03\Program.cs。

第一步:在 G:\C#Project\Chapter02 目录中创建一个新的控制台应用程序 Ch02Ex03。

第二步:将下列代码添加到 Program.cs 中。

```
using static System.Console;
using static System.Convert;
namespace Ch02Ex03
{
```

```
enum orientation :byte
{
    north = 1,
    south = 2,
    east = 3,
    west = 4
}


struct route
{
    public orientation direction;
    public double distance;
}


class Program
{
    static void Main (string[] args)
    {
        route myRoute;
        int myDirection = -1;
        double myDistance;
        WriteLine ("1) North\n2) South\n3) East\n4 West");
        do
        {
            WriteLine ("Select a direction:");
            myDirection = ToInt32 (ReadLine ( ) );
```

```
        }
    while ( (myDirection < 1) || (myDirection > 4) );
    WriteLine ("Input a distance:");
    myDistance = ToDouble (ReadLine () );
    myRoute.direction = (orientation) myDirection;
    myRoute.distance = myDistance;
    WriteLine ($"myRoute specifies a direction of {myRoute.direction}" +
               $"and a distance of {myRoute.distance}");
    ReadKey ( );
        }
    }
}
```

第三步：执行代码，输入一个 1 到 4 范围内的数字，并选择一个方向，输入一个距离值，结果如图 2-7 所示。

图 2-7　结构示例的运行结果

示例说明：结构和枚举一样，也是在代码的主体之外声明。在名称空间声明中声明 route 结构及其使用的 orientation 枚举。

```
enum orientation :byte
{
    north = 1,
```

```
        south = 2,
        east = 3,
        west = 4
    }
    struct route
    {
        public orientation direction;
        public double distance;
    }
```

代码的主体结构与前面的一些示例代码类似,要求用户输入一些信息,并有相应的显示。把方向选择放在 do 循环中,对用户的输入进行有效性检查,拒绝不属于 1 到 4 范围的整数输入(选择该范围中的值可以映射到枚举成员,从而方便赋值)。

赋值语句如下所示。

```
myRoute.direction = (orientation) myDirection;
myRoute.distance = myDistance;
```

可直接把输入的值放到 myRoute.distance 中,并不会有负面效果,如下所示。

```
myRoute.distance = ToDouble (ReadLine ( ) );
```

还应进行有效性验证,但这段代码不存在这一步骤。而且,对结构成员的任何访问都能以相同的方式处理。<structVar>.<memberVar> 形式的表达式可计算 <memberVar> 类型的变量的值。

(3)数组

前面的所有类型都有一个共同点,即都只存储一个值(结构中存储一组值)。不过,有时需要存储许多数据,这样就会带来不便;有时还需要同时存储几个相同类型的值,却又不想为每个值使用不同的变量。

例如，假定要对所有朋友的姓名执行一些操作。可以使用简单的字符串变量，如下所示。

```
string friendName1 = "Todd Anthony";
string friendName2 = "Kevin Holton";
string friendName3 = "Shane Laigle";
```

但这看起来需要做很多工作，特别是还需要编写不同的代码来处理每个变量。

另一种处理方式是使用数组。数组是一个变量的索引列表，存储在数组类型的变量中。例如，用一个数组 friendNames 存储上述 3 个名字，在方括号中指定索引，即可访问该数组中的各个成员，如下所示。

```
friendName2[<index>]
```

该索引是一个整数，第一个条目的索引是 0，第二个条目的索引是 1，以此类推。这样就可以使用循环遍历所有条目，例如：

```
int i;
for (i = 0; i < 3; i++ )
{
    WriteLine ($"Name with index of {i}:{friendNames[i]}");
}
```

数组有一个基本类型，而数组中的各个条目（数组的条目通常称为元素）都是这种类型。如 findNames 数组因为存储 string 变量，所以其基本类型是字符串。

1）声明数组

采用下述方式声明数组：

```
<baseType>[] <name>;
```

其中，<baseType> 可以是任何的变量类型，包括本章前面介绍的枚举和结构类型。数组必须在访问之前初始化，而不能像下面这样访问数组或给数组元素赋值。

```
int[] myIntArray;
myIntArray[10] = 5;
```

数组的初始化有两种方式，一种是以字面值形式指定数组的完整内容，另一种是指定数组的大小后，再使用关键字 new 初始化所有数组元素。

要使用字面值指定数组，只需要提供一个用逗号分隔的元素值列表，该列表可放在花括号中，例如：

```
int[] myIntArray = { 5,9,10,2,99};
```

其中，myIntArray 有 5 个元素，每个元素都被赋予一个整数值。

另一种方式则需要使用下述语法。

```
int[] myIntArray = new int[5];
```

这里使用关键字 new 显式初始化数组，而用一个常量值定义大小。这种方式会给所有数组元素赋予同一个默认值，对于数值类型来说，其默认值是 0。另外，也可以使用非常量的变量来进行初始化，例如：

```
int[] myIntArray = new int[arraySize];
```

还可以根据需要组合使用这两种初始化方式。

```
int[] myIntArray = new int[5]{ 5,9,10,2,99};
```

使用这种方式，数组大小必须与元素个数相匹配。例如，不能编写如下代码。

```
int[] myIntArray = new int[10]{ 5,9,10,2,99};
```

其中数组定义为要有 10 个元素，但只定义了 5 个元素，所以编译会失败。如果使用变量定义其大小，该变量必须是一个常量，例如：

```
const int arraySize = 5;
int[] myIntArray = new int[arraySize]{ 5,9,10,2,99};
```

如果省略了关键字 const，运行这段代码就会失败。

与其他变量类型一样，并非必须在声明数组的代码行中初始化该数组。下面的代码也是合法的。

```
int[] myIntArray;
myIntArray = new int[5];
```

下面的示例利用了本节开头的示例，创建并使用一个字符串数组。

【例 2-6】

使用数组：Ch02Ex04\Program.cs。

第一步：在 G:\C#Project\Chapter 02 目录中创建一个新的控制台应用程序 Ch02Ex04。

第二步：将下列代码添加到 Program.cs 中。

```
static void Main (string[] args)
{
    string[] friendNames = { "Todd Anthony", "Kevin Holton", "Shane Laigle" };
    int i;
    WriteLine ($"Here are {friendNames.Length} of my friends:");
    for (i = 0; i < friendNames.Length; i++)
    {
        WriteLine (friendNames[i]);
    }
    ReadKey ( );
}
```

第三步：执行代码，结果如图 2-8 所示。

```
G:\C#Project\Chapter02\Chapter02\Ch02Ex04\bin\Debug\net6.0\Ch02Ex04.exe
Here are 3 of my friends:
Todd Anthony
Kevin Holton
Shane Laigle
```

图 2-8　字符串数组示例的运行结果

实例说明：这段代码用 3 个值建立了一个 string 数组，并在 for 循环中把它们输出到控制台上。使用 friendNames.Length 来确定数组中的元素个数。

```
WriteLine ($"Here are {friendNames.Length} of my friends:");
```

这是获取数组大小的一种简便方法，不过在 for 循环中输出值很容易出错。例如，把 '<' 改为 '<='，如下所示。

```
for (i = 0; i <= friendNames.Length; i++)
{
    WriteLine (friendNames[i]);
}
```

编译并执行上述代码，就会弹出对话框，错误提示窗口如图 2-9 所示。

图 2-9　错误提示窗口

在这里，代码试图访问 friendName［3］。要记住数组索引是从 0 开始，所以最后一个元素是 friendNames［2］。如果试图超出数组大小的元素，代码就会出问题。另外，还可以通过一个更具弹性的方法来访问数组的所有成员，即使用 foreach 循环。

2）foreach 循环

foreach 循环可以使用一种简便的语法来定位数组中的每个元素。

```
foreach (<baseType> <name> in <array>)
{
    // can use <name> for each element
}
```

该循环会迭代每个元素,并依次把每个元素放在变量 <name> 中,且不存在访问非法元素的危险。而且,不需要考虑数组中有多少个元素,并可以确保在循环中会使用每个元素。使用该循环,可以修改上个示例中的代码,如下所示。

```
static void Main (string[] args)
{
    string[] friendNames = { "Todd Anthony", "Kevin Holton", "Shane Laigle" };
    WriteLine ($"Here are {friendNames.Length} of my friends:");
    foreach (string friendName in friendNames)
    {
        WriteLine (friendNames);
    }
    ReadKey ( );
}
```

这段代码的输出结果与前面的示例完全相同。使用该方法和标准的 for 循环的主要区别在于,foreach 循环对数组内容进行只读访问,所以不能改变任何元素的值。例如,不能编写如下代码。

```
foreach (string friendName in friendNames)
{
    friendNames = "Rupert the bear";
}
```

3)使用 switch case 表达式进行模型匹配

在本节的讨论中,switch case 是基于特定变量的值。分析下面的代码,<testVar> 的类型可以是 integer、string 或者 bool。如果是 integer 类型,则变量中存储的是数字值,case 语句将检查特定的整数值(如 1、2、3 等),找到相匹配的数字后,就执行对应的代码,如下所示。

```
switch (<testVar>)
{
    case < comparisonVal1 >:
        <code to excute if < testVar > == < comparisonVal1 >>
        break;
    case < comparisonVal2 >:
        < code to excute if < testVar > == < comparisonVal2 >>
        break;
...
case < comparisonValN >:
    < code to excute if < testVar > == < comparisonValN >>
    break;
default:
    < code to excute if < testVar > != < comparisonVals >>
    break;
}
```

C#7 中可以基于变量的类型（如 string 或 integer 数组）在 switch case 中进行模式匹配。因为变量的类型是已知的，所以可以访问该类型提供的方法和属性。查看下面的 switch 结构。

```
switch (< testVar >)
{
    case int value:
        < code to excute if < testVar > is an int>
        break;
    case string s when s.Length == 0:
        < code to excute if < testVar > is a string with a length = 0>
```

```
            break;
    ...
    case null:
        < code to excute if < testVar > == null>
        break;
    default:
        < code to excute if < testVar > != < comparisonVals >>
        break;
}
```

case 关键字之后紧跟的是想要检查的变量类型（如 string、int 等）。在 case 进行语句匹配时，该类型的值将保存到声明的变量中。例如，若 <testVar> 是一个 integer 类型的值，则该 integer 的值将存储在变量中。C#7 将 when 关键字修饰符应用到了 switch case 表达式。when 关键字修饰符允许扩展或添加一些额外的条件，以执行 case 语句中的代码。

下面的示例将对上述内容进行详解，并说明其他几个概念。

【例 2-7】

使用数组：Ch02Ex05\Program.cs。

第一步：在 G：\C#Project\Chapter 02 目录中创建一个新的控制台应用程序 Ch02Ex05。

第二步：将下列代码添加到 Program.cs 中。

```
using static System.Console;
using static System.Convert;
namespace Ch02Ex05
{
    class Program
    {
        static void Main (string[] args)
```

```csharp
{
    string[] friendNames = { "Todd Anthony", "Kevin Holton",
                    "Shane Laigle", null,"" };
    foreach (var friendName in friendNames)
    {
        switch (friendName)
        {
            case string t when t.StartsWith("T"):
                WriteLine ("This friends name starts with a 'T':" +
                $"{friendName} and is {t.Length - 1} letters long");
                break;
            case string e when e.Length == 0:
                WriteLine ("There is a string in the array with no value" );
                break;
            case null:
                WriteLine ("There was a 'null' value in the array");
                break;
            case var x:
                WriteLine ("This is the var pattern of type:"+
                $"{x.GetType ( ).Name}");
                break;
            default:
                break;
        }
    }
    int sum = 0, total = 0, counter = 0, intValue = 0;
    int?[] myIntArray = new int?[7] { 5, intValue, 9, 10, null, 2, 99 };
```

```
            foreach (var integer in myIntArray)
        {
                switch (integer)
                {
                    case 0:
                        WriteLine ($"Integer number '{total}' has a default value of 0");
                        total++;
                        break;
                    case int value:
                        sum += value;
                        counter++;
                        WriteLine ($"Integer number '{total}' has a default
                            value of {value}");
                        total++;
                        break;
                    case null:
                        WriteLine ($"Integer number '{total}' is null");
                        total++;
                        break;
                    default:
                        break;
                }
        }
WriteLine ($"{total} total integers,{counter}integers with a" +
        $"value other than 0 or null have a sum value of {sum}");
ReadKey ( );
```

```
        }
    }
}
```

第三步：执行代码，示例的运行结果如图 2-10 所示。

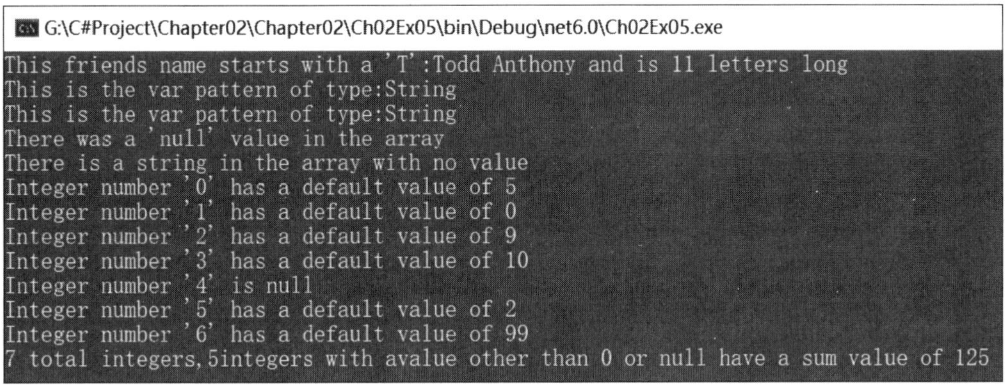

```
G:\C#Project\Chapter02\Chapter02\Ch02Ex05\bin\Debug\net6.0\Ch02Ex05.exe
This friends name starts with a 'T':Todd Anthony and is 11 letters long
This is the var pattern of type:String
This is the var pattern of type:String
There was a 'null' value in the array
There is a string in the array with no value
Integer number '0' has a default value of 5
Integer number '1' has a default value of 0
Integer number '2' has a default value of 9
Integer number '3' has a default value of 10
Integer number '4' is null
Integer number '5' has a default value of 2
Integer number '6' has a default value of 99
7 total integers,5integers with avalue other than 0 or null have a sum value of 125
```

图 2-10 switch case 示例的运行效果

示例说明：本示例中有两个 foreach 循环，一个迭代 string[ ] 数组，一个迭代 int[ ] 数组。迭代 string[ ] 数组的 foreach 循环包含一个 null 值和一个没有值的项，用于详细描述模式匹配（Pattern Matching）概念。

```
string[] friendNames = { "Todd Anthony", "Kevin Holton", "Shane Laigle", null, "" };
```

switch 表达式中包含 4 个 case 语句。

```
case string t when t.StartsWith ("T"):
```

当把非模式匹配的 switch 语句与本示例进行比较时，可以看出最显著的区别在于，这里匹配的并不是一个特定的值，如 1 或 2，而在 case 语句后直接是一个字符串 t 的类型声明。进行类型声明后，t 就可以用来访问 friendName 中的值，以及 string 类型中可用的方法和属性。注意，在 when 表达式过滤器后使用了 System.String 类的 StartsWith ( ) 方法。该方法接受一个参数，并且如果 friendName 中的字符串值以这个参数开头（本例中为"T"），则与 case 语句相匹配，将执行该 case 语句。

下面的 switch case 表达式将检查一个字符串是否为空。

```
case string e when e.Length == 0:
```

同样，string 声明 e 引用 System.String 类的 Length 属性。如果长度为 0，就执行该 case 语句。下面的代码片段是一个 case 表达式，将检查 friendName 中的值是否为 null。

```
case null:
```

下面的代码片段演示了如何使用 x 的 var 声明捕获任何其他变量类型。我们知道该数组中的所有元素都是字符串，但在某些实现中，数组可能是一个由未知对象组成的。此时，通过 x 使用 System.Object 类的 GetType () 方法，可以看到其类型。

```
case var x:
```

该表达式引出了模式匹配特性的一个关键点，case 表达式的顺序很重要。若将 case var x 表达式放在 switch 语句的顶部，将捕获所有的 string 或 string[ ] 中的一切内容。但不必担心，编译器会发出警告，通知你 "the switch case has already been handled by a previous case（该 switch case 已由上一个 case 语句处理）"。现在，在具备模式匹配能力后，应做到让表达式过滤器尽可能精确，且在 switch 语句中应该是唯一的。

对于 int[ ] 数组，也有几点需要深入理解。

```
int?[] myIntArray = new int?[7] { 5, intValue, 9, 10, null, 2, 99 };
```

首先要注意紧跟在 int 声明之后的问号。问号旨在让编译器知道 int[ ] 数组可包含空对象，若没有问号，就会显示编译异常。其次要注意初始化一个整数时，通常将其值默认设置为 0。如果编写一个 switch case 表达式来检查整数，则应该检查默认值为 0 的情况，并进行适当处理。

```
case 0:
```

如果没有检查 0，就会进入下一个 case 语句。

```
case int value:
sum += value;
```

给 sum 加 0 后并不会导致值的改变，而这正是代码在没有 case 0 表达式时的行为。审查一下代码，会发现只有在整数值不为 0 和 null 时，才可以与 sum 和 counter 相加，所有迭代都会导致 total 增加 1。如果不编写代码，就不知道 0 是实际值，还是添加到数组的一个默认初始值。而 case 0 为我们提供了执行代码并验证这一点的机会。

下面的代码片段演示了 case 表达式如何检查 value 中的值是否为 null。

```
case null:
```

除了 switch case 表达式模式外，还可以使用 is 关键字实现模式匹配。

4）多维数组

多维数组是使用多个索引访问其元素的数组。例如，假定要确定一座山相对于某位置的高度，可使用两个坐标 x 和 y 来指定一个位置。把这两个坐标用作索引，让数组 hillHeight 可以用每对坐标来存储高度，此时就要使用多维数组了。

像这样的二维数组可以声明如下。

```
<baseType>[ , ] <name>;
```

多维数组只需要更多逗号，例如：

```
<baseType>[ , , , ] <name>;
```

该语句声明了一个 4 维数组。赋值也使用类似的语法，用逗号分隔。要声明和初始化二维数组 hillHeight，其基本类型是 double，若 x 的大小是 3，y 的大小是 4，则需要：

```
double[ , ] hillHeight = new double [3,4];
```

还可以使用字面值进行初始赋值。这里使用嵌套的花括号块，且它们之间用逗号分开，例如：

```
double[ , ] hillHeight = {{1,2,3,4},{2,3,4,5},{3,4,5,6}};
```

该数组的维度与前面的相同，也是3行4列。而且，通过提供字面值隐式定义了这些维度。

要访问多维数组中的每个元素，只需指定它们的索引，并用逗号分开，例如：

```
hillHeight[2,1]
```

接着就可以像处理其他元素那样进行处理了。该表达式将访问上面定义的第3个嵌套数组中的第2个元素（其值是4）。记住，索引从0开始，第一个数字是嵌套的数组。换言之，第一个数字指定花括号对，第2个数字指定该对花括号中的元素。数组可视化表示图如图2-11所示。

图2-11 数组可视化表示图

foreach循环可以访问多维数组中的所有元素，其方式与访问一维数组相同，例如：

```
double[,] hillHeight = { { 1, 2, 3, 4 }, { 2, 3, 4, 5 }, { 3, 4, 5, 6 } };
foreach (double height in hillHeight)
{
WriteLine($"{height}");
}
```

元素的输出顺序与赋予字面值的顺序相同（这里显示了元素的标识符而非实际值）。

```
hillHeight[0,0]
hillHeight[0,1]
hillHeight[0,2]
hillHeight[0,3]
hillHeight[1,0]
hillHeight[1,1]
hillHeight[1,2]
…
```

5）数组的数组

上面讨论的多维数组可称为矩形数组，这是因为每一行的元素个数都相同。使用上一个示例，任何一个 x 坐标都有一个对应 0 至 3 的 y 坐标。

也可以使用锯齿数组（jagged array），其中每行的元素个数可能不同。为此，需要有这样一个数组，其中每个元素都是另一个数组。也可以有数组的数组，甚至更复杂的数组。但是，这些数组都必须有相同的基本类型。

声明数组的数组时，其语法要求在数组的声明中指定多个方括号，例如：

```
int[][] jaggedIntArray;
```

但初始化这样的数组不像初始化多维数组那样简单，例如，不能采用以下声明方式：

```
jaggedIntArray = new int[3][4];
```

即使可以这样做，也不是很有效，因为使用简单的多维数组可以较为轻松地取得相同的结果，但不能使用下面的代码。

```
jaggedIntArray = {{1;2;3};{1};{1,2}};
```

有两种方式可以初始化包含其他数组的数组（为清晰起见，称其为子数组），然后依次初始化子数组。

```
jaggedIntArray = new int[2][];
jaggedIntArray[0] = new int[3];
jaggedIntArray[1] = new int[4];
```

也可以使用上述字面值赋值的一种改进形式。

```
jaggedIntArray = new int[3][] {new int[]{1,2,3},new int[]{1}, new int[]{1,2}};
```

也可以进行简化，把数组的初始化和声明放在同一行上，如下所示。

```
int[][] divisors1To10 = { new int[]{1},
                         new int[]{1,2}
                         new int[]{1,3}
                         new int[]{1,2,4},
                         new int[]{1,5},
                         new int[]{1,2,3,6},
                         new int[]{1,7},
                         new int[]{1,2,4,8},
                         new int[]{1,3,9},
                         new int[]{1,2,5,10}};
```

以下代码会失败：

```
foreach (int divisor in divisor1To10)
{
    WriteLine (divisor);
}
```

这是因为数组 divisor1To10 包含的是 int[ ] 元素，而不是 int 元素。正确的做法是循环遍历每个子数组和数组本身：

```
foreach (int[] divisorsOfInt in divisor1To10)
{
    foreach (int divisor in divisorsOfInt)
    {
        WriteLine (divisor);
    }
}
```

可以看出，使用锯齿数组的语法要复杂得多。在大多数情况下，使用矩形数组比较简单，其是一种比较简单的存储方式。但是，有时却必须使用锯齿数组，所以知道如何运用它们有一定益处。例如，使用 XML 文档时，其中一些元素有子元素，而一些元素则没有。

（4）字符串的处理

到目前为止，对字符串的使用还仅限于把字符串写到控制台，从控制台读取字符串，以及使用 + 运算符连接字符串。在编写代码时，会发现字符串的操作非常多。下面介绍 C# 中较常用的字符串的处理技巧。

首先要注意，string 类型的变量可以看成是 char 变量的只读数组。这样，就可以使用下面的语法访问每个字符。

```
string myString = "A string";
char myChar = myString[1];
```

但不能采用该方式为各个字符赋值。为获取一个可写的 char 数组，可以使用下面的代码，其中使用了数组变量的 ToCharArray ( ) 命令。

```
string myString = "A string";
char[] myChars = myString.ToCharArray( );
```

接着就可以采用标准方式处理 char 数组了。也可在 foreach 循环中使用字符串，例如：

```
foreach (char character in myString)
{
    WriteLine ($"{character}");
}
```

与数组一样,还可以使用 myString.Length 获取元素个数,这将给出字符串中的字符数,例如:

```
string myString = ReadLine ( );
WriteLine ($"You typed {myString.Length} characters.");
```

其他基本字符串处理技巧采用与 <string>.ToCharAray ( ) 命令类似的格式使用命令。两个简单却有效的命令是 <string>.ToLower ( ) 和 <string>.ToUpper ( )。它们可以分别把字符串转换为小写和大写形式。为理解它们的重要作用,可以考虑下面的情形:要检查用户的某个响应,如字符串 yes,如果可以把用户输入的字符串转换为小写形式,就能检查字符串 YES、Yes、yeS 等。

```
string userResponse = ReadLine ( );
if (userResponse.ToLower ( ) == "yes")
{
    //Act on response.
}
```

注意,这个命令与本节的其他命令一样,并未真正改变应用的字符串。把这个命令与字符串结合使用,就会创建一个新的字符串,以便与另一个字符串进行比较,或者赋给另一个变量。该变量可以是当前操作的其他变量,例如:

```
userResponse = userResponse.ToLower ( );
```

记住这一点很重要,因为只写出下面的代码是没有效果的。

```
userResponse.ToLower ( );
```

下面看看在简化用户输入方面还可以做什么。如果用户无意间在输入内容的前面或后面添加了多余的空格会发生什么？此时，上述代码就不起作用了。这就需要删除所输入的字符串前后的空格，此时可以使用 <string>.Trim ( ) 命令来处理。

```
string userResponse = ReadLine ( );
userResponse = userResponse.Trim ( );
if(userResponse.ToLower ( )== "yes")
{
    //Act on response.
}
```

使用该命令，还可以检测如下字符串：

```
"YES"
"Yes"
```

也可以使用这些命令删除其他字符，只要在一个 char 数组中指定这些字符即可，例如：

```
char[] trimChars = { ' ', 'e', 's' };
string userResponse = ReadLine ( );
userResponse = userResponse.ToLower ( );
userResponse = userResponse.Trim(trimChars);
if (userResponse == "y")
{
    //Act on response.
}
```

这将删除字符串前后的所有空格、字母 e 和 s。如果字符串中没有其他字符，就会检测以下字符串。

```
"Yeeeees"
" y"
```

还可以使用 <string>.TrimStart ( ) 和 <string>.TrimEnd ( ) 命令，它们可以删除字符串前面或后面的空格。使用这些命令时也可以指定 char 数组。

另外两个字符串命令也可以处理字符串的空格：<string>.PadLeft ( ) 和 <string>.PadRight ( )。它们可以在字符串的左边或右边添加空格，使字符串达到指定的长度。其语法如下。

```
<string>.PadX (<desiredLength>);
```

例如：

```
myString = "Aligned";
myString = myString.PadLeft (3);
```

这将在 myString 中把 3 个空格添加到单词 Aligned 的左边。这些方法可用于在列中对齐字符串，特别适用于放置包含数字的字符串。与修整命令一样，还可以按第二种方式使用这些命令，即提供要添加到字符串上的字符。但是需要一个 char 字符，而不是像修整命令那样指定一个 char 数组。例如：

```
myString = "Aligned";
myString = myString.PadLeft (3,'-');
```

这将在 myString 的开头加上 3 个短横线。

还有许多这样的字符串处理命令，其中一些只用于非常特殊的情况。在继续下面的内容之前，有必要介绍 Visual Studio 2017 中的一个特性。下面的示例会试验语句自动完成（auto-completion）功能，IDE 通过这种功能将试着给出用户有可能要插入的代码。

【例 2-8】

Visual Studio 中的语句自动完成功能：Ch02Ex06\Program.cs。

第一步:在 G:\C#Project\Chapter 02 目录中创建一个新的控制台应用程序 Ch02 Ex06。

第二步:在 Program.cs 中输入下列代码,注意输入过程中弹出的窗口。

```
static void Main (string[] args)
{
    string myString = "This is a test.";
    char[] separator = { ' ' };
    string[] myWords;
    myWords = myString.
}
```

第三步:输入最后的句点时,注意会弹出窗口,string 自带函数列表如图 2-12 所示。

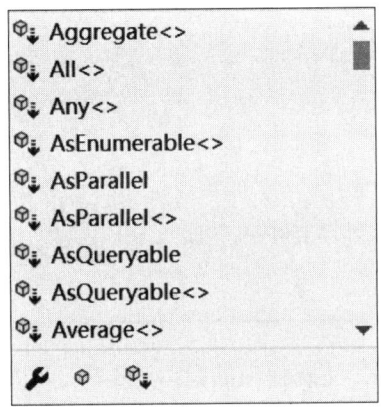

图 2-12 string 自带函数列表

第四步:不要移动光标,键入 sp,弹出的窗口就会改变,并显式一个工具提示,split 函数参数及返回值如图 2-13 所示。

图 2-13 split 函数参数及返回值

第五步：输入字符'（se'，会弹出另一个窗口和工具提示，传入参数自动匹配窗口如图 2-14 所示。

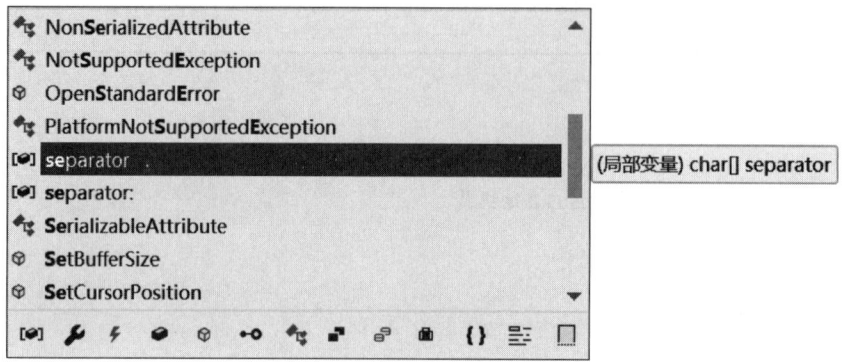

图 2-14　传入参数自动匹配窗口

第六步：输入两个字符'）：'，代码如下所示，弹出窗口随之消失。

```
static void Main (string[] args)
{
    string myString = "This is a test.";
    char[] separator = { ' ' };
    string[] myWords;
    myWords = myString.Split (separator);
}
```

第七步：添加下述代码，注意弹出的窗口（不要忘记添加 using static System.Console）。

```
static void Main (string[] args)
{
    string myString = "This is a test.";
    char[] separator = { ' ' };
    string[] myWords;
    myWords = myString.Split (separator);
```

```
foreach (string word in myWords)
{
    WriteLine ($"{word}");
}
ReadKey ( );
}
```

第八步：执行代码，结果如图 2-15 所示。

图 2-15 字符串处理示例的运行效果

示例说明：在这段代码中，要注意两点：第一点是所使用的新字符串命令，第二点是所使用的自动完成功能。使用命令 <string> Split ( ) 把 string 字符串转换为 string 数组，并将其在指定的位置隔开。另外，这些位置采用了 char 数组形式，在本例中该数组只有一个元素，即空格字符。

```
char[] separator = { ' ' };
```

下面的代码把字符串在每个空格处分解开，并获取子字符串，即得到包含单个单词的数组。

```
string[] myWords;
myWords = myString.Split (separator);
```

接着使用 foreach 循环迭代该数组中的单词，并把这些单词写到控制台。

```
foreach (string word in myWords)
{
    WriteLine ($"{word}");
```

```
}
ReadKey ( );
```

得到的每个单词都没有空格,单词的内部和两端也都没有空格。使用split ( )时,删除了分隔符。

(二)表达式

把变量和字面值(使用运算符时,变量和字面值都称为操作数)与运算符组合起来,就可以创建表达式,其是计算的基本构件。

运算符的范围非常广泛,有简单的,也有非常复杂的,其中一些可能只在数学应用程序中使用。简单的操作包括所有的基本数学操作,如 + 运算符是把两个操作数加在一起;而复杂的操作则通过变量内容的二进制表示来处理它们。另外,还有专门用于处理布尔值的逻辑运算符,以及赋值运算符,如 = 运算符。

运算符大致分为如下3类。

(1)一元运算符,处理一个操作数。

(2)二元运算符,处理两个操作数。

(3)三元运算符,处理三个操作数。

大多数运算符都是二元运算符,只有几个一元运算符和一个三元运算符,三元运算符即条件运算符。下面介绍数学运算符,其包括一元运算符和二元运算符。

1. 数学运算符

共有5个简单的数学运算符,其中两个(+ 和 −)有二元和一元两种形式。表 2-5 列出了这些运算符,并用一个简短示例来说明它们的用法,以及使用简单的数值类型(整数和浮点数)表达式对应结果。

表 2-5　　　　　　　　简单的数字运算符

运算符	类别	示例表达式	结果
+	二元	Var1=var2+var3;	Var1 的值是 var2 与 var3 的和
−	二元	Var1=var2−var3;	Var1 的值是从 var2 减去 var3 所得的值
*	二元	Var1=var2*var3;	Var1 的值是 var2 与 var3 的乘积

续表

运算符	类别	示例表达式	结果
/	二元	Var1=var2/var3;	Var1 是 var2 除以 var3 所得的值
%	二元	Var1=var2%var3;	Var1 是 var2 除以 var3 所得的余数
+	一元	Var1=+var2;	Var1 的值等于 var2 的值
−	一元	Var1=−var2;	Var1 的值等于 var2 的值乘以 −1

注意：+（一元）运算符对结果是没有影响的。如果 var2 是 −1，则 +var2 仍是 −1。但其是一个得到普遍认可的运算符，所以也应将其包含进来。该运算符最有用的方面是可以定制其操作。

上面的示例都使用简单的数值类型，因为使用其他简单类型，结果可能不太清晰。例如，把两个布尔值加在一起，如果对 bool 变量使用 +（或其他数学运算符），编译器就会报错。char 变量存储的是数字，所以若把两个 char 变量加在一起也会得到一个数字（其类型为 int）。而且，这是一个隐式转换示例，稍后将详细介绍，因为其也可以应用到 var1、var2 和 var3，所以其也是混合类型。

二元运算符 + 在应用于字符串类型变量时很有意义，其作用见表 2-6。

表 2-6　　　　　　　　　　字符串连接运算符

运算符	类别	示例表达式	结果
+	二元	Var1 = var2+var3;	Var1 的值是储存在 var2 和 var3 种的两个字符串的连接值

但其他数学运算符不能用来处理字符串。

现在介绍的另外两个运算符是递增和递减运算符，它们都是一元运算符，可通过两种方式来使用它们：放在操作数的前面或后面。简单表达式及结果见表 2-7。

表 2-7　　　　　　　　　　递增和递减运算符

运算符	类别	示例表达式	结果
++	一元	var1 = ++var2	var1 的值是 var2+1，var2 递增 1
−−	一元	var1 = −−var2	var1 的值是 var2−1，var2 递减 1
++	一元	var1=var2++	var1 的值是 var2，var2 递增 1
−−	一元	var1=var2−−	var1 的值是 var2，var2 递减 1

这些运算符会改变存储在操作数中的值。

（1）++ 总是使操作数加 1。

（2）-- 总是使操作数减 1。

var1 中存储的结果有区别，其原因是运算符的位置决定了其什么时候发挥作用。若把运算符放在操作数的前面，操作数在进行任何其他计算前都会受到运算符的影响；而如果把运算符放在操作数的后面，则操作数在完成表达式的计算后会受到运算符的影响。

再看一个示例。考虑以下代码。

```
int var1, var2 = 5, var3 = 6;
var1 = var2++ * --var3;
```

在计算表达式前，var3 前面的运算符会起作用——将其值从 6 改为 5。可以忽略 var2 后面的 ++ 运算符，因为其是在计算完成后才发挥作用，所以 var1 的结果是 5 与 5 的乘积，即 25。

在许多情况下，这些简单的一元运算符使用起来非常方便，它们实际上是下述表达式的简写形式。

```
var1 = var1 + 1;
```

这类表达式有许多用途，特别适于在循环中使用。下面的示例将说明如何使用数学运算符，代码提示用户键入一个字符串和两个数字，然后显示计算结果。另外，还会再介绍两个重要的概念。

【例 2-9】

用数学运算符处理变量：Ch02Ex07\Program.cs。

第一步：在目录 G：\C#Project\Chapter 02 下创建一个新的控制台应用程序 Ch02Ex07。

第二步：在 Program.cs 中添加如下代码。

```
static void Main (string[] args)
{
```

```csharp
        double firstNumber, secondNumber;
        string userName;
        Console.WriteLine ("Enter your name:");
        userName = Console.ReadLine ( );
        Console.WriteLine ($"Welcome {userName}!");
        Console.WriteLine ("Now give me a number:");
        firstNumber = Convert.ToDouble (Console.ReadLine ( ));
        Console.WriteLine ("Now give me another number:");
        secondNumber = Convert.ToDouble (Console.ReadLine ( ));
        Console.WriteLine ($"The sum of {firstNumber} and {secondNumber} is" +
            $"{firstNumber + secondNumber}.");
        Console.WriteLine ($"The result of subtracting {secondNumber} from" +
            $"{firstNumber} is {firstNumber - secondNumber}.");
        Console.WriteLine ($"The product of {firstNumber} and {secondNumber} is" +
            $"{firstNumber * secondNumber}.");
        Console.WriteLine ($"The result of dividing {firstNumber} by" +
            $"{secondNumber} is {firstNumber / secondNumber}.");
        Console.WriteLine ($"The remiander after dividing {firstNumber} by" +
            $"{secondNumber} is {firstNumber % secondNumber}.");
        Console.ReadKey ( );
    }
```

第三步：执行代码，结果如图 2-16 所示。

图 2-16　运算符示例运行提示输入名字

第四步：输入名称，按下回车键，如图 2-17 所示。

图 2-17　运算符示例运行提示输入一个数字

第五步：输入一个数字，按下回车键，再输入另一个数字，按下回车键，结果如图 2-18 所示。

图 2-18　运算符示例运行的完整效果

示例说明：除了演示数学运算符外，这段代码还引入了两个重要概念，分别是用户输入和类型转换，在以后的示例中将多次用到这些概念。

用户输入与前面的 Console.WirteLine ( ) 命令类似的语法——Console.ReadLine ( )。该指令提示用户输入信息，并把它们存储在 string 变量中。

```
string userName;
Console.WriteLine ("Enter your name:");
userName = Console.ReadLine ( );
Console.WriteLine ($"Welcome {userName}!");
```

这段代码直接将已赋值变量 userName 的内容写到屏幕上。

该示例还读取了两个数字，而且 Console.ReadLine ( ) 命令生成了一个字符串，而我们只希望得到一个数字，所以这就引出了类型转换的问题。下面分析本例使用的代码，首先声明要存储数字输入的变量。

```
double firstNumber, secondNumber;
```

接着给出提示，对 Console.ReadLine ( ) 得到的字符串使用命令 Convert.ToDouble ( )，把字符串转换为 double 类型，然后把数值赋给前面声明的变量 firstNumber。

```
Console.WriteLine ("Now give me a number:");
firstNumber = Convert.ToDouble (Console.ReadLine ( ));
```

该语法相当简单，且其他许多转换也用类似的方式进行。其余代码按同样方式获取第二个数。

```
Console.WriteLine ("Now give me another number:");
secondNumber = Convert.ToDouble (Console.ReadLine ( ));
```

然后输出两个数字加、减、乘、除的结果，并用余数运算符（%）显示除操作的余数。

```
Console.WriteLine ($"The sum of {firstNumber} and {secondNumber} is" +
        $"{firstNumber + secondNumber}.");
Console.WriteLine ($"The result of subtracting {secondNumber} from" +
        $"{firstNumber} is {firstNumber - secondNumber}.");
Console.WriteLine ($"The product of {firstNumber} and {secondNumber} is" +
        $"{firstNumber * secondNumber}.");
Console.WriteLine ($"The result of dividing {firstNumber} by" +
        $"{secondNumber} is {firstNumber / secondNumber}.");
Console.WriteLine ($"The remiander after dividing {firstNumber} by" +
        $"{secondNumber} is {firstNumber % secondNumber}.");
```

注意，将表达式 firstNumber+secondNumber 作为 Console.WriteLine( ) 语句的一个参数，因而没有使用中间变量。

```
Console.WriteLine($"The sum of {firstNumber} and {secondNumber} is" +
    $"{firstNumber + secondNumber}.");
```

这种语法可以提高代码的可读性，并减少需要编写的代码量。

2. 赋值运算符

迄今为止，一直在使用简单的 = 赋值运算符，其实还有其他赋值运算符，而且都非常有用。除了 = 运算符外，其他赋值运算符都以类似的方式工作。与 = 一样，它们都是根据运算符和右边的操作数，把一个值赋给左边的变量。详情见表 2-8。

表 2-8   赋值运算符

运算符	类别	示例表达式	结果
=	二元	var1 = var2	var1 被赋予 var2 的值
+=	二元	var1 += var2	var1 被赋予 var1 与 var2 的和
-=	二元	var1 -= var2	var1 被赋予 var1 与 var2 的差
*=	二元	var1 *= var2	var1 被赋予 var1 与 var2 的乘积
/=	二元	var1 /= var2	var1 被赋予 var1 与 var2 的相除所得的结果
%=	二元	var1 %= var2	var1 被赋予 var1 与 var2 的相除所得的余数

可以看出，这些运算符将 var1 也包括在计算过程中，例如：

```
var1 += var2;
```

与下面的代码结果相同。

```
var1 = var1 + var2;
```

注意：与 + 运算符一样，+= 运算符也可用于字符串。使用这些运算符，特别是在使用长变量名时，可使代码更便于阅读。

3. 运算符的优先级

在计算表达式时，会按顺序处理每个运算符。但这并不意味着必须从左至右运用这些运算符。例如，考虑下面的代码。

```
var1 = var2 + var3;
```

其中 + 运算符就是在 = 运算符之前进行计算的。在其他一些情况下，运算符的优先级并没有那么明显，例如：

```
var1 = var2 + var3 * var4;
```

其中 * 运算符首先计算，其次是 + 运算符，最后是 = 运算符，这是标准的数学运算顺序，其结果与在纸上进行算术运算的结果相同。像这样的计算，可以使用括号控制运算符的优先级，例如：

```
var1 = (var2 + var3)* var4;
```

首先计算括号中的内容，即 + 运算符在 * 运算符之前计算。对于前面介绍的运算符，其优先级见表2-9，优先级相同的运算符（如 * 和 /）按照从左至右的顺序计算。

表 2-9　　　　　　　　　　　运算符的优先级

优先级	运算符
优先级由高到低	++、--（用作前缀）、+、-（一元）
	*、/、%
	+、-
	=、*=、/=、%=、+=、-=
	++、--（用于后缀）

如上所述，括号可用于重写优先级顺序。另外，++ 和 -- 用作后缀运算符时，在概念上其优先级最低。而且，它们不对赋值表达式的结果产生影响，所以可以认为它们的优先级比所有其他运算符都高。但是，它们会在计算表达式后改变操作数的值。

4. 命名空间

继续学习前，要了解一个比较重要的主题——命名空间。它是 .NET 中提供应用程序代码容器的方式,这样就可以唯一地标识代码及其内容。命名空间也可用于.NET Framework 中对项进行分类。而且,大多数项都是类型定义,如本章描述的简单类型(System.Int32 等)。

在默认情况下,C# 代码包含在全局命名空间中。这意味着对于包含在这段代码中的项,全局命名空间中的其他代码只要通过名称进行引用就可以访问它们。可以使用 namespace 关键字为花括号中的代码块显式定义命名空间。如果在该命名空间的外部使用命名空间中的名称,就必须写出该命名空间中的限定名称。

限定名称包括其所有的分层信息。这意味着如果一个命名空间中的代码需要使用在另一个命名空间中定义的名称,就必须包括对该命名空间的引用。限定名称在不同的命名空间级别之间使用句点字符(.),如下所示。

```
namespace LevelOne
{
    //code in LevelOne namespace
    //name "NameOne" define
}
//code in global namespace
```

这段代码定义了一个命名空间 LevelOne,以及该命名空间中的一个名称 NameOne(注意这里在应该定义名称空间的地方添加了一个注释,而没有列出实际代码,这是为了使我们的讨论更具普遍性)。在命名空间 LevelOne 中编写的代码可以直接使用 NameOne 来引用该名称,但全局命名空间中的代码必须使用限定名称 LevelOne.NameOne 来引用该名称。

需要特别注意的一点:using 语句本身不能访问另一个命名空间中的名称。除非命名空间中的代码以某种方式链接到项目上,或者代码是在该项目的源文件中定义的,或者是在链接到该项目的其他代码中定义的,否则就不能访问其中包含的名称。另外,如果包含命名空间的代码链接到项目上,那么无论是否使用 using,都可以访问其中包含的名称。而 using 语句不但便于我们访问这些名称,而且减少了代码量,以及提高了可读性。

现在分析本节开头的 Ch02Ex07 中的代码，会看到下面这些被应用到命名空间上的代码。

```
using System;
using System.Collections.Generic;
using System.Linq;
using System.Text;
using System.Threading.Tasks;
namespace Ch02Ex07
{
    ...
}
```

以 using 关键字开头的 5 行代码，声明在这段 C# 代码中使用 System、System.Collections.Generic、System.Linq、System.Text 和 System.Threading.Tasks 命名空间，它们可以在该文件的所有命名空间中进行访问，不必限定 System 命名空间是 NET Framework 应用程序的根命名空间，且包含了控制台应用程序需要的所有基本功能。其他 4 个命名空间常用于控制台应用程序，所以该程序包含了它们。最后，又为应用程序代码本身声明了一个命名空间 Ch02Ex07。

C#6 新增了 using static 关键字。该关键字允许把静态成员直接包含到 C# 程序的作用域中。如本章的两个示例都使用了 System.Console 静态类中的 System.Console.WirteLine（）方法。注意，在这些例子中，应包括 Console 类和 WirteLine（）方法。把 using static System.Console 添加到命名空间列表中时，访问 WirteLine（）方法就不再需要在前面加上静态类名。之后若需要 System.Console 静态类的所有代码示例，就应包括 using static System.Console 关键字。

二、流程控制

（一）布尔逻辑

前面介绍的 bool 类型可以有两个值：true 或 false。该类型常用于记录某些操作的结果，以便将来处理这些结果，而且该类型还可用于存储比较的结果。

例如，考虑下述情形：要根据变量 myVal 的值是否小于 10 来确定是否执行代码。为此，需要确定语句"myVal 小于 10"的真假，即需要了解比较的布尔结果。

布尔比较需要使用布尔比较运算符（也称为关系运算符），见表 2-10。

表 2-10　　　　　　　　　布尔比较运算符

运算符	类别	示例表达式	结果
==	二元	var1 = var2 == var3;	如果 var2 等于 var3，var1 的值就是 true，否则为 false
!=	二元	var1 = var2 !=var3;	如果 var2 不等于 var3，var1 的值就是 true，否则为 false
<	二元	var1 = var2 < var3;	如果 var2 小于 var3，var1 的值就是 true，否则为 false
>	二元	var1 = var2 > var3;	如果 var2 大于 var3，var1 的值就是 true，否则为 false
<=	二元	var1 = var2 <= var3;	如果 var2 小于或等于 var3，var1 的值就是 true，否则为 false
>=	二元	var1 = var2 >= var3;	如果 var2 大于或等于 var3，var1 的值就是 true，否则为 false

在表 2-10 中，var1 都是 bool 类型的变量，var2 和 var3 则可以是不同类型。

在代码中，可以对数值使用这些运算符。

```
bool isLessThan10;
isLessThan10 = myVal < 10;
```

如果 myVal 存储的值小于 10，这段代码就给 isLessThan10 赋予 true 值，否则赋予 false 值。也可以对其他类型使用这些比较运算符，例如，字符串：

```
bool isBenjamin;
isBenjamin = myString == "Benjamin";
```

如果 myString 存储的字符串是"Benjamin"，isBenjamin 的值就为 true。

也可以对布尔值使用这些运算符：

```
bool isTrue;
isTrue = myBool == true;
```

但只能使用 == 和 != 运算符。不要错误地认为当 val1<val2 为 false 时，val1>val2 为 true，这样会导致一个常见的代码错误。如果 val1=val2，那么前两条语句都是 false。

& 和 | 运算符也有两个类似的运算符，称为条件布尔运算符，见表 2-11。

表 2-11　　　　　　　　　　　　条件布尔运算符

运算符	类别	示例表达式	结果
&&	二元	var1 = var2 && var3;	如果 var2 和 var3 都是 true，var1 的值就是 true，否则为 false
||	二元	var1 = var2 || var3;	如果 var2 或 var3 是 true（或两者都是），var1 的值就是 true，否则为 false

这些运算符的结果与 & 和 | 完全相同，两者都是检查第一操作数的值（表 2-11 中的 var2），如果已经能判断结果，就根本不必处理第二个操作数（表 2-11 中的 var3）。

如果 && 运算符的第一个操作数是 false，就不需要考虑第二个操作数的值，因为无论第二个操作数的值是什么，其结果都是 false。同样，如果第一个操作数是 true，|| 运算符就返回 true，不必再考虑第二个操作数的值。

1. 布尔按位运算符和赋值运算符

使用布尔赋值运算符可以把布尔比较与赋值组合起来，其方式与前文中的数学赋值运算符（+=、*=）相同。布尔赋值运算符见表 2-12。当表达式使用赋值（=）和按位运算符（&、|、^）时，就使用所比较数值的二进制表示来计算结果，而不是使用整数、字符串或相似的值。

表 2-12　　　　　　　　　　　布尔赋值运算符

运算符	类别	示例表达式	结果
&=	二元	var1 &= var2;	var1 的值是 var1 & var2 的结果
|=	二元	var1 |= var2;	var1 的值是 var1 | var2 的结果
^=	二元	var1 ^=var2;	var1 的值是 var1^var2 的结果

例如，等式 var1^=var2 类似于 var1=var1^var2，其中 var1=true，var2=false。当比较 false 的二进制表示 0000 与 true（一般不是 0000 的任何值，通常是 0001）时，var1 就设置为 true。&= 和 |= 赋值运算符并不使用 && 和 || 条件布尔运算符，即无论赋值运算符左边的值是什么，都处理所有操作数。

与许多其他示例一样，下面的示例假定在文件顶部的 using 部分添加了 "using static System.Console；" 和 "using static System.Convert；"（如有必要）语句。

【例 2-10】

使用布尔运算符：Ch02Ex08\Program.cs。

第一步：在目录 G：\C#Project\Chapter 02 下创建一个新的控制台应用程序 Ch02Ex08。

第二步：将以下代码添加到 Program.cs 中。

```csharp
static void Main (string[] args)
{
    WriteLine ("Enter an integer:");
    int myInt = ToInt32 (ReadLine ( ));
    bool isLessThan10 = myInt < 10;
    bool isBetween0And5 = (0 <= myInt)&& (myInt <= 5);
    WriteLine ($"Integer less than 10? {isLessThan10}");
    WriteLine ($"Integer between 0 and 5? {isBetween0And5}");
    WriteLine ($"Exactly one of the above is true? " +
               $"{isLessThan10 ^ isBetween0And5}");
    ReadKey ( );
}
```

第三步：运行该应用程序，出现提示时，输入一个整数，结果如图2-19所示。

图2-19 布尔运算符示例的运行结果

示例说明：前两行代码使用前面介绍的方式，提示并接受一个整数值。

```
WriteLine ("Enter an integer:");
int myInt = ToInt32 (ReadLine ( ));
```

使用ToInt32 ( )从字符串输入中得到一个整数。ToInt32 ( )是另一个类型转换命令，与前面使用的ToDouble( )命令属于同一系列。ToInt32 ( )和ToDouble ( )方法是Sytem.Convert静态类的一部分。如前文所述，自从C#6之后，就可以在包括的命名空间列表中包含using static System.Convert类，直接访问静态类（在这个示例中是System.Convert）的方法。还要注意，检查用户是否输入了一个整数。如果提供的值不是整数，字符串在试图执行转换时会发生异常。此时，可以使用try{}...catch{}块处理这种情况，或在执行转换之前使用GetType ( )方法，检查输入的值是不是一个整数。

接着声明两个布尔变量：isLessThan10和isBetween0And5，并赋值，其中的逻辑匹配如下所示。

```
bool isLessThan10 = myInt < 10;
bool isBetween0And5 =  (0 <= myInt)&&  (myInt <= 5);
```

接着在下面的3行代码中使用这些变量，前两行代码输出它们的值，而第3行对它们执行一个操作，并输出结果。在执行这段代码时，假定用户输入了8，如图2-19所示。

第一个输出是操作myInt<10的结果。如果myInt是8，则其小于10，因此结果为

true。如果 myInt 的值是 10 或更大，就会得到 false。

第二个输出涉及较多计算：（0<=myInt）&&（myInt<=5），其中包含两个比较操作，用于确定 myInt 是否大于或等于 0，且小于或等于 5。接着对结果进行布尔 AND 操作。输入数字 8，则（0<=myInt）返回 true，而（myInt<=5）返回 false，最终结果是（true）&&（false），即 false，如图 2-19 所示。

最后，对两个布尔变量 isLessThan10 和 isBetween0And5 执行逻辑异或操作。如果一个变量的值是 true，另一个是 false，则代码返回 true。所以只有 myInt 是 6、7、8 或 9 时，才返回 true，本例输入的是 8，所以结果是 true。

2. 运算符优先级的更新

现在要考虑更多的运算符，详情见表 2-13。

表 2-13　　　　　　　　　运算符优先级（更新后）

优先级	运算符
优先级由高到低	++，--（用作前缀）；( )，+，-（一元），!，~ *，/，% +，- <<，>> <，>，<=>= ==，!= & ^ | && || =，*=，/=，%=，+=，-=，<<=，>>=，&=，^=，|= ++，--（用于后缀）

该表增加了好几个级别，但其明确定义了下述表达式该如何计算。

```
var1 = var2 <= 4 && var2 >= 2;
```

其中，&& 运算符在 <= 和 >= 运算符之后执行（在这行代码中，var2 是一个 int 值）。

需要注意的是，添加括号可以使这样的表达式看起来更清晰。而且，编译器知道用什么顺序执行运算符，但我们却常会忘记这个顺序（有时可能想改变这个顺序）。上

述表达式也可以写为:

```
var1 = (var2 <= 4)&& (var2 >= 2);
```

可见,通过明确指定计算的顺序就解决了"我们忘记顺序"的问题。

(二)分支

分支是控制下一步要执行哪行代码的过程。同时要跳转到的代码行由某个条件语句来控制。而且,该条件语句使用布尔逻辑,并对测试值和一个或多个可能的值进行比较。

本节将介绍 C# 中的 3 种分支技术:

(1)三元运算符。

(2)if 语句。

(3)switch 语句。

1. 三元运算符

最简单的比较方式是使用前面介绍的三元(或条件)运算符。因为一元运算符有一个操作数,二元运算符有两个操作数,所以三元运算符有三个操作数。其语法如下。

```
<test> ? <resultIfTrue>:<resultIfFalse>
```

其中,计算 <test> 可得到一个布尔值,运算符的结果便根据这个值来确定是 <resultIfTrue> 还是 <resultIfFalse>。而且,使用三元运算符可以测试 int 变量 myInteger 的值,如下所示。

```
string resultString = (myInteger < 10) ? "Less than 10" : "Greater than or equal to 10";
```

三元运算符的结果是两个字符串中的一个,且这两个字符串都可能赋给 resultString。而把哪个字符串赋给 resultString,则取决于 myInteger 的值与 10 的比较结果。如果 myInteger 的值小于 10,就把第一个字符串赋给 resultString;如果 myInteger 的值大于或等于 10,就把第二个字符串赋给 resultString。例如,如果 myInteger 的值是 4,则 resultString 的值就是字符串"Less than 10"。

2. if 语句

if 语句功能比较多，其是一种有效的决策方式。与三元运算符语句不同的是，if 语句没有结果（所以不在赋值语句中使用它），而使用该语句是为了根据条件执行其他语句。

if 语句最简单的语法如下。

```
if (<test>)
    <code executed if <test> is true>;
```

先执行 <test>（其计算结果必须是一个布尔值，这样代码才能编译），如果 <test> 的计算结果是 true，就执行该语句之后的代码。这段代码执行完毕后，或者因为 <test> 的计算结果是 false，而没有执行这段代码，则也将继续执行后面的代码行。

也可将 else 语句和 if 语句合并使用，指定其他代码。如果 <test> 的计算结果是 false，就执行 else 语句。

```
if (<test>)
    <code executed if <test> is true>;
else
    <code executed if <test> is false>;
```

可使用成对的花括号将这两段代码放在多个代码行上。

```
if (<test>)
{
    <code executed if <test> is true>;
}
else
{
    <code executed if <test> is false>;
}
```

例如，重新编写上一节使用三元运算符的代码。

```
string resultString = (myInteger < 10)? "Less than 10" : "Greater than or equal to 10";
```

因为 if 语句的结果不能赋给一个变量，所以要单独给变量赋值。

```
string resultString;
if (myInteger < 10)
    resultString = "Less than 10";
else
    resultString = "Greater than or equal to 10";
```

这样的代码尽管比较冗长，但与对应的三元运算符形式相比，更便于阅读和理解，也更灵活。下面的示例演示了 if 语句的用法。

【例 2-11】

使用 if 语句：Ch02EX09\Pogram.cs。

第一步：在目录 G：\C#Project\Chapter 02 中创建一个新的控制台应用程序 Ch02Ex09。

第二步：把下列代码添加到 Program.cs 中。

```
static void Main (string[] args)
{
    string comparison;
    WriteLine ("Enter a number:");
    double var1 = ToDouble (ReadLine ( ));
    WriteLine ("Enter another number:");
    double var2 = ToDouble (ReadLine ( ));
    if (var1 < var2)
        comparison = "less than";
    else
    {
```

```
        if (var1 == var2)
            comparison = "equal to";
        else
            comparison = "greater than";
    }
    WriteLine ($"The first number is {comparison} " +
            $"the second number.");
    ReadKey ( );
}
```

第三步：执行代码，根据提示输入两个数字，运行结果如图 2-20 所示。

图 2-20 if 语句示例的运行结果

实例说明：大家已经十分熟悉代码的第一部分，首先从用户输入中得到两个 double 值。

```
string comparison;
WriteLine ("Enter a number:");
double var1 = ToDouble (ReadLine ( ));
WriteLine ("Enter another number:");
double var2 = ToDouble (ReadLine ( ));
```

接着根据 var1 和 var2 的值，将一个字符串赋给 string 变量 comparison。现在先来看 var1 是否小于 var2。

```
if (var1 < var2)
    comparison = "less than";
```

如果不是，则 var1 大于或等于 var2。在第一个比较操作的 else 部分，需要嵌套第二个比较。

```
else
{
    if (var1 == var2)
        comparison = "equal to";
```

只有在 var1 大于 var2 时，才执行第二个比较操作中的 else 部分。

```
    else
        comparison = "greater than";
}
```

最后将 comparison 的值写到控制台。

```
WriteLine ($"The first number is {comparison} " +
        $"the second number.");
```

这里使用的嵌套只是进行这些比较的一种方式，还可以编写如下代码。

```
if (var1 < var2)
    comparison = "less than";
if (var1 == var2)
    comparison = "equal to";
if (var1 > var2)
    comparison = "greater than";
```

这种方式的缺点在于：无论 var1 和 var2 的值是什么，都要执行 3 个比较操作。在第一种方式中，如果 var1<var2 是 true，就只执行一个比较操作，否则就要执行两个比较操作（还执行 var1==var2 比较操作），这样将使执行的代码行较少。在本例中性能上的差异较小，但在较重视性能的应用程序中，差异就很明显。

使用 if 语句可判断更多条件，在上例中，检查了涉及 var1 的值的 3 个条件，以及包括这个变量所有可能的值。不过有时需要检查特定的值，如 var1 是否等于 1、2、3 或 4 等。若使用上面那样的代码，则会得到很多烦琐的嵌套代码。

```
if (var1 == 1)
{
    //Do something
}
else
{
    if (var1 == 2)
    {
        //Do something else
    }
    else
    {
        if (var1 == 3 || var1 == 4)
        {
            //Do something else
        }
        else
        {
            //Do something else
        }
    }
}
```

我们经常会错误地将诸如 if（var1==3||var1==4）的条件写为 if（var1==3||4）。由于运算符具有优先级，因此首先执行 == 运算符，接着用 || 运算符处理布尔和数值操作数，而这样就会出现错误。

在这种情况下，就要使用稍有不同的缩进模式，以缩短 else 代码块（即在 else 块的后面使用一行代码，而不是一个代码块），从而得到 else if 语句结构。

```
if (var1 == 1)
{
    //Do something
}
else if (var1 == 2)
{
    //Do something else
}
else if (var1 == 3 || var1 == 4)
{
    //Do something else
}
else
{
    //Do something else
}
```

else if 语句实际上是两个独立的语句，它们的功能与上述代码相同，但更便于阅读。不过像这样需要进行多个比较的操作，则应考虑使用另一种分支结构：switch 语句。

3. switch 语句

switch 语句非常类似于 if 语句，因为其也是根据测试的值有条件地执行代码。但是，switch 语句可以一次将测试变量与多个值进行比较，而不是仅测试一个条件。不过这种测试仅限于离散的值，而不是像"大于 X"这样的子句，所以它的用法有点不同，但仍是一种强大的技术。switch 语句的基本结构如下：

```
switch (<testVar>)
{
    case <comparisonVal1>:
        <code to execute if <testVar> == <comparisonVal1>>
        break;
    case <comparisonVal2>:
        <code to execute if <testVar> == <comparisonVal2>>
        break;
    ...
    case <comparisonValN>:
        <code to execute if <testVar> == <comparisonValN>>
        break;
    default:
        <code to execute if <testVar> != <comparisonVals>>
        break;
}
```

<testVar> 中的值与每个 <comparisonValX> 值（在 case 语句中指定）进行比较，如果有一个匹配，就执行该匹配提供的语句。如果没有匹配，但有 default 语句，就执行 default 部分的代码。

执行完每个部分的代码后，还需要有另一个语句 break。若在执行完一个 case 块后，再执行第二个 case 语句则是非法的。

在 C# 代码中，还有其他方法可以防止程序流程从一个 case 语句转到下一个 case 语句。可以使用 return 语句，以中断当前函数的运行，而不是仅中断 switch 结构的执行。也可以使用 goto 语句（如前所述），因为 case 语句实际上是在 C# 代码中定义的标签。例如：

```
switch (<testVar>)
{
    case <comparisonVal1>:
        <code to execute if <testVar> == <comparisonVal1>>
        goto case <comparisonVal2>;
    case <comparisonVal2>:
        <code to execute if <testVar> == <comparisonVal2>>
        break;
    ...
```

当一个 case 语句处理完毕后，不能自由进入下一个 case 语句，但这条规则也有例外。如果把多个 case 语句放在一起（堆叠它们），其后加一个代码块，这实际上是一次检查多个条件。如果满足这些条件中的任何一个，就会执行代码，例如：

```
switch (<testVar>)
{
    case <comparisonVal1>:
    case <comparisonVal2>:
        <code to execute if <testVar> == <comparisonVal1> or
            <testVar> == <comparisonVal2>>
        break;
    ...
```

注意，这些条件适用于 default 语句。default 语句不一定要放在比较操作列表的最后，还可以把它和 case 语句放在一起。用 break 或 return 添加一个断点，可确保在任何情况下，该结构都有一条有效的执行路径。在下面的示例中，将使用 switch 语句，并根据用户为测试字符串输入的值，将不同字符串写到控制台。

【例 2-12】

使用 switch 语句：Ch02Ex10\Program.cs。

第一步：在目录 G：\C#Project\Chapter 02 中创建一个新的控制台应用程序 Ch02Ex10。

第二步：把以下代码添加到 Program.cs 中。

```csharp
static void Main (string[] args)
{
    const string myName = "benjamin";
    const string niceName = "andrea";
    const string sillyName = "ploppy";
    string name;
    WriteLine ("What is your name?");
    name = ReadLine ( );
    switch (name.ToLower ( ))
    {
        case myName:
            WriteLine ("You have the same name as me!");
            break;
        case niceName:
            WriteLine ("My, what a nice name you have!");
            break;
        case sillyName:
            WriteLine ("That's a very silly name.");
            break;
    }
    WriteLine ($"Hello {name}!");
    ReadKey ( );
}
```

第三步：执行代码，输入一个姓名，结果如图 2-21 所示。

图 2-21　switch 语句示例运行的结果

示例说明：这段代码建立了 3 个常量字符串，接受用户输入的一个字符串，再根据输入的字符串把文本写到控制台。此处，字符串是用户输入的姓名。

在比较输入的姓名（在变量 name 中）和常量值时，首先要用 name.ToLower ( ) 把输入的姓名转换为小写。name.ToLower ( ) 是一个标准命令，可用于处理所有字符串变量，在不能确定用户输入的内容时，使用它是很方便的。而且使用该技术，字符串 benjamin、andrea、ploppy 等就会与测试字符串 andrea 匹配了。

switch 语句尝试将输入的字符串与定义的常量值进行匹配，如果成功，就会用一条个性化的消息问候用户。如果不匹配，则只简单地问候用户。

（三）循环

循环就是重复执行语句，该技术使用起来非常方便，因为可以对操作重复任意多次（数千次，甚至数百万次），而不必每次都编写相同的代码。

举一个简单例子，下面的代码将计算一个银行账户在 10 年后的金额，假定支付每年的利息，且该账户没有其他款项的存取。

```
double balance = 1000;
double interestRate = 1.05;//5% interest/year
balance *= interestRate;
balance *= interestRate;
balance *= interestRate;
balance *= interestRate;
balance *= interestRate;
```

```
balance *= interestRate;
balance *= interestRate;
balance *= interestRate;
balance *= interestRate;
balance *= interestRate;
```

将相同代码编写 10 次非常费时间，那如果把 10 年改为其他值，又将会如何？那就必须把该代码行手工复制需要的次数，这将是一件多么痛苦的事。幸运的是，完全不必这样做。因为使用一个循环就可以对指令执行需要的次数。而循环的另一种重要类型便是一直循环到给定的条件满足为止。这些循环虽然比上述循环稍简单些，但同样有很大的作用。

1. do 循环

do 循环以下述方式执行：执行标记为循环的代码，然后进行一个布尔测试，如果测试结果为 true，就再次执行这段代码，并重复这个过程。当测试结果为 false 时，就退出循环。

do 循环的结构如下。

```
do
{
    <code to be looped>
}while (i < 10);
```

其中，计算 <Test> 会得到一个布尔值。while 语句之后必须使用分号。例如，使用该结构可以把从 1 到 10 的数字输出到一列。

```
int i = 1
do
{
```

```
    WriteLine ("{0}",i++)
}while (i<= 10);
```

在把 i 的值写到屏幕上后,使用后缀形式的 ++ 运算符递增 i 的值,所以需要检查 i<=10,以便把数 10 也输出到控制台中。

下面的示例使用该结构略微修改了本节前面的代码。该段代码可计算一个账户在 10 年后的余额。这次仅使用一个循环,即根据起始的金额和固定利率,计算该账户的金额需要多少年才能达到某个指定的数额。

【例 2-13】

使用 do 循环:Ch02Ex11\Program.cs。

第一步:在目录 G:\C#Project\Chapter02 中创建一个新的控制台应用程序 Ch02Ex11。

第二步:把下述代码添加到 Program.cs 中。

```
static void Main (string[] args)
{
    double balance, interestRate, targetBalance;
    WriteLine ("What is your current balance?");
    balance = ToDouble (ReadLine ( ));
    WriteLine ("What is your current annual interest rate (in %)?");
    interestRate = 1 + ToDouble (ReadLine ( ))/ 100.0;
    WriteLine ("What balance would you like to have?");
    targetBalance = ToDouble (ReadLine ( ));
    int totalYears = 0;
    do
    {
        balance *= interestRate;
        ++totalYears;
    }
```

```
while (balance < targetBalance);
WriteLine ($"In {totalYears} year{ (totalYears == 1 ? "" : "s")} " +
    $"you'll have a balance of {balance}.");
ReadKey ( );
}
```

第三步：执行代码，输入些值，示例结果如图 2-22 所示。

图 2-22 do 循环示例的运行结果

示例说明：该段代码利用固定的利率，对年度计算余额的过程重复必要的次数，直到满足结束条件为止。

首先，在每次循环中，递增一个计数器变量，就可以确定需要多少年。

```
int totalYears = 0;
do
{
    balance *= interestRate;
    ++totalYears;
}
while  (balance < targetBalance);
```

然后，将计数器变量用作输出结果的一部分。

```
WriteLine ($"In {totalYears} year{ (totalYears == 1 ? "" : "s")} " +
    $"you'll have a balance of {balance}.");
```

这里使用三元运算符格式化文本,如果totalYears不等于1,就在year后面输出一个s。

但这段代码并不完美,若考虑出现目标余额少于当前余额的情况,那结果就应如图2-23所示。

图2-23 三元运算符示例的运行结果

do循环至少执行一次,但有时(如上述示例)却并不是很理想。当然,可以添加一条if语句。

```
int totalYears = 0;
if (balance<targetBalance)
{
    do
    {
      balance *= interestRate;
      ++totalYears;
    }
    while (balance<targetBalance);
}
WriteLine ($"In {totalYears} year{ (totalYears == 1 ? "" : "s")} " +
        $"you'll have a balance of {balance}.");
```

但显然增加了复杂性。而更好的解决方案便是使用while循环。

2. while循环

while循环虽然非常类似于do循环,但有一个重要区别:while循环中的布尔测试在循环开始时进行,而不是最后进行。如果测试结果为 false,就不会执行循环,程序的执行也会直接跳转到循环之后的代码。

按下述方式指定 while 循环:

```
while (<Test>)
{
    <code to be looped>
}
```

while 循环的使用方式几乎与 do 循环完全相同,例如:

```
int i = 1;
while (i <= 10)
{
    WriteLine ($"{i++}");
}
```

该段代码的执行结果与前面的 do 循环相同,其在一列中输出从 1 到 10 的数字。下面使用 while 循环修改上一个示例。

【例 2-14】

使用 while 循环:Ch02Ex12\Program.cs。

第一步:在目录 G:\C#Project\Chapter 02 中创建一个新的控制台应用程序 Ch02Ex12。

第二步:修改代码,如下所示(使用 Ch02Ex11 中的代码作为起点,记住,要删除原来 do 循环最后的 while 语句)。

```
static void Main (string[] args)
{
    double balance, interestRate, targetBalance;
    WriteLine ("What is your current balance?");
    balance = ToDouble (ReadLine ( ));
```

```
WriteLine ("What is your current annual interest rate  (in %)?");
interestRate = 1 + ToDouble (ReadLine ( ))/ 100.0;
WriteLine ("What balance would you like to have?");
targetBalance = ToDouble (ReadLine ( ));
int totalYears = 0;
while  (balance < targetBalance)
{
    balance *= interestRate;
    ++totalYears;
}
WriteLine ($"In {totalYears} year{ (totalYears == 1 ? "" : "s")} " +
            $"you'll have a balance of {balance}.");
  if (totalYears == 0)
      WriteLine (
    "To be honest, you really didn't need to use this calculator.");
    ReadKey ( );
}
```

第三步：再次执行代码，但这次使用少于起始余额的目标余额，如图 2-24 所示。

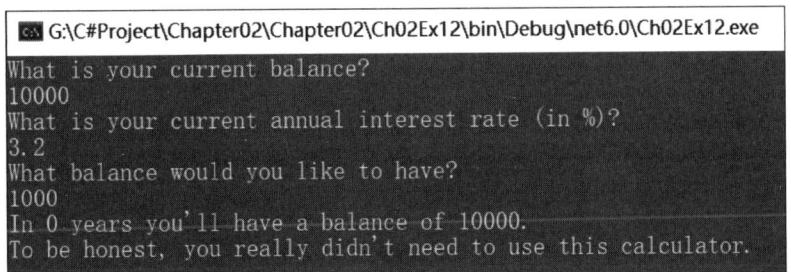

图 2-24　while 循环示例的运行结果

示例说明：该段代码只是把 do 循环改为 while 循环，就解决了上个示例中的问题。把布尔测试移到开头处，就考虑到了不需要执行循环的情况，可以直接跳转到输出结果。

当然,对这种情况还有一个解决方案:可以检查用户输入,以确保目标余额大于起始余额。此时,可以把用户输入部分放在循环中,如下所示。

```
WriteLine ("What balance would you like to have?");
do
{
    targetBalance = ToDouble (ReadLine ( ));
    if (balance > targetBalance)
    {
        WriteLine ("You must enter an amount greater than " +
            "your current balance!\nPlease enter another value.");
    }
}
while  (targetBalance <= balance)
```

这将拒绝接受无意义的值,得到的结果如图 2-25 所示。

```
G:\C#Project\Chapter02\Chapter02\Ch02Ex12\bin\Debug\net6.0\Ch02Ex12.exe
What is your current balance?
10000
What is your current annual interest rate (in %)?
3.2
What balance would you like to have?
1000
You must enter an amount greater than your current balance!
Please enter another value.
50000
In 52 years you'll have a balance of 51445.12883148597.
```

图 2-25　优化 while 循环的运行结果

3. for 循环

for 循环可以执行指定的次数,并维护自己的计数器。要定义 for 循环,需要一些信息。

初始化计数器变量的一个起始值,具体操作如下。

(1)继续循环的条件应涉及计数器变量。

(2)在每次循环的最后,对计数器变量执行一次操作。

例如,如果要在循环中,使计数器从 1 递增到 10,递增量为 1,则起始值为 1,条件是计数器小于或等于 10,在每次循环的最后,要执行的操作是给计数器加 1。

而且,这些信息必须放在 for 循环的结构中,如下所示。

```
for (<initialization>:<condition>;<operation>)
{
    <code to loop>
}
```

其工作方式与下述 while 循环的完全相同。

```
<initialization>
while (<condition>)
{
    <operation>
}
```

前面使用 do 循环和 while 循环分别输出了从 1 到 10 的数字。下面来看看如何使用 for 循环完成这个任务。

```
int i;
for (i = 1: i <= 10; ++i)
{
    WriteLine ($"{i}");
}
```

计数器变量是一个整数 i,其初始值是 1,在每次循环的最后递增 1。在每次循环过程中,要把 i 的值写到控制台。

注意，当 i 的值为 11 时，将执行循环后面的代码。这是因为在 i 等于 10 的循环末尾，i 会递增为 11。这种情况是在测试条件 i<=10 之前发生的，此时循环结束。与 while 循环一样，在第一次执行前，只在条件计算为 true 时才执行 for 循环，所以可能会出现根本就不会执行循环中代码的情况。

最后注意，可将计数器变量声明为 for 语句的一部分，重新编写上述代码，如下所示。

```
for (int i = 1; i <= 10; ++i)
{
    WriteLine ($"{i}");
}
```

但如果这样做，就不能在循环外部使用变量 i。

4. 循环的中断

有时需要更精细地控制循环代码的处理。C# 为此提供了以下命令。

（1）break——立即终止循环。

（2）continue——立即终止当前的循环（继续执行下一次循环）。

（3）return——跳出循环及包含该循环的函数。

break 命令可退出循环，继续执行循环后面的第一行代码，例如：

```
int i = 1;
while (i <=10)
{
    if (i == 6)
        break;
    WriteLine ($"{i++}");
}
```

该段代码输出数字 1 到 5，因为 break 命令在 i 的值为 6 时退出循环。

continue 仅终止当前迭代，而不是整个循环，例如：

```
int i;
for (i = 1: i <= 10; ++i)
{
    if (i % 2)== 0)
        continue;
    WriteLine (i);
}
```

在上面的示例中,只要 i 除以 2 的余数是 0,continue 语句就终止当前的迭代,所以只显示数字 1、3、5、7 和 9。

5. 无限循环

在代码编写错误或故意进行设计时,可以定义永不终止的循环,即所谓的无限循环(infinite loop)。例如,下面的代码就是无限循环的简单例子。

```
while (true)
{
    //code in loop
}
```

使用 break 语句或者手工使用 Windows 任务管理器可以退出无限循环。不过当出现下述情形时,就会出现问题。

```
int i = 1;
while (i <=10)
{
    if (i % 2)== 0)
        continue;
    WriteLine ($"{i++}");
}
```

在此，i 是在循环的最后一行代码（即 continue 语句后的那条语句）执行完后才递增的。如果程序执行到 continue 语句（此时 i 为 2），程序会用相同的 i 值进行下一个循环，然后测试 i 值，继续循环下去，但这样就冻结了应用程序。

三、函数

（一）定义和使用函数

本节介绍如何将函数添加到应用程序中，以及如何在代码中使用（调用）它们。首先从基础知识开始，介绍不与调用代码交换任何数据的简单函数，然后介绍更高级的函数用法。下面分析一个示例。

【例 2-15】

定义和使用基本函数：Ch02Ex13\Program.cs。

第一步：在 G：\C#Project\Chapter 02 目录中创建一个新的控制台应用程序 Ch02Ex13。

第二步：把下述代码添加到 Program.cs 中。

```
class Program
{
    static void Write ( )
    {
        WriteLine ("Text output from function.");
    }
    static void Main (string[ ] args)
    {
        Write ( );
        ReadKey ( );
    }
}
```

第三步：执行代码，结果如图 2-26 所示。

图 2-26 基本函数示例的运行结果

示例说明：下面的 4 行代码定义了函数 Write ( )。

```
static void Write ( )
{
    WriteLine ("Text output from function.");
}
```

这些代码负责把一些文本输出到控制台窗口中。而函数定义由以下几部分组成。

（1）两个关键字：static 和 void。

（2）函数名后跟圆括号，如 Write ( )。而一个要执行的代码块，放在花括号中。

定义 Write ( ) 函数的代码非常类似于应用程序中的其他代码。

```
static void Main (string[] args)
{
    ...
}
```

这是因为到目前为止我们编写的所有代码（类型定义除外）都是函数的一部分。函数 Main ( ) 是控制台应用程序的入口点函数，当执行 C# 应用程序时，就会调用其包含的入口点函数，该函数执行完毕后，应用程序就终止了。而且，所有 C# 可执行代码都必须有一个入口点。

Main ( ) 函数和 Write ( ) 函数的唯一区别（除了它们包含的代码）是函数名 Main 后面的圆括号中还有一些代码，而这是指定参数的方式，相关内容详见后面的内容。

Main ( ) 函数和 Write ( ) 函数都是使用关键字 static 和 void 定义的。其中关键字 static 与面向对象的概念相关；关键字 void 表明函数没有返回值。

调用函数的代码如下所示。

```
Write ( );
```

键入函数名，后跟空括号即可。当程序执行到这行代码时，就会运行 Write ( ) 函数中的代码。

1. 返回值

通过函数进行数据交换的最简单方式是利用返回值。有返回值的函数会最终计算得到这个值，就像在表达式中使用变量时，会计算得到变量包含的值一样。与变量一样，返回值也有数据类型。

例如，有一个函数 GetString ( )，其返回值是一个字符串，可在代码中使用该函数，如下所示。

```
string myString;
myString = GetString ( );
```

还有一个函数 GetVal ( )，其返回一个 double 值，即可在数学表达式中使用。

```
double myVal;
double multiplier = 5.3;
myVal = GetVal ( )*multiplier;
```

当函数返回一个值时，必须采用以下两种方式修改函数。

（1）在函数声明中指定返回值的类型，但不使用关键字 void。

（2）使用 return 关键字结束函数的执行，把返回值传送给调用代码。

从代码角度看，对于我们讨论的控制台应用程序函数，其使用返回值的形式如下所示。

```
static <returnType> <FunctionName>  ( )
{
    ...
```

```
    return <retrunValue>;
}
```

此处唯一的限制是〈returnValue〉必须是〈returnType〉类型的值,或者可以隐式转换为该类型。但是,〈returnType〉可以是任何类型,包括前面介绍的较复杂的类型。

不过,该段代码也可以很简单。

```
static double GetVal ( )
{
    return 3.2;
}
```

返回值通常是函数执行的一些处理的结果。另外,上面的结果使用 const 变量也可以简单地实现。

当执行到 return 语句时,程序会立即返回调用代码,return 语句后面的代码都不会执行,但这并不意味着 return 语句只能放在函数体的最后一行。可以在前边的代码里使用 return 语句,如放在分支逻辑之后。若将 return 语句放在 for 循环、if 语块或其他结构中则会使该结构立即终止,函数也立即终止。例如:

```
static double GetVal ( )
{
    double checkVal;
    // checkVal assigned a value through some logic (not shown here).
    if (checkVal < 5)
        return 4.7;
    return 3.2;
}
```

根据 checkVal 的值,将返回两个值中的一个,唯一限制是,必须在函数的闭合花括号'}'之前处理 return 语句。下面看一组不合法的代码。

```
static double GetVal ( )
{
    double checkVal;
    //checkVal assigned a value through some logic.
    if  (checkVal <5)
        return 4.7;
}
```

如果 checkVal〉=5，就不会执行到 return 语句，而所有处理路径必须执行到 return 语句。在大多数情况下，编译器会检查是否执行到 return 语句，如果没有，就会给出错误"并不是所有的处理路径都返回一个值"。

执行一行代码的函数可使用 C#6 引入的一个功能：表达式体方法（expression-bodied method）。以下的函数模式可使用 =>（Lambda 箭头）来实现这一功能。

```
static <returnType> < FunctionName> ( )=> <myVal1 * myVal2 >;
```

例如，C#6 之前的 Multiply 函数如下：

```
static double Myltiply (double myVal1, double myVal2)
{
    return myVal1 * myVal2;
}
```

此时可以使用 =>（Lambda 箭头）进行编写，下述代码则用更简单和统一的方式表达方法的意图。

```
static double Multiply ( double myVal1, double myVal2)=> myVal1 * myVal2;
```

2. 参数

当函数接受参数时，必须指定以下内容：

（1）函数在其定义中指定接受的参数列表，以及这些参数的类型。

（2）在每个函数调用中提供匹配的实参列表。

示例代码如下所示，其中可以有任意数量的参数，每个参数都有类型和名称。

```
static <returnType> <FunctionName> (<paramType><paramName>, …)
{
    …
    return <returnValue>;
}
```

参数之间用逗号隔开。而且，每个参数都在函数的代码中用作一个变量，并都是可访问的。例如，下面是一个简单的函数，带有两个 double 参数，并返回它们的乘积。

```
static double Product (double param1,double param2)=> param1 * param2;
```

下面看一个较复杂的示例。

【例 2-16】

通过函数交换数据（1）：Ch02Ex14\Program.cs。

第一步：在 G：\C#Project\Chapter 02 目录中创建一个新的控制台应用程序 Ch02Ex14。

第二步：把下列代码添加到 Program.cs 中。

```
class Program
    {
        static int MaxValue (int[] intArray)
        {
            int maxVal = intArray[0];
            for (int i = 1; i < intArray.Length; i++)
            {
                if  (intArray[i] > maxVal)
                    maxVal = intArray[i];
            }
```

```
            return maxVal;
        }
        static void Main (string[] args)
        {
            int[] myArray = { 1, 8, 3, 6, 2, 5, 9, 3, 0, 2 };
            int maxVal = MaxValue (myArray);
            WriteLine ($"the maximum value in myArray is {maxVal}");
            ReadKey ( );
        }
    }
```

第三步:执行代码,结果如图 2-27 所示。

图 2-27　参数示例的运行结果

数组作为参数,并返回该数组中的最大值。该函数的定义如下所示。

```
    static int MaxValue (int[] intArray)
    {
        int maxVal = intArray[0];
        for (int i = 1; i < intArray.Length; i++)
        {
            if  (intArray[i] > maxVal)
                maxVal = intArray[i];
        }
        return maxVal;
    }
```

函数 MaxValue ( ) 定义了一个参数，即 int 数组 intArray，其还有一个 int 类型的返回值。局部整型变量 maxVal 初始化为数组中的第一个值，然后把这个值与数组中后面的每个元素依次进行比较。如果一个元素的值比 maxVal 大，就用该值代替当前的 maxVal 值。当循环结束时，maxVal 就包含数组中的最大值，并用 return 语句返回。

Main ( ) 中的代码声明并初始化一个简单的整数数组，用于 MaxValue ( ) 函数。

```
int[] myArray = { 1, 8, 3, 6, 2, 5, 9, 3, 0, 2 };
```

调用 MaxValue ( )，把一个值赋给 int 变量 maxVal。

```
int maxVal = MaxValue (myArray);
```

接着，使用 WirteLine ( ) 把这个值写到屏幕上。

```
WriteLine ($"the maximum value in myArray is {maxVal}");
```

（1）参数匹配

在调用函数时，必须使提供的参数与函数定义中指定的参数完全匹配，这意味着要匹配参数的类型、个数和顺序。例如，下面的函数：

```
static void MyFunction (string myString, double myDouble)
{
    ...
}
```

不能使用下面的代码调用。

```
MyFunction (2.6, "Hello");
```

此处试图把一个 double 值作为第一个参数传递，把 string 值作为第二个参数传递，但参数顺序与函数声明中定义的顺序不匹配。而且该段代码不能编译，因为参数类型是错误的。

（2）参数数组

C#允许为函数指定一个（只能指定一个）特殊参数，但该参数必须是函数定义中的最后一个参数，即参数数组。参数数组允许使用个数不定的参数来调用函数，并可使用params关键字进行定义。

参数数组可以简化代码，因为在调用代码中不必传递数组，而是传递同类型的几个参数，且这些参数会放在可在函数中使用的一个数组中。

定义使用参数数组的函数时，需要使用下列代码。

```
static <returnType> <FunctionName>(p1Type)<p1Nmae>, …,params <type>[ ] <name>)
{
    …
    return <returnValue>;
}
```

可以使用下面的代码调用该函数：

```
<FunctionName>(<p1>, …, <val1>, <val2>, …)
```

其中〈val1〉和〈val2〉都是〈type〉类型的值，可用于初始化〈name〉数组。另外，可以指定的参数个数几乎不受限制，但其必须都是〈type〉类型。而且，有时甚至根本不必指定参数。

下面的示例定义并使用了带有params类型参数的函数。

【例2-17】

通过函数交换数据（2）：Ch02Ex15\Program.cs。

第一步：在G:\C#Project\Chapter 02目录中创建一个新的控制台应用程序Ch02Ex15。

第二步：把下述代码添加到Program.cs中。

```
class program
{
```

```csharp
static int SumVals(params int[ ] vals)
{
    int sum = 0;
    foreach (int val in vals)
    {
        sum +=val;
    }
    return sum;
}
static void Main(string[ ] args)
{
    int sum = SumVals(1, 5, 2, 9, 8);
    WriteLine($"Summed Values = {sum}");
    ReadKey( );
}
}
```

第三步：执行代码，结果如图 2-28 所示。

图 2-28　参数数组示例的运行结果

示例说明：该示例用关键字 params 定义函数 sumVals ( )，该函数可以接受任意一个 int 参数（但不接受其他类型的参数）。

```csharp
static int SumVals(params int[ ] vals)
{
    ...
}
```

该函数对 vals 数组中的值进行迭代,并将这些值加在一起,返回其结果。在 Main ( ) 中,用 5 个整型参数调用函数 SumVals ( )。

```
int sum = SumVals (1, 5, 2, 9, 8);
```

也可以用 0、1、2 或 100 个整型参数调用该函数。可见,参数的数量是不受限制的。

(3)引用参数和值参数

本章目前定义的所有函数都带有值参数,使用参数时,其是把一个值传递给函数时所使用的一个变量。在函数中对此变量的任何修改都不影响函数调用中指定的参数。例如,下面的函数使传递过来的参数值加倍并显示出来。

```
static void showDouble (int val)
{
    val *= 2;
    WriteLine($"val doubled = {val}");
}
```

参数 val 在该函数中被加倍,按以下方式调用它。

```
int myNumber = 5;
WriteLine($"myNumber = {myNumber}")
ShowDouble(myNumber);
WriteLine($"myNumber = {myNumber}");
```

输出到控制台的文本如下所示。

```
myNumber = 5;
Val doubled = 10;
myNumber = 5;
```

可见，myNumber 作为一个参数，调用 ShowDouble ( ) 并不影响 Main ( ) 中 myNumber 的值，即使把 myNumber 赋值给 val 后再将 val 加倍，myNumber 的值也不变。

但如果要改变 myNumber 的值，就会出现问题。此时，可以使用为 myNumber 返回新值的函数，如下所示。

```
static int DoubleNum (int val)
{
    val *=2;
    return val;
}
```

并使用下面的代码调用它。

```
int myNumber = 5;
WriteLine ($"myNumber = {myNumber}");
myNumber = DoubleNum(myNumber);
WriteLine($"myNumber = {myNumber}");
```

但该段代码一点也不直观，且不能改变用作参数的多个变量值（因为函数只有一个返回值）。

此时可以通过"引用"传递参数，即函数处理的变量与函数调用中使用的变量相同，而不仅仅是值相同的变量。因此，对该变量进行的任何改变都会影响用作参数的变量值。为此，需要使用 ref 关键字指定参数。

```
static void ShowDouble (ref int val)
{
    val *=2;
    WriteLine($"val doubled = {val}");
}
```

在函数调用中再次指定它（这是必需的）。

```
int myNumber = 5;
WriteLine ($"myNumber = {myNumber}");
ShowDouble (ref myNumber);
WriteLine ($"myNumber = {myNumber}");
```

输出到控制台的文本现在如下所示。

```
myNumber = 5;
val doubled = 10;
myNumber = 10;
```

用作 ref 参数的变量有两个限制。首先，函数可能会改变引用参数的值，所以必须在函数调用中使用"非常量"变量。因此，下面的代码是非法的。

```
const int myNumber =5;
WriteLine ($"myNumber = {myNumber}");
ShowDouble (ref myNumber);
WriteLine ($"myNumber = {myNumber}");
```

其次，必须使用初始化过的变量。C# 不允许假定 ref 参数在使用它的函数中初始化，因此下面的代码也是非法的。

```
int myNumber;
ShowDouble (ref myNumber);
WriteLine ( "myNumber = {myNumber}");
```

另外，ref 关键字也可应用于局部变量和返回值。

下述 myNumberRef 引用 myNumber，若修改 myNumberRef 则会导致 myNumber 发生变化。如果显示 myNumber 和 myNumberRef 的值，则将看到两个变量的值都为 6。

```
int myNumber = 5;
Ref int myNumberRef = ref myNumber;
myNumberRef = 6;
```

将 ref 关键字用作返回类型，注意以下代码中的 ref 关键字将返回类型标识为 ref int，且代码体中也使用了 ref，以让函数返回 ref val。

```
static ref int ShowDouble (int val)
{
    val *= 2;
    return ref val;
}
```

需要注意的是引用传递参数时，若在变量声明前没有 ref 关键字，就不能将变量类型作为函数参数传递。例如，下述的代码段添加了 ref 关键字，则该函数将通过编译并会按预期运行。

```
static ref int ShowDouble(ref int val)
{
    val *= 2;
    return ref val;
}
```

strings 和 arrays 这样的变量是引用类型，在没有参数声明的情况下使用 ref 关键字可以返回 arrays。

```
static ref int ReturnByRef ( )
{
    int[ ] array = { 2 };
    return ref array [0];
}
```

（4）输出参数

除了通过引用传递值外，还可以使用 out 关键字指定所给的参数是一个输出参数。out 关键字的使用方式与 ref 关键字的使用方式相同（在函数定义和函数调用中用作参数的修饰符）。实际上，其执行方式与引用参数几乎完全一样，因为在函数执行完毕后，该参数的值将返回给函数调用中使用的变量。但是，二者也存在一些重要区别。

1）把未赋值的变量用作 ref 参数是非法的，但可以把未赋值的变量用作 out 参数。

2）在函数使用 out 参数时，必须将其看成尚未赋值。即调用代码可以把已赋值的变量用作 out 参数，但存储在该变量中的值会在函数执行时丢失。

例如，考虑前面返回数组中最大值的 MaxValue( ) 函数，略微修改该函数，以获取数组中最大值的元素索引。为简单起见，如果数组中有多个元素的值都是最大值，则只提取第一个最大值的索引。

下面将介绍如何修改函数，以及添加 out 参数。

```
static int MaxValue(int[ ] int Array, out int maxIndex)
{
    int maxVal = intArray[0];
    maxIndex = 0;
    for (int i = 1; i < intArray.Length; i++)
    {
        if (intArray[i] > maxVal)
        {
            maxVal = intArray[i];
            maxIndex = i;
        }
    }
    return maxVal;
}
```

可采用以下方式使用该函数。

```
int[ ] myArray = {1, 8, 3, 6, 2, 5, 9, 3, 0 ,2};
WriteLine("The maximum value in myArray is " +
    $"{MaxValue(myArray, out int maxIndex)} ");
WriteLine ("The first occurrence of this value is" +$"at element{maxIndex + 1}");
```

结果如下。

```
The maximum value in myArray is 9
The first occurrence of this value is at element 7
```

注意，必须在函数调用中使用 out 关键字，而且当解析数据时 out 关键字也非常有用，代码如下所示。

```
if (!int.TryParse(input, out int result))
{
    return null;
}
return result
```

该段代码检查 input 变量中存储的值是否为整型值。如果不是，则返回 null 值；如果是，则通过声明为 result 的 out 变量向调用函数返回整型值。

（5）元组

从函数中返回多个值有多种方法，如可以使用 out 关键字、结构或数组，也可以使用类。虽然使用 out 关键字可以达到此目的，但使用关键字并不是其最初的设计用途。而结构、数组和类虽然都是有效的选择，但需要额外编写代码来创建、初始化、引用和读取它们。相比之下，使用元组则是达到此目的的最好选择，其提供了一种非常方便和直接的方法能从函数中返回多个值。因此，在程序不需要结构或更复杂的方式实现时，使用元组非常有效，且只需要很小的开销。

```
var numbers = (1, 2, 3, 4, 5);
```

上面的代码创建了一个名为 numbers 的元组，其中包含成员 Item1、Item2、Item3、Item4 和 Item5，可采用下面的方式来访问这些成员。

```
var number = numbers.Item1;
```

如果要给这些成员指定特定的名称，可以明确地标识它们。

```
(int one, int two, int three, int four, int five)nums = (1, 2, 3, 4, 5);
int first = nums.one;
```

方法声明如下所示。

```
private static(int max, int min, double average)
    GetMaxMin(IEnumerable<int> numbers)
    {
        return (Enumerable.Max(numbers),
                Enumerable.Min(numbers),
                Enumberable.Average(numbers));
    }
```

然后，在控制台应用程序运行下面的代码。

```
static void Main(string[ ] args)
{
IEnumerable<int> numbers = new int[ ] {1, 2, 3, 4, 5, 6};
var result = GetMaxMin(numbers);
WriteLine($"Max number is {result.min}," +
$"Min number is {result.max},"+
$"Average is {result.average}");
ReadLine( );
}
```

元组示例的运行结果如图 2-29 所示。

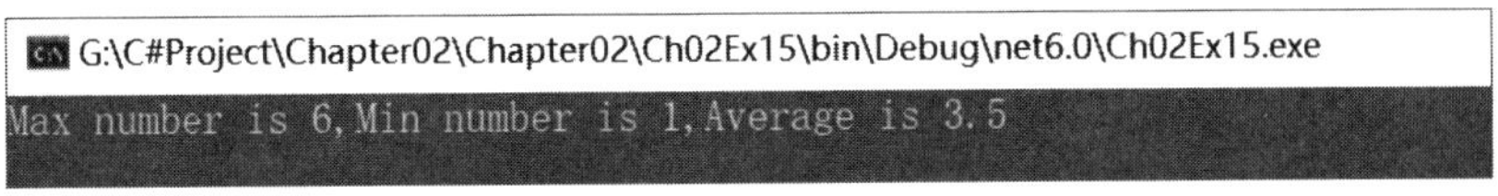

图 2-29　元组示例的运行结果

（二）变量的作用域

通过上一节的讲解可知 C# 中的变量仅能从代码的本地作用域访问，但给定的变量有作用域，而在这个作用域外是不能访问该变量的。

变量的作用域是一个重要主题，下例将演示在一个作用域中定义的变量，却试图在另一个作用域中使用该变量的情形。

【例 2-18】

变量的作用域：Ch02Ex13\Program.cs。

对 Ch02Ex13 中的 Program.cs 执行如下修改。

```
class Program
{
    static void Write( )
    {
        WriteLine ($"myString = {myString}");
    }
    static void Main(string[ ] args)
    {
        string myString = "String defined in Main( )";
        Write( );
        ReadKey( );
    }
}
```

编译代码时，注意显示在错误列表中的错误和警告。

> The name 'myString' does not exist in the current context.
> The variable 'myString' is assigned but its value is never used.

示例说明：不能在Write()函数中访问在应用程序主体［Main()函数］中定义的变量myString。因为变量是有作用域的，在相应的作用域中，变量才是有效的。

变量的作用域包括定义变量的代码块和直接嵌套在其中的代码块。而函数中的代码块与调用它们的代码块是不同的。在Write()中，没有定义myString，在Main()中定义的myString变量则超出了作用域。

实际上，在Write()中可以有一个完全独立的变量myString。此时，可修改代码，如下所示。

```
class Program
{
    static void Write()
    {
        string myString = "String defined in write()";
        WriteLine("Now in Write()");
        WriteLine($"myString = {myString}");
    }
    static void Main(string[] args)
    {
        string myString = "String defined in Main()";
        Write();
        WriteLine("\nNow in Main()");
        WriteLine($"myString = {myString}");
        ReadKey();
    }
}
```

该段代码就可以编译，输出结果如图2-30所示。

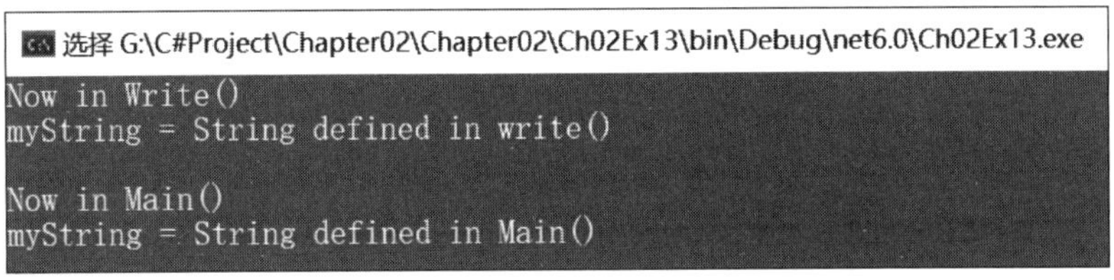

```
选择 G:\C#Project\Chapter02\Chapter02\Ch02Ex13\bin\Debug\net6.0\Ch02Ex13.exe
Now in Write()
myString = String defined in write()

Now in Main()
myString = String defined in Main()
```

图 2-30 myString 变量示例的运行结果

该段代码执行的操作如下：

（1）Main()定义和初始化字符串变量 myString。

（2）Main()把控制权传送给 Write()。

（3）Write()定义和初始化字符串变量 myString，其与 Main()中定义的 myString 变量完全不同。

（4）Write()把一个字符串输出到控制台，该字符串包含在 Write()中定义的 myString 的值。

（5）Write()把控制权传送回 Main()。

（6）Main()把一个字符串输出到控制台，该字符串包含在 Main()中定义的 myString 的值。

当变量的作用域以上述方式覆盖一个函数时则称为局部变量。另外还有一种全局变量，其作用域可覆盖多个函数。可修改代码，如下所示。

```
class Program
{
    private static string myString;
    static void Write( )
    {
        string myString = "String defined in Write( )";
        WriteLine("Now in Write( )");
        WriteLine($"Local myString = {myString}");
        WriteLine($"Globle myString = {Program.myString}");
    }
```

```
static void Main(string[ ] args)
{
    string myString = "String defined in Main ( )";
    Program.myString = "Globle string";
    Write ( );
    WriteLine("\nNow in Main ( )");
    WriteLine($"Local myString = {myString}");
    WriteLine($"Globle myString = {Program.myString}");
    ReadKey ( );
}
```

执行结果如图 2-31 所示。

图 2-31　全局变量示例的运行结果

上述代码添加了另一个变量 myString，进一步加深了代码中的名称层次。该变量定义如下。

```
static string myString;
```

为区分该变量和 Main ( ) 与 Write ( ) 中的同名局部变量，必须用一个完全限定的名称为变量名分类。此处将全局变量称为 Program.myString。注意，只有在全局变量和局部变量同名时，才需要这么做。如果没有局部 myString 变量，就可以使用 myString 表示全局变量，而不需要使用 Program.myString。如果局部变量和全局变量同名，就会屏蔽全局变量。

全局变量的值在 Main ( ) 中设置如下。

```
program.myString = "Global string";
```

全局变量在 Write ( ) 中可以通过如下语句访问。

```
WriteLine ($"Global myString = {Program.myString}");
```

为什么不能使用该技术通过函数来交换数据，而要使用前面介绍的参数来交换数据？有时，这确实是交换数据的首选方式，例如，编写一个对象，用作插件，或者在较大项目中使用的短脚本。但在许多情况下不应使用这种方式，因为使用全局变量的最常见问题与并发性的管理相关。例如，可以编写一个全局变量来读取一个类的众多方法或读取不同的线程，但如果大量的线程和方法可以写入全局变量，能确定全局变量中的值是有效数据吗？没有额外的同步代码，就不能确定。此外，一段时间过后，我们可能会忘记最初使用全局变量的真正意图，而将其用于其他目的。因此是否使用全局变量取决于函数的用途。

另外，使用全局变量的问题在于其通常不适用于"常规用途"的函数。因为这些函数能处理我们所提供的任意数据，而不仅限于处理特定全局变量中的数据。

1. 其他结构中变量的作用域

变量的作用域包含定义它们的代码块和直接嵌套在其中的代码块，而且也适用于其他代码块，如分支和循环结构的代码块。看下面的代码：

```
int i;
for(i=0; i<10; i++ )
{
    string text= $"Line {Convert.ToString(i)} ";
    WriteLine($"{text}");
}
WriteLine($"Last text output in loop:{text}");
```

字符串变量 text 是 for 循环的局部变量，该段代码不能编译，因为在该循环外部调用的 WirteLine( ) 试图使用该字符串变量，但是在循环外部该字符串变量会超出作用域。可修改代码，如下所示。

```
int i;
string text;
for (i=0; i<10; i++ )
{
    text= $"Line {Convert.ToString(i)} ";
    WriteLine($"{text}");
}
WriteLine($"Last text output in loop:{text}");
```

不过，该段代码也会失败，因为必须在使用变量前对其进行声明和初始化，而 text 只在 for 循环中进行了初始化。由于没有在循环外进行初始化，因此赋给 text 的值在循环块退出时就丢失了。但可以进行如下修改。

```
int i
string text = "";
    for(i=0; i<10; i++ )
{
    text= $"Line {Convert.ToString(i)} ";
    WriteLine($"{text}");
}
WriteLine($"Last text output in loop:{text}");
ReadLine ( );
```

此次 text 是在循环外部初始化的，所以可以访问其值。该段代码的执行结果如图 2-32 所示。

```
G:\C#Project\Chapter02\Chapter02\test\bin\Debug\net6.0\test.exe
Line 0
Line 1
Line 2
Line 3
Line 4
Line 5
Line 6
Line 7
Line 8
Line 9
Last text output in loop:Line 9
```

图 2-32 text 循环示例的运行结果

在循环中最后赋给 text 的值可以在循环外部访问。在前面的示例中，循环之前将空字符串赋给 text，而在循环之后的代码中，text 就不再是空字符串。

上述情况的解释涉及分配给 text 变量的内存空间，实际上任何变量都如此，若只声明一个简单的变量类型，并不会引起其他变化。只有在给变量赋值后，该值才会被分配一块内存空间。如果这种分配内存空间的行为在循环中发生，该值实际上被定义为一个局部值，在循环外部则会超出其作用域。

即使变量本身未局部化到循环上，其包含的值却会局部化到该循环上。但在循环外部赋值可以确保该值是主体代码的局部值，在循环内部其仍处于作用域中。这意味着变量在退出主体代码块之前是没有超出作用域的，所以可在循环外部访问其值。

而 C# 编译器可检测变量作用域的问题，根据其生成的错误信息修正程序则有助于理解变量的作用域问题。

2. 参数和返回值与全局数据

接下来详细介绍如何通过全局数据，以及参数和返回值与函数交换数据。首先分析下面的代码。

```
class Program
{
    static void ShowDouble(ref int val)
    {
```

```
        val *= 2;
        WriteLine($"val doubled = {val}");
    }
    static void Main (string[ ] args)
    {
        int val = 5;
        WriteLine($"val = {val}");
        ShowDouble(ref val);
        WriteLine($"val = {val}");
    }
}
```

将上面的代码与下面的代码进行比较。

```
Class Program
{
    static int val;
    static void ShowDouble ( )
    {
        val *= 2;
        WriteLine($"val doubled = {val}");
    }
    static void Main (string[ ] args)
    {
        int val = 5;
        WriteLine($"val = { val}");
        ShowDouble ( );
        WriteLine($"val = {val}");
    }
}
```

可见，上述两个 ShowDouble（）函数的结果是相同的。其实使用哪种方法并没有硬性规定，这两种方法都十分有效，但却需要考虑如下规则。

使用全局值的 ShowDouble（）版本必须使用全局变量 val，即便这样会对该函数的灵活性有轻微的限制。而且如果要存储结果，就必须总是把全局变量值复制到其他变量中。另外，全局数据可能在应用程序的其他地方被代码修改，而这会导致预料不到的结果，如其值可能会改变。

显式指定参数可以一眼看出发生了什么改变，例如，对于 FunctionName（val1，out val2）函数调用，马上就可以知道 val1 和 val2 都是要考虑的重要变量，在函数执行完毕后，还会为 val2 赋予一个新值。反之，如果该函数不带参数，就不能对它处理过哪些数据做任何假设。

总之，可以自由选择使用哪种技术来交换数据。但在一般情况下，最好使用参数，不过有时使用全局数据可能会更合适。

3. 局部函数

在前面介绍的函数概念中，提到了从 Main（string[ ] args）函数中提取出代码的原因在于，可在同一程序中复用这些提取出的代码，而不必多次编写。其实，设计和创建程序时，大多遵循这种思维方式。

不过，随着程序功能的不断增加，开发人员会在程序中添加更多的函数，而程序拥有的函数越多，对开发人员而言，修改（如修复 bug 或添加新功能）难度就会越大。例如，有些函数很可能不会按照创建者的最初意图，反而被用于其他目的，此时若是错误修改它们就会出现严重的问题。

因此，若需要对他人所编写的函数进行修改，可以考虑使用局部函数。局部函数允许在另一个函数的上下文中声明一个函数，以提高程序的可读性，实现让他人快速理解程序的目的。

以下面的代码为例：

```
class Program
{
```

```
static void Main(string[ ] args)
{
    int myNumber = 5;
    WriteLine($"Main Function = {myNumber}");
    DoubleIt(myNumber);
    ReadLine ( );
    void DoubleIt(int val)
    {
        val *= 2;
        WriteLine($"Local Function – val = {val}");
    }
}
```

可见，DoubleIt（）函数存在于 Main（string [ ] args）函数中。而且，不能从 Program 类中的其他函数中调用该函数。该段代码的运行结果如图 2-33 所示。

图 2-33 局部函数示例的运行结果

（三）主函数

Main（）函数是 C# 应用程序的入口点，因此执行该函数就是执行应用程序。也就是说，在执行过程开始时，会执行 Main（）函数，Main（）函数执行完毕时，执行过程就结束了。

该函数可以返回 void 或 int，并有一个可选参数 string [ ] args。Main（）函数可使用如下 4 种版本。

```
static void Main ( );
static void Main(string[ ] args);
```

```
static int Main ( );
static int Main(string[ ] args);
```

第 3 个和第 4 个版本返回一个 int 值，它们可以用于表示应用程序的终止方式，通常用作一种错误提示（但这不是强制的）。一般情况下，返回 0 反映了"正常"的终止（应用程序已经执行完毕，并安全终止）。Main ( ) 的可选参数 args 提供了一种从应用程序的外部接受信息的方法，这些信息在运行应用程序时以命令行参数的形式指定。

在执行控制台应用程序时，指定的任何命令行参数都放在 args 数组中，之后可以根据需要在应用程序中使用这些参数。下面用一个示例来说明，该示例可以指定任意数量的命令行参数，且每个参数都被输出到控制台。

【例 2-19】

命令行参数：Ch02Ex16\Program.cs。

第一步：在 G: \C#Project\Chapter02 目录中创建一个新的控制台应用程序 Ch02Ex16。

第二步：把下列代码添加到 Program.cs 中。

```
class Program
{
    static void Main(string [ ] args)
    {
        WriteLine($"{args.Length} command line arguments were specified:" );
        foreach (string arg in args)
            WriteLine(arg);
        ReadKey ( );
    }
}
```

第三步：打开项目的属性页面，在 Solution Explorer 窗口中右击 Ch02Ex16 项目名称，然后选择 Properties（属性）选项。

第四步：选择 Debug 页面，在 Command line arguments 设置中添加所希望的命令行参数，如图 2-34 所示。

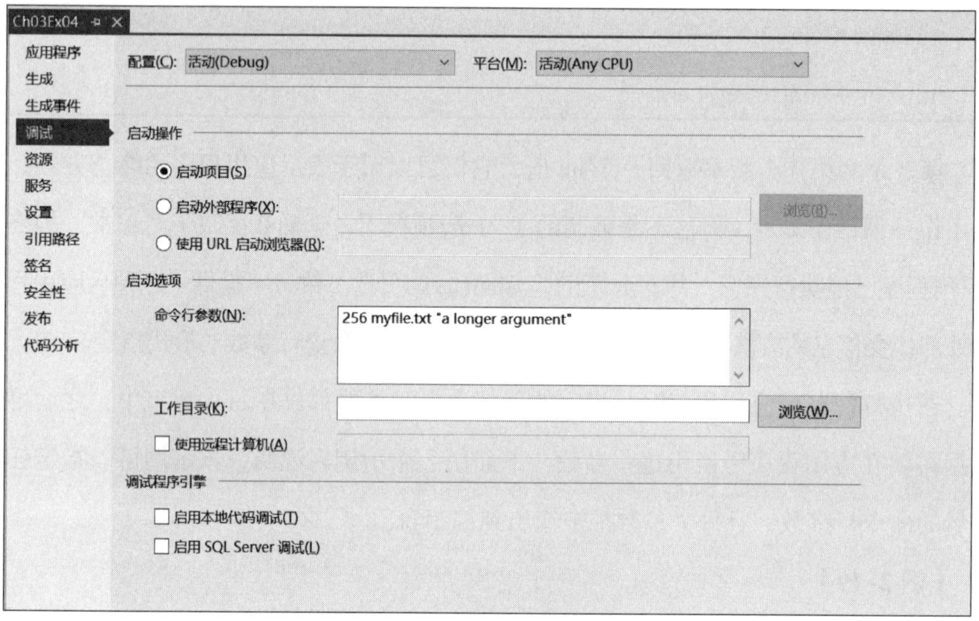

图 2-34 Debug 页面展示

第五步：运行应用程序，输出结果如图 2-35 所示。

图 2-35 参数使用示例的运行结果

示例说明，这里使用的代码非常简单。

WriteLine($"{args.Length} command line arguments were specified:");

使用 args 参数与使用其他字符串数组类似。我们没有对参数进行任何异样的操作，只是把指定信息写到屏幕上。在本例中，通过 IDE 中的项目属性提供参数，这是一种便捷方式，只要在 IDE 中运行应用程序，就可以使用相同的命令行参数，而不必每次都在命令行提示窗口中键入它们。在项目输出所在的目录 G：\C#Project\Chapter02\Chapter02\Ch02Ex16\bin\debug）下打开命令提示窗口，键入下述代码，也可以得到同样的结果：

```
Ch02Ex16 256 myFile.txt "a longer argument"
```

每个参数都用空格分开。如果参数包含空格，就可以用双引号把参数包裹起来，这样就不会把该参数解释为多个参数。

（四）结构函数

结构类型除可在一个地方存储多个数据元素外，还可以做更多的工作。如结构还可以包含函数。看下述结构。

```
struct CustomerName
{
    public string firstName, lastName;
}
```

如果变量类型是 CustomerName，并且要在控制台上输出一个完整的姓名，就必须使用姓和名构成该姓名。例如，对于 CustomerName 变量 myCustomer，可以使用下述语法。

```
CustomerName myCustomer;
myCustomer.firstName = "John";
myCustomer.lastName= "Franklin";
WriteLine($"{ myCustomer.firstName}{ myCustomer.lastName}");
```

把函数添加到结构中，就可以集中处理常见任务，从而简化该过程。可以把合适的函数添加到结构类型中，如下所示。

```
struct CustomerName
{
    public string firstName, lastName;
    public string Name ( )=> firstName + "" + lastName
```

这看起来与本章前面的其他函数类似，只不过没有使用 static 修饰符。此处，知道该关键字不是结构函数所需的即可。该函数的用法如下所示。

```
CustomerName myCustomer;
myCustomer.firstName = "John";
myCustomer.lastName = "Franklin";
WriteLine(myCustomer.Name ( ));
```

该语法比前面的语法简单得多,也更容易理解。注意,Name ( ) 函数可以直接访问 firstName 和 lastName 结构成员。而在 customerName 结构中,它们可以被看成全局成员。

(五)函数的重载

本章前面提到过,在调用函数时必须匹配函数的签名,这表明需要有不同的函数来操作不同类型的变量。而函数重载允许创建多个同名函数,且每个函数可使用不同的参数类型。例如,前面使用了下述代码,其中包含函数 MaxValue ( ):

```
class Program
{
    static int MaxValue (int[ ] intArray)
    {
        int maxVal = intArray[0];
        for (int i=1;i< intArray.Length; i++)
        {
            if(intArray[i] > maxVal)
                maxVal = intArray[i];
        }
        return maxVal;
    }
    static void Main(string[ ] args)
    {
        int[ ] myArray = {1, 8, 3, 6, 2, 5, 9, 3, 0, 2 };
        int maxVal = MaxValue(myArray);
        WriteLine("The maximum value is myArray in {maxVal}");
```

```
        Readkey( );
    }
}
```

该函数虽然只能用于处理 int 数组，却可为不同参数类型提供不同名称的函数，例如，把上述函数重命名为 IntArrayMaxValue ( )，并添加诸如 DoubleArrayMaxValue ( ) 的函数来处理其他类型。另外，还可在代码中添加如下函数。

```
static double MaxValue (double[ ] doubleArray)
{
    double maxVal = doubleArray[0];
    for (int i =1;i < doubleArray.Length; i++)
    {
        if(doubleArray[i] > maxVal)
            maxVal = doubleArray[i];
    }
    return maxVal;
}
```

此处的区别是使用了 double 值，虽然两个函数的名称 MaxValue ( ) 是相同的，但其签名不同，所以没有问题。

添加前面的代码后，现在有两个版本的 MaxValue ( )，它们的参数分别是 int 和 double 数组，分别返回 int 或 double 类型的最大值。

该代码的优点是不必显式地指定要使用哪个函数，只需要提供一个数组参数，就可以根据使用的参数类型执行相应的函数。

此时，应注意 Visual Studio 中 IntelliSense 的另一项功能。如果在应用程序中有上述两个函数，而且要在 Main ( ) 或其他函数中键入函数的名称，IDE 就可以显示出可用的重载函数。键入下面的代码。

```
double result = MaxValue ( )
```

IDE 会提供两个 MaxValue0 版本的信息，可使用上下箭头键在其间滚动，如图 2-36 所示。

▲ 1 个(共 2 个) ▼ double Program.MaxValue(**double[] doubleArray**)

▲ 2 个(共 2 个) ▼ int Program.MaxValue(**int[] intArray**)

图 2-36 代码信息展示

在重载函数时，应包括函数签名的所有方面。例如，有两个不同的函数，它们分别带有值参数和引用参数。

```
static void ShowDouble(ref int val)
{
    ...
}
static void ShowDouble (int val)
{
    ...
}
```

选用哪个版本完全根据函数调用是否包含 ref 关键字来确定。下面的代码将调用引用版本。

```
ShowDouble (ref val);
```

下面的代码将调用值版本。

```
ShowDouble(val);
```

此外，还可以根据参数的个数等来区分函数。

（六）委托

委托（delegate）是一种存储函数引用的类型。委托的声明非常类似于函数，但不带函数体,且要使用 delegate 关键字。而且,委托的声明指定了一个返回类型和一个参数列表。当定义了委托后,就可以声明该委托类型的变量。接着把该变量初始化为与委托具有相同返回类型和参数列表的函数引用。之后,就可以使用委托变量调用该函数,就像该变量是一个函数一样。

有了引用函数的变量后,就可以执行无法用其他方式完成的操作。例如,可以把委托变量作为参数传递给一个函数,这样,该函数就可以使用委托调用其引用的任何函数,而且在运行之前不必知道调用的是哪个函数。下面的示例将使用委托访问两个函数中的一个。

【例 2-20】

使用委托来调用函数:Ch02Ex17\Program.cs。

第一步:在 G:\C#Project\Chapter02 目录中创建一个新的控制台应用程序 Ch02Ex17。

第二步:把下列代码添加到 Program.cs 中。

```csharp
class Program
{
    delegate double ProcessDelegate(double param1, double param2);
    static double Multiply(double param1, double param2)=> param1 * param2;
    static double Divide(double param1, double param2)=> param1 / param2;

    static void Main(string[] args)
    {
        ProcessDelegate process;
        WriteLine("Enter 2 numbers separated with a comma:");
        string input = ReadLine ( );
        int commaPos = input.IndexOf(',');
        double param1 = ToDouble(input.Substring(0, commaPos));
```

```
            double param2= ToDouble(input.Substring(commaPos + 1,
                                   input.Length - commaPos - 1));
            WriteLine("Enter M to multiply or D to divide:");
            input = ReadLine ( );
            if (input == "M")
                process = new ProcessDelegate(Multiply);
            else
                process = new ProcessDelegate(Divide);
            WriteLine($"Result: { process(param1, param2)}");
            ReadKey ( );
        }
    }
```

第三步：执行代码，在看到提示时输入值，结果如图 2-37 所示。

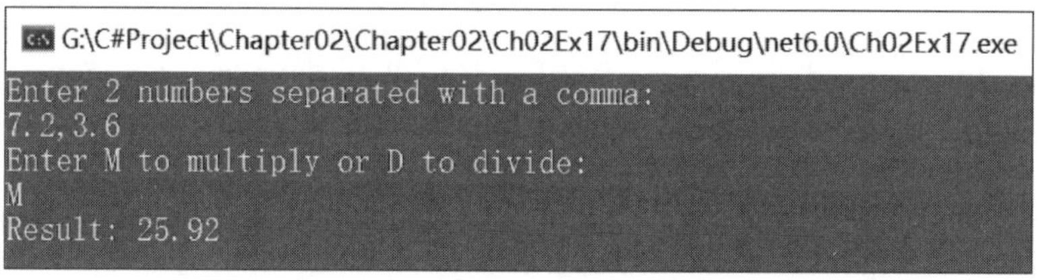

图 2-37 委托存储函数引用示例的运行结果

示例说明：该段代码定义了委托 ProcessDelegate，其返回类型和参数与函数 Multiply ( ) 和 Divide ( ) 相匹配。注意 Multiply ( ) 和 Divide ( ) 方法使用了 =>（Lambda 箭头 / 表达式方法）。

```
static double Multiply(double param1, double param2)=> param1 * param2;
```

委托的定义如下所示。

```
delegate double ProcessDelegate(double param1, double param2);
```

delegate 关键字指定该定义用于委托，而不是用于函数（该定义所在的位置与函数定义相同）。而且，该定义指定 double 返回类型和两个 double 参数。因为实际使用的名称可以是任意的，所以可以给委托类型和参数指定任意名称。此处的委托名是 ProcessDelegate，double 参数名是 param1 和 param2。

Main ( ) 中的代码首先使用新的委托类型声明一个变量。

```
static void Main(string[ ] args)
{
    ProcessDelegate process;
```

接着用一些比较标准的 C# 代码请求由逗号分隔两个数字，并将这些数字放在两个 double 变量中。

```
WriteLine("Enter 2 numbers separated with a comma: ");
string input = ReadLine( );
int commaPos = input.IndexOf(',');
double param1 = Todouble(input.Substring(0, commaPos));
double param1 = Todouble(input.Substring(commaPos + 1, input.Length – commaPos -1));
```

询问用户这两个数字是要相乘还是相除。

```
WriteLine("Enter M to multiply or D to divide: ");
input = ReadLine ( );
```

根据用户的选择，初始化 process 委托变量。

```
if (input == "M")
    process = new ProcessDelegate(Multiply);
else
    process = new ProcessDelegate(Divide);
```

要把一个函数引用赋给委托变量，需要使用略显古怪的语法。该过程比较类似于给数组赋值，必须使用 new 关键字创建一个新委托。且在该关键字的后面，指定委托类型，并提供一个引用所需函数的参数，此处指 Multiply ( ) 或 Divide ( ) 函数。注意该参数与委托类型或目标函数的参数不匹配，而这是委托赋值的一种独特语法，且参数要使用函数名且不带括号。

实际上，也可以使用略微简单的语法。

```
if (input == "M")
    process = Multiply;
else
    process = Divide;
```

此时编译器会发现，process 变量的委托类型将匹配两个函数的签名，于是自动初始化一个委托，并自行确定使用哪种语法。不过有些人却喜欢使用较长的版本，因为其更容易被察觉会发生什么。

最后，使用该委托调用所选的函数。而且无论委托引用的是什么函数，该语法都是有效的。

```
    WriteLine($"Result: {process (param1, param2)}");
    ReadKey ( );
}
```

此处把委托变量看成一个函数名。但与函数不同，我们还可以对该变量执行更多操作，如通过参数将其传递给一个函数，如下例所示。

```
static void ExecuteFunction (ProcessDelegate process)=> process(2.2, 3.3);
```

就像选择一个要使用的"插件"一样，通过把函数委托传递给函数，就可以控制函数的执行。例如，一个函数要对字符串数组按照字母进行排序，使用委托就可以把一个排序算法函数委托传递给排序函数，并指定要使用的函数。

总之，委托有许多用途，而常见的用途主要与事件处理有关。

第二节 蓝图基础

考核知识点及能力要求：

- 掌握虚拟现实引擎工具蓝图节点的使用方法。
- 掌握虚拟现实引擎工具基于蓝图的变量和计算。
- 掌握虚拟现实引擎工具基于蓝图的流程控制。

一、蓝图节点

节点（Nodes）是指可以在图表中应用其来定义特定图表，以及其包含该图表蓝图功能的对象，如事件、函数调用、流程控制操作、变量等。

尽管每种类型的节点只执行一种特定的功能，但是所有节点的创建及应用方式都是相同的，而这有助于在创建节点图表时提供直观体验。

（一）创建节点

创建节点之前，首先需要创建一个蓝图类（Blueprint Class），因为所有需要用到的组件都在蓝图类中，所以不建议在关卡蓝图里面做逻辑操作。鼠标右键点击内容浏览器（Content Browser）的空白处会出现一个列表，找到蓝图类（Blueprint Class）并且打开。打开之后会弹出一个属性窗口，通常我们会使用 Actor 这个类型。选择 Actor 之后，在资源管理器会出现一个名为"Newblueprint"的文件，双击打开就会弹出一个蓝图类编辑器。

此时一个蓝图类创建成功，里面包含了所有组件列表，并且还有以下 3 个标签。

（1）视口（Viewport）：在蓝图类当中查看已经添加的组件模型。

（2）构造脚本（Construction Script）：循序设置该蓝图的自定义参数或者进行预设。

（3）事件图表（Event Graph）：在程序运行（Play）的时候，大部分脚本的功能都会在这里实现。在这个窗口内可以通过右键鼠标添加任意节点，如事件、函数或者对变量进行逻辑操作等。

接下来需要创建以下 3 个节点进行案例实验，在事件图表内通过右键鼠标搜索（Search）"OnTakePointDamage""Print String"和"Spawn Emitter at Location"并且创建，如图 2-38 所示。最后鼠标右键点击引脚处 String 和 Location，并且把它们提升为变量（Variable），如图 2-39 所示。这样操作就会得到 2 个变量（String 和 Location）。变量提升的知识点在后面还会进一步讲解。

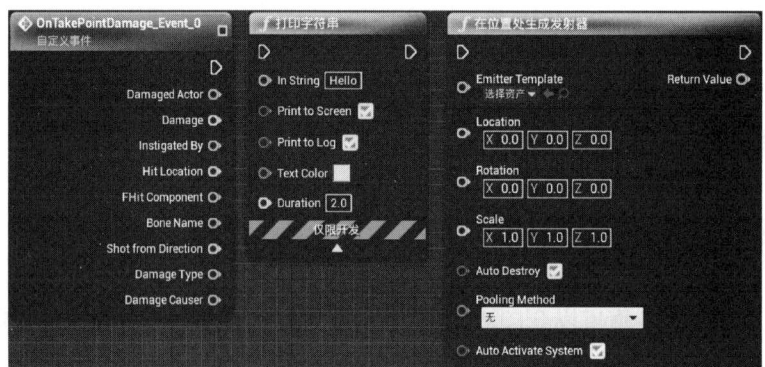

图 2-38　案例节点创建

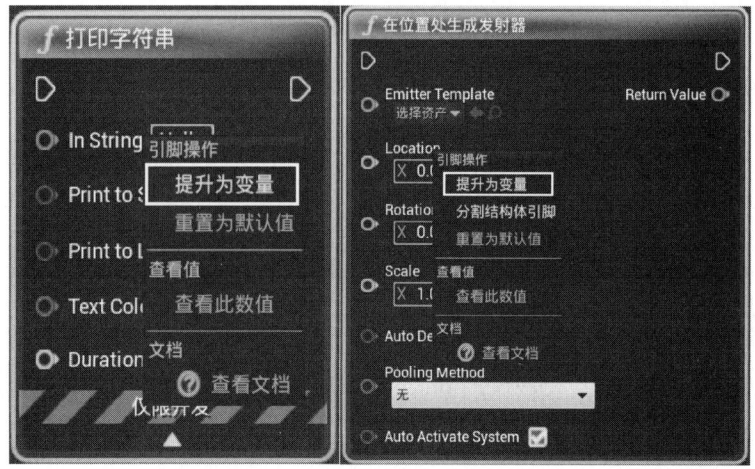

图 2-39　String 和 Location 变量提升

(二)放置节点

通过从关联菜单中选择一种节点类型,可以把新节点添加到事件图表中。关联菜单中所列出的节点类型,根据访问该类型列表的方式及当前选中的对象的不同而有所差别。

在蓝图编辑器选卡中,右击空白区域,会弹出可以添加到图表中的所有节点的列表,如图2-40所示。如果选中一个Actor,那么将会列出该类型Actor支持的事件。

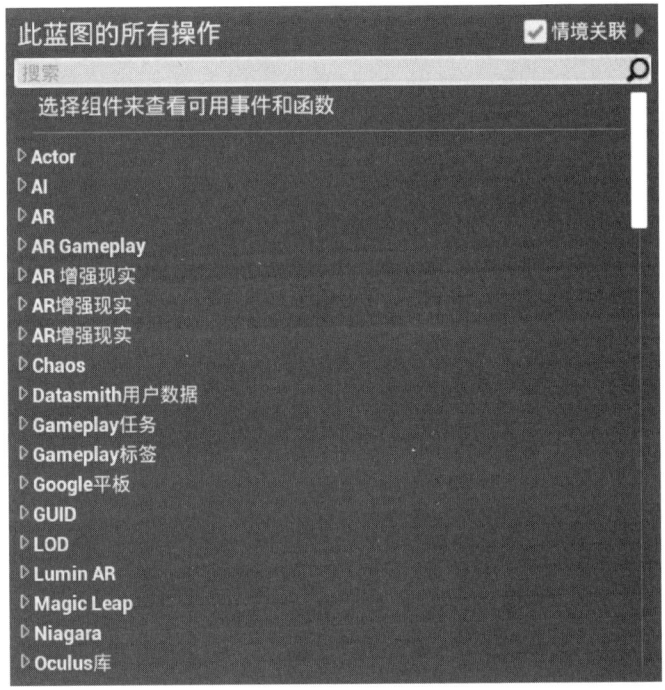

图2-40 关联菜单的节点列表

从节点的一个引脚处拖拽鼠标产生一个连接并在空白处释放鼠标,如图2-41所示,此时会弹出一个节点列表,这些节点具有和连接的起始引脚相兼容的引脚,如图2-42所示。

(三)选择节点

在图表编辑器选卡中单击一个节点,并可以选中该节点,如图2-43所示。

鼠标左键点击变量"In String"打开细节(detail)窗口,并显示变量属性。通过该窗口属性把"In String"改名为"Message",如图 2-44 所示。通过按住 Ctrl 键并单击节点,可以将节点添加到当前的选中项或者将其从当前的选中项删除,如图 2-45 所示。

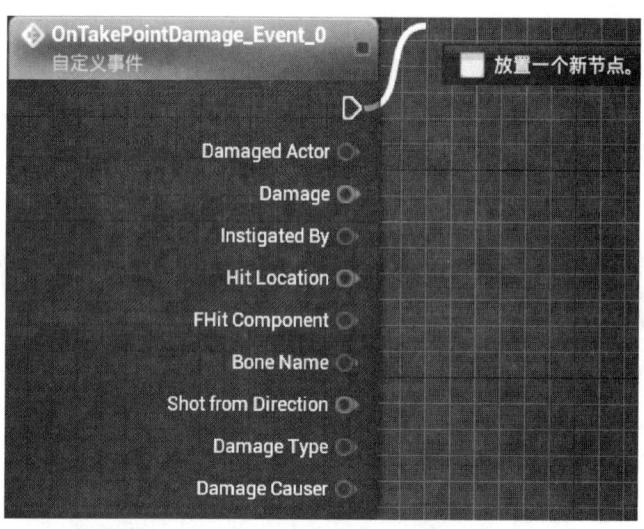

图 2-41 拖拽引脚

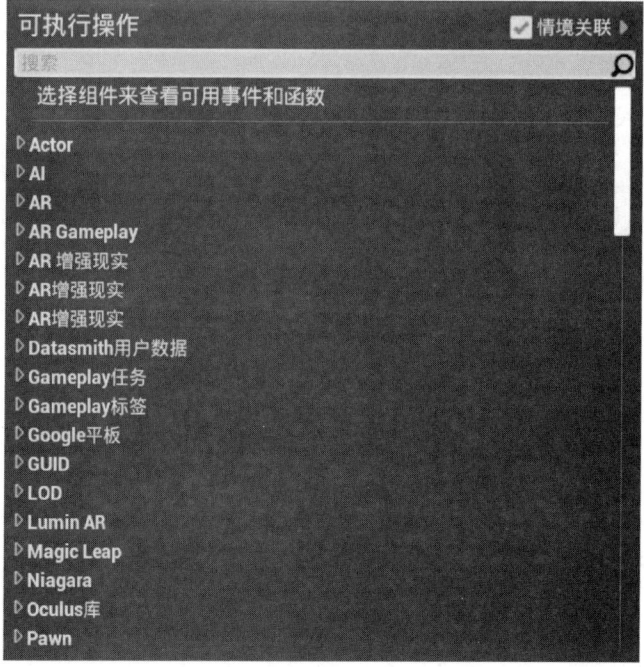

图 2-42 拖拽引脚显示的节点列表

图 2–43　选中节点

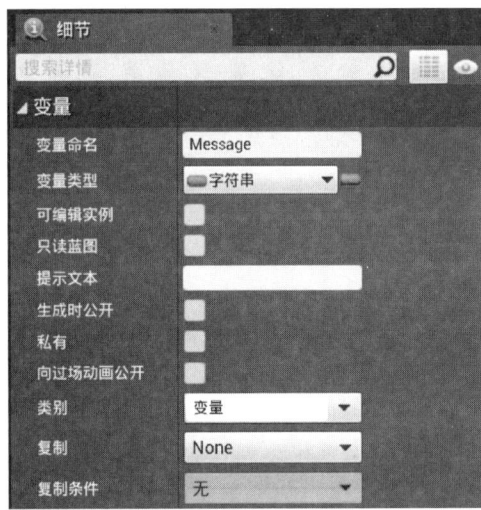

图 2–44　String 变量属性的更改

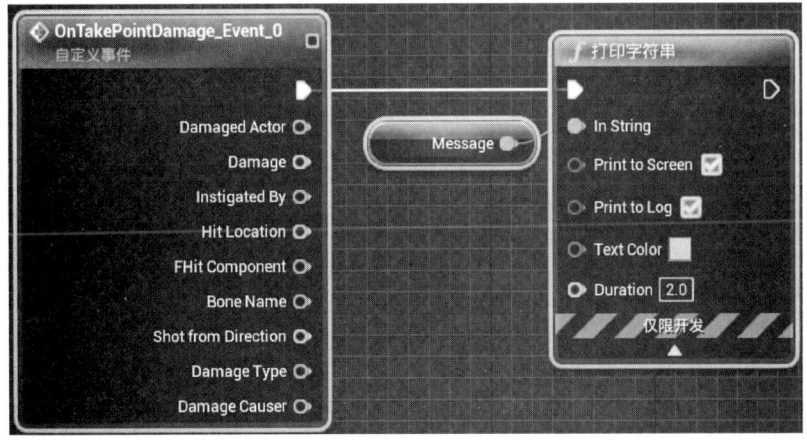

图 2–45　多选节点

通过单击并拖拽鼠标创建一个区域选择框，可以选中多个节点。按住 Ctrl 键 + 单击并拖拽鼠标创建一个区域选择框，可以切换对象的选中状态。按住 Shift 键 + 单击并拖拽鼠标创建一个区域选择框，可以把选择框中的对象添加到当前选中项，如图 2-46 所示。而且要想取消选中的所有节点，仅需点击图表编辑器选卡的空白区域即可。

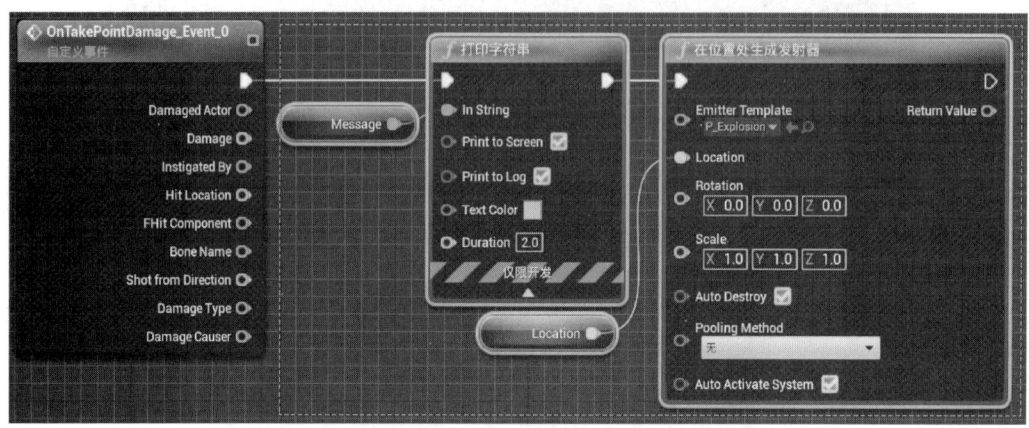

图 2-46 框选多个节点

（四）移动节点

通过单击并拖拽一个节点，可以移动该节点。如果选中了多个节点，那么单击选中项内的任何节点并拖拽鼠标将会移动所有节点，如图 2-47 所示。

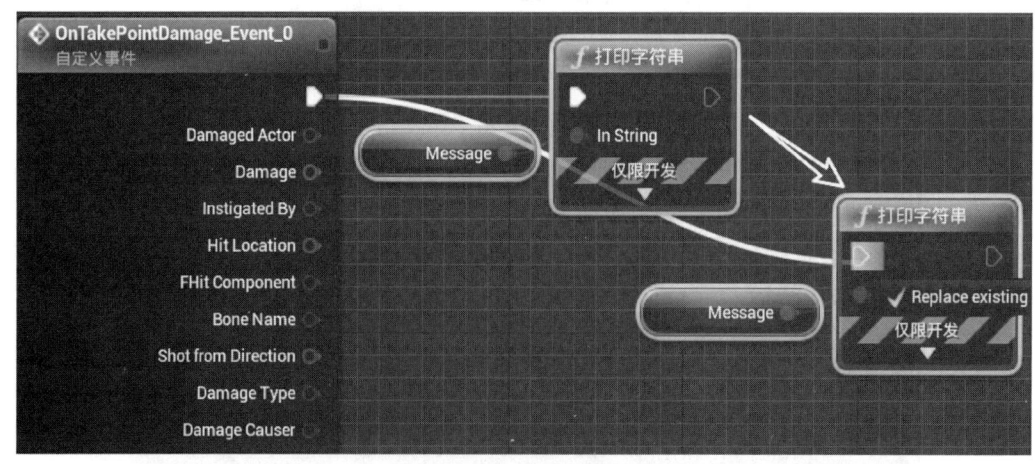

图 2-47 移动节点

（五）引脚

节点两侧都可以有引脚，其中左侧的引脚是输入引脚，右侧的引脚是输出引脚，如图 2-48 所示。

另外，有两种主要的引脚类型：执行引脚和数据引脚。

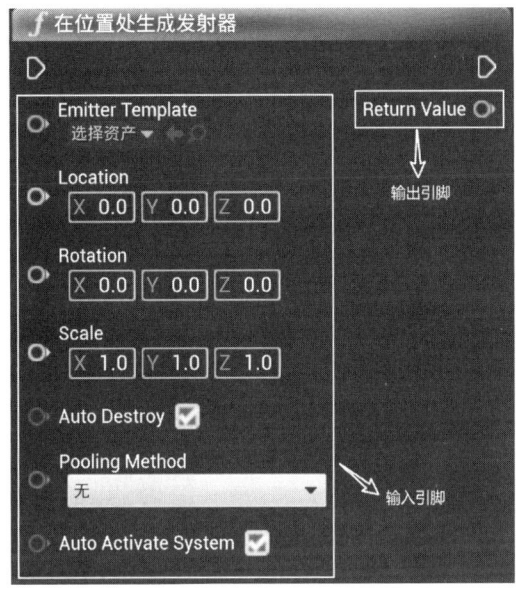

图 2-48　输入与输出引脚

1. 执行引脚

执行引脚用于将节点连接在一起以创建执行流程，当输入执行引脚被激活后，节点将被执行。一旦节点的执行完成，其将激活一个输出执行引脚来继续执行流程。执行引脚在未连接时显示为空心状态，连接到另一个执行引脚后则显示为实心。函数调用节点始终只有一个输入执行引脚和一个输出执行引脚，因为函数只有一个进入点和一个退出点。其他类型的节点可以有多个输入执行引脚和输出执行引脚，从而允许不同的行为，具体情况取决于哪一个引脚被激活，执行引脚如图 2-49 所示。

2. 数据引脚

数据引脚用于将数据导入节点或从节点输出数据，如图 2-50 所示。数据引脚只能与同类型的相连接，如可以连接到同一类型的变量（这些变量有自带数据引

图 2-49　执行引脚

脚），也可以连接到其他节点上同类型的数据引脚。与执行引脚一样，数据引脚在未连接到任何对象时会显示为空心，在连接到对象后则显示为实心，连接对象后的数据引脚如图 2-51 所示。

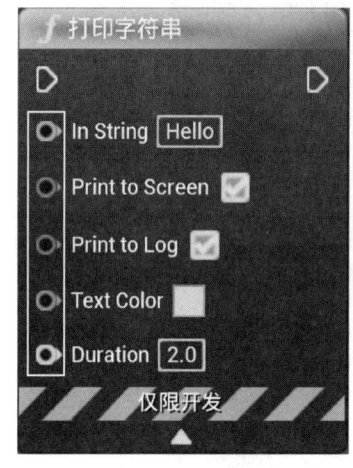

图 2-50　数据引脚

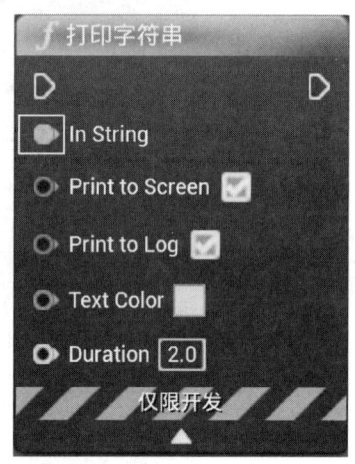

图 2-51　连接对象后的数据引脚

节点可以有任意数量的输入或输出数据引脚。函数调用（Function Call）节点的数据引脚对应于相应函数的参数和返回值。

3. 自动类型转换

通过蓝图中的自动类型转换功能，不同数据类型的引脚可以相连接。当尝试在两个引脚间建立连接时，可以通过显示的工具提示信息识别兼容的类型。自动数据类型的转换如图 2-52 所示。

从一种类型的引脚拖拽一条线连接到另一种类型的引脚，若这两种类型是兼容的，那么将会创建一个自动类型转换节点来连接两个引脚，如图 2-53 所示。

4. 提升为变量

在蓝图中，数据引脚所表示的值可以通过提升为变量（Promote to Variable）命令转换为一个变量。该命令会在蓝图中创建一个新的变量，并将其连接到被提升为变量的数据引脚上。对于输出数据引脚来说，可以使用 Set 节点来设置新变量的值。从本质上讲，这仅是手动添加一个新变量到图表中并将其和数据引脚相连的快捷方式。

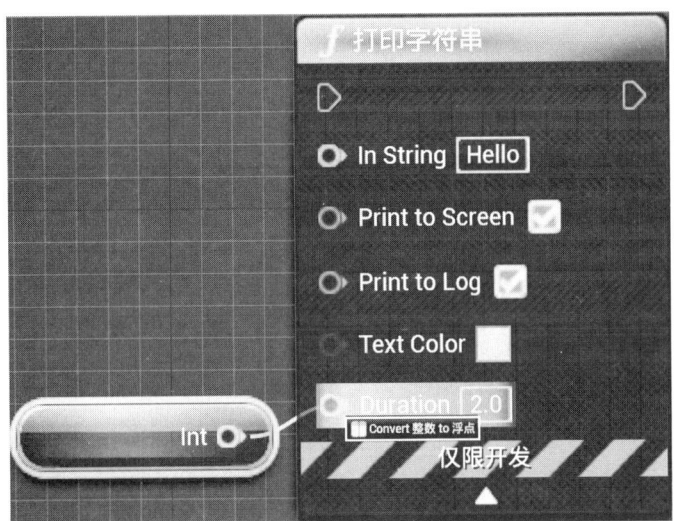

图 2-52　自动数据类型的转换

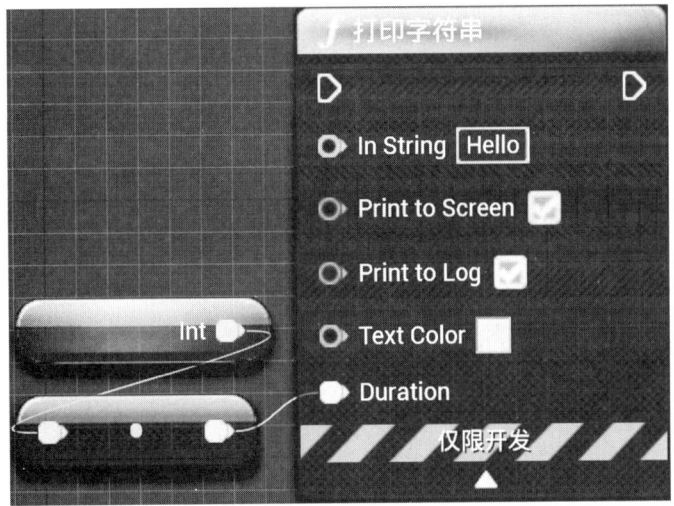

图 2-53　自动类型转换节点

还可以使用提升为变量创建变量。右键单击蓝图节点上的任何输入或输出数据引脚，并选择提升为变量选项，如图 2-54 所示。

在新光源颜色（New Light Color）引脚上单击右键并选择提升为变量（Promote to Variable）选项，可以将一个变量指定为新光源颜色（New Light Color）值，如图 2-55 所示。

或者可以拖出一个输入或输出引脚，并选择提升为变量，如图 2-56 所示。

153

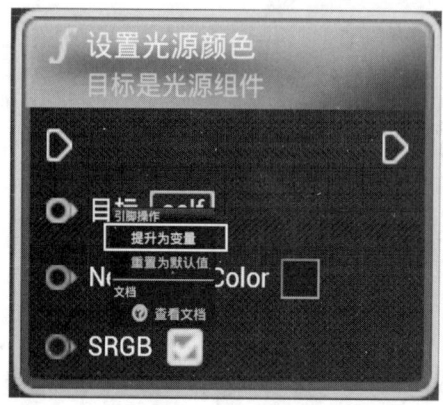

图 2-54 提升为变量

图 2-55 将光源颜色提升为变量

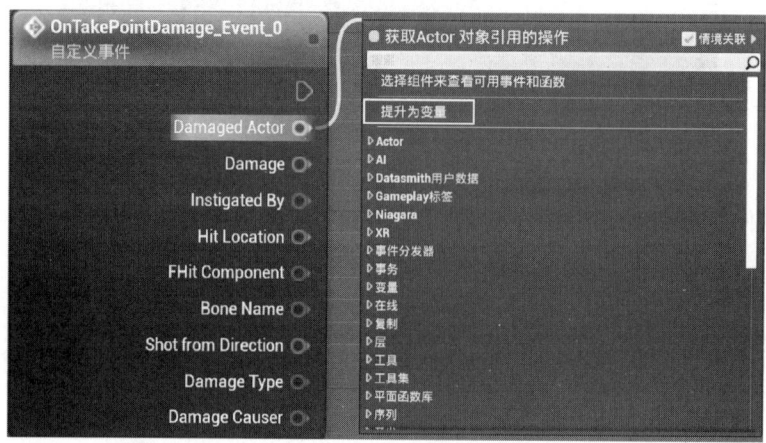

图 2-56 将输出节点提升为变量

（六）连线

引脚之间的连接称为连线，连线代表执行流程或者数据流向。

1. 执行引脚连线

执行引脚间的连线代表执行的流程。执行连线显示为白色的箭头，箭头从一个输出执行引脚指向一个输入执行引脚，箭头的方向则表明执行流程的走向，如图2-57所示。

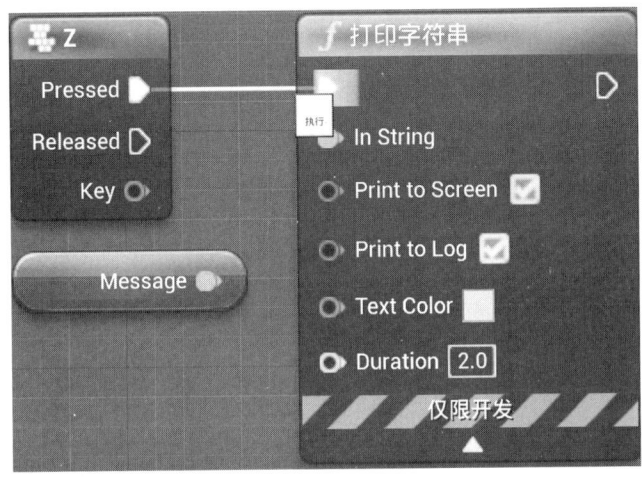

图2-57 执行流程的走向

当正在执行"执行引脚"间的连线时，执行引脚连线会产生一个可视化的标识符。在运行过程中，当一个节点完成执行并激活下一个节点时，执行引脚间的连线将会突出显示，表明正在从一个节点转移到另一个节点，如图2-58所示。

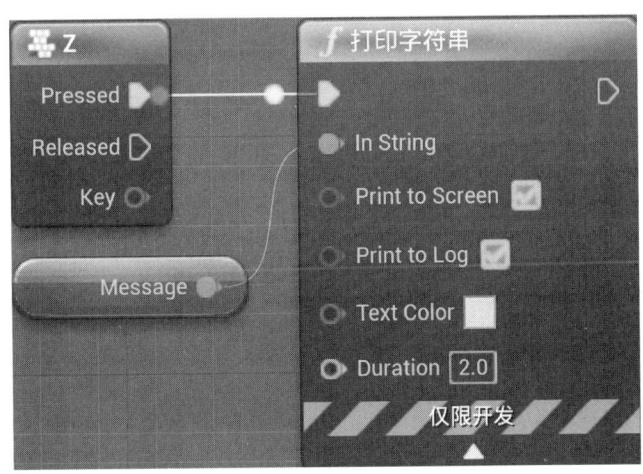

图2-58 激活的连线

执行引脚连线的可视化标识符会随着时间逐渐消失,如图 2-59 所示。

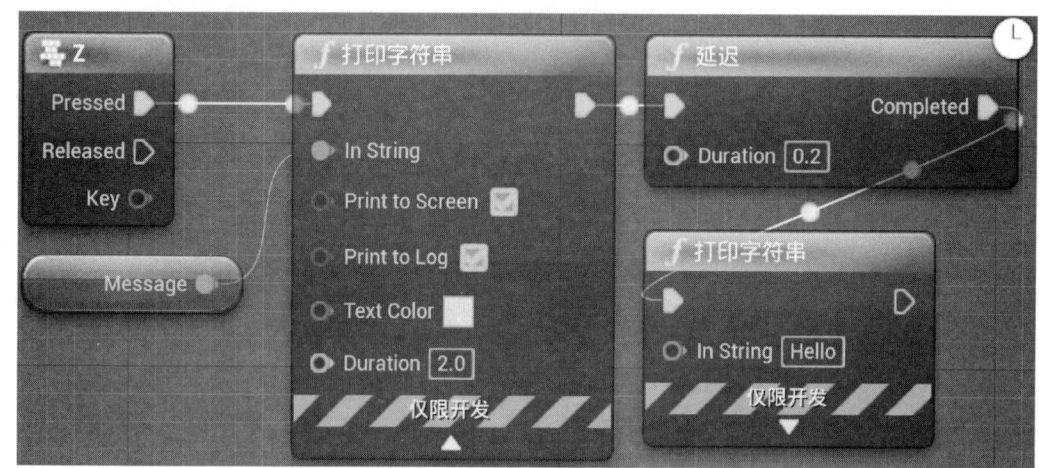

图 2-59　逐渐消失的连线

2. 数据连线

数据连线把一个数据引脚连接到同种类型的另一个数据引脚上。数据连线显示为带颜色的箭头,用于可视化地表示数据的转移,箭头的方向则代表数据移动的方向。和数据引脚的颜色一样,数据连线的颜色也是由数据类型决定的,如图 2-60 所示。

图 2-60　数据连线的颜色

3. 应用连线

在图标编辑器选卡中,可以使用以下几种方法创建连线:

(1)点击一个引脚并拖拽鼠标,在同类型的另一个引脚上释放鼠标,这样就能创建一个直接连接,如图 2-61 所示。

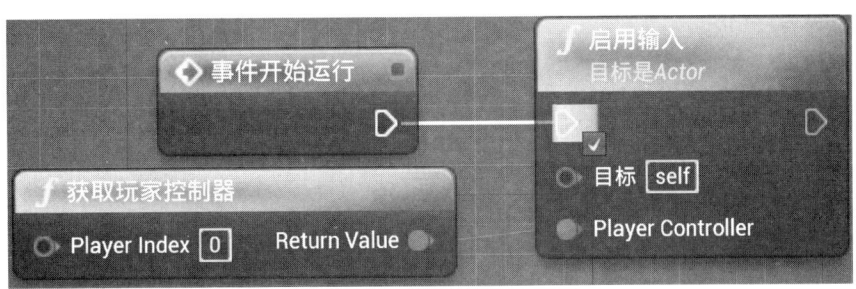

图 2-61 连接引脚

（2）仅能在两种兼容类型的引脚间创建连接。如果向一个不兼容的引脚上拖拽一个连接，将会显示一个错误，并提示不能建立连接，如图 2-62 所示。

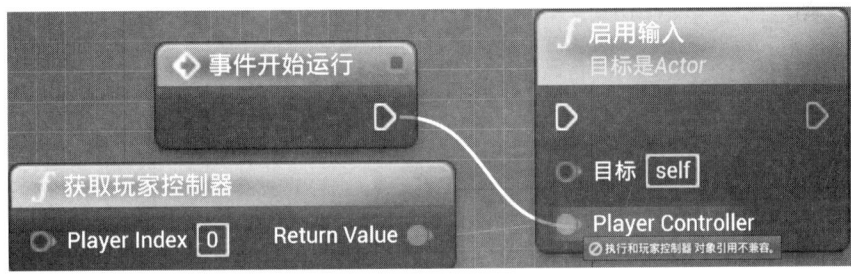

图 2-62 不能建立连接的引脚

（3）从一个引脚拖拽一个连接并在空白区域释放鼠标，会调出一个情境关联的菜单，如图 2-63 所示。该菜单中列出了和连线起始节点类型相兼容的所有节点。从列表中选择一个节点（如打印字符串）将会创建该节点的一个新实例，并且连线会连接到该节点的一个兼容引脚上，如图 2-64 所示。

图 2-63 拖拽引脚

157

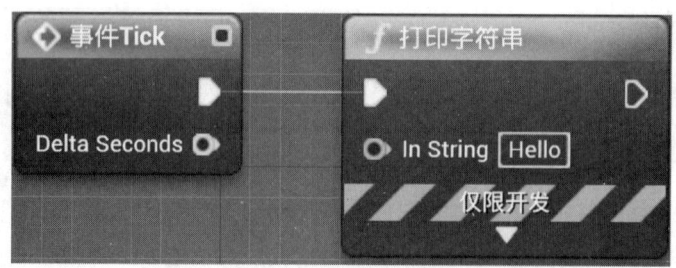

图 2-64 连接引脚

使用以下方法可以断开两个引脚间的连线：

（1）Alt+ 单击其中一个连接的引脚。

（2）右击所连接的其中一个引脚，并选择断开连接（Break Link），如图 2-65 所示。

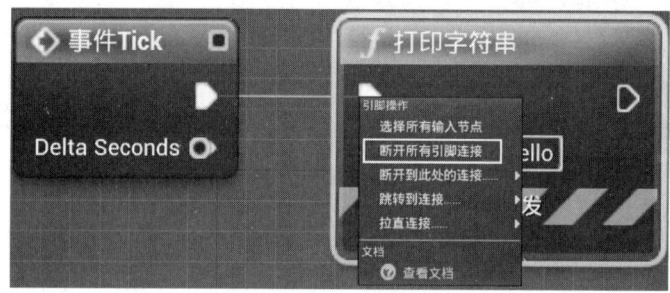

图 2-65 断开引脚

（七）合并图表

出于组织管理的目的，图表中的一组节点可以合并到一个子图表中——鼠标左键框住需要合并的节点，如图 2-66 所示。这样便会创建一个具有层次结构的图表，在父项图表中可以把一个大的或复杂的图表部分作为一个单独的节点看待，该节点具有输入和输出，但是仍然可以编辑合并图表中的内容，如图 2-67 所示。

一组合并的节点并不能共享，即使在一个单独的关卡蓝图或蓝图类中也不可以共享。但如果复制此合并节点，其会复制内部图表。因此，若想创建同种近似行为的多个变种，该操作非常方便，但是这也意味着任何缺陷修复都会应用到每个拷贝版本中。而设计该功能的主要目的是整理图表、隐藏内部复杂度，而不是用于共享或重用。

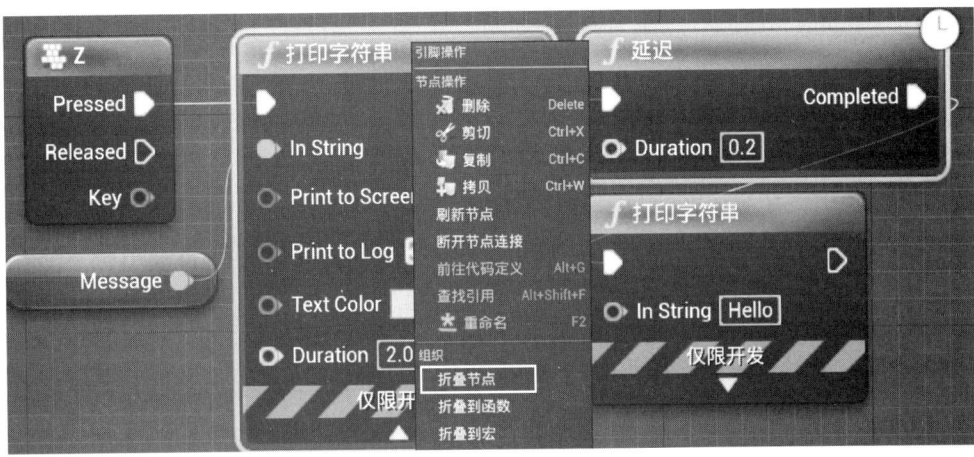

图 2-66　选择节点

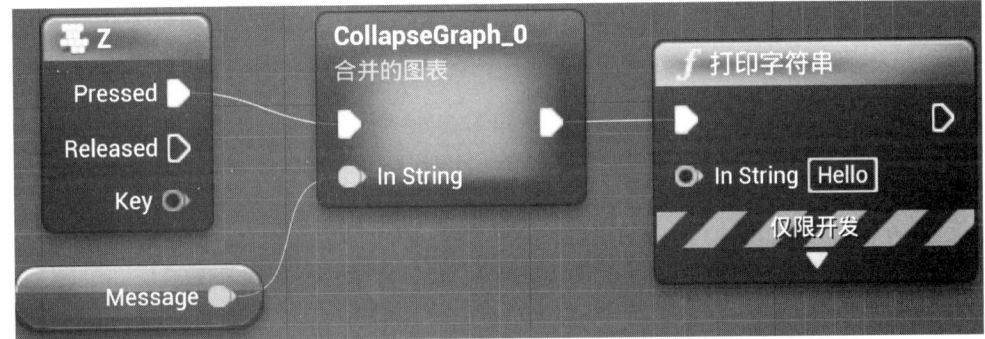

图 2-67　合并节点

1. 通道

合并的图表使用通道节点来和包含它的图表进行外部通信和交互，如图 2-68 所示。

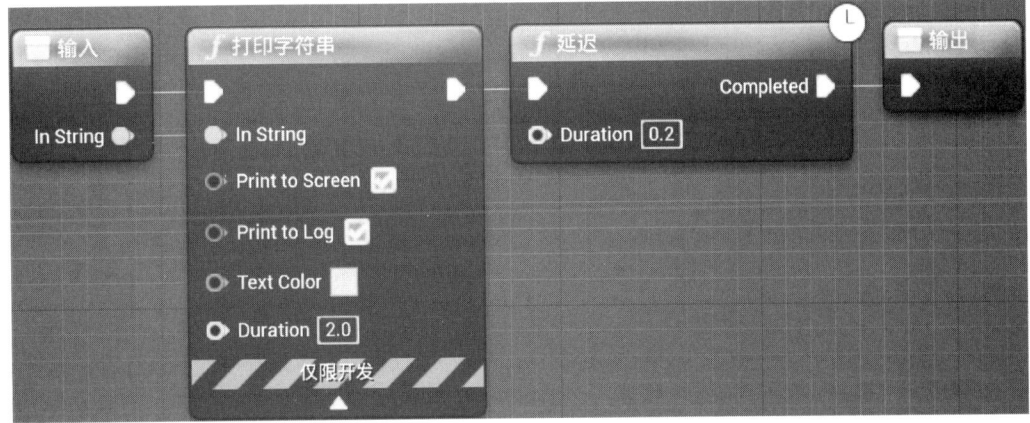

图 2-68　图表的通道节点

输入（Inputs）通道节点作为合并图标的入口点，其包含和父项图表中合并图表节点上的输入引脚相对应的执行引脚和数据引脚。

输出（Outputs）通道节点作为合并图标的出口点，其包含和父项序列中合并图表节点上的输出引脚相对应的执行引脚和数据引脚。

这些引脚是在合并节点时自动生成的。连接到序列中第一个节点的引脚上的任何执行引脚连线和数据引脚连线，都会导致在输入通道节点上创建对应的引脚，这些引脚会出现在合并图表节点上作为输入引脚。同样，任何连接到序列最后一个节点的执行引脚连线或数据引脚连线，都会导致在输出（Outputs）通道节点上创建对应的引脚，从而在父项序列中作为合并图表的引脚。

2. 合并一组节点

在图表中选择要合并的节点，可以通过单击并在节点周围拖拽一个区域选择框或者通过按住 Ctrl 并单击每个节点来实现，如图 2-69 所示。

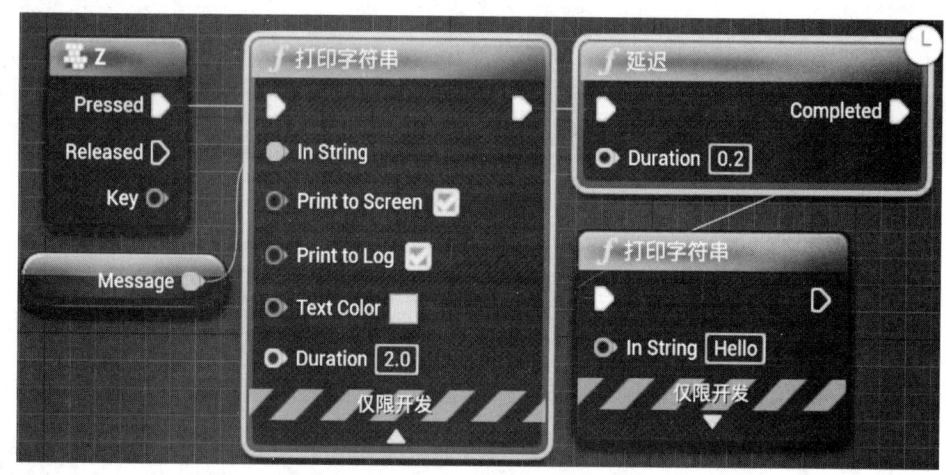

图 2-69 选择节点

右击其中一个节点并选择折叠节点（Collapse Node），如图 2-70 所示。

在出现的新节点的文本域中输入该合并图标的名称并按下回车键，如图 2-71 所示。

现在，合并图表显示成了一个单独的节点，如图 2-72 所示，并在我的蓝图（My Blueprint）选卡中出现了该合并图表的引用，如图 2-73 所示。

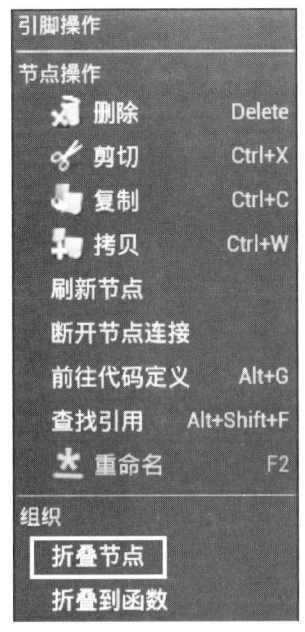

图 2-70 合并节点

图 2-71 对合并节点命名

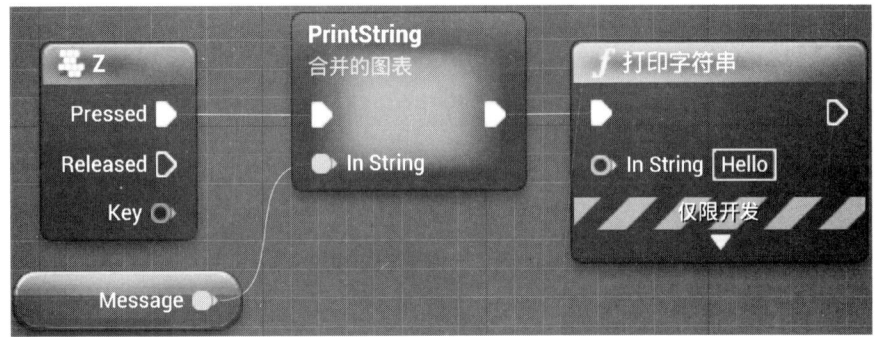

图 2-72 合并节点

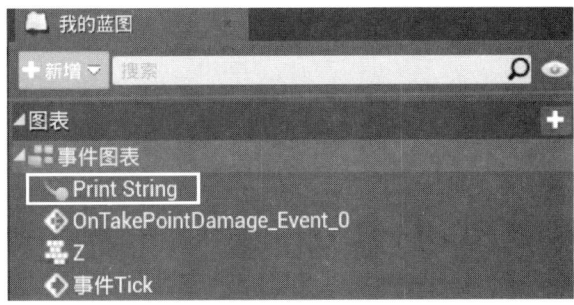

图 2-73 合并节点列表

要想编辑该合并节点，应双击该合并图表节点或在我的蓝图选卡中选择该子图表，如图 2-74 所示。

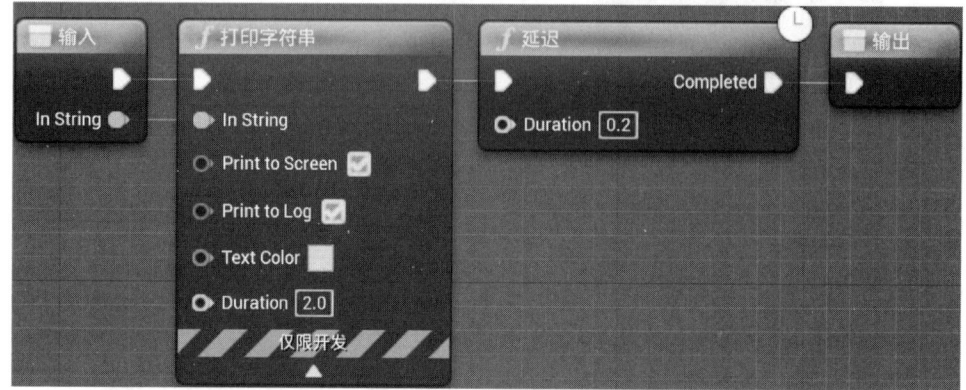

图 2-74　编辑合并节点

3. 一个合并的图表

右击一个合并图表节点，并选择展开节点（Expand Node），如图 2-75 所示。

合并图表节点会被其所包含的节点所代替，不再出现在我的蓝图关卡的图表层次结构中，如图 2-76 所示。

二、变量与计算

变量（Variables）是保存值或参考世界场景中的对象或 Actor 的属性。这些属性可以由包含它们的蓝图（Blueprint）通过内部方式访问，也可以通过外部方式访问，以便设计人员使用放置在关卡中的蓝图实例来修改它们的值，而变量则显示为包含变量名称的圆形框。

（一）变量

1. 变量类型

变量能够以各种不同的类型创建，其中包括数据类型（如布尔、整数和浮点），以及用于保存对象、Actor 和特定类等对象的引用类型。此外，还可以创建每种变量类型的阵列，且每种类型都采用颜色编码，以便于识别，具体见表 2-14。

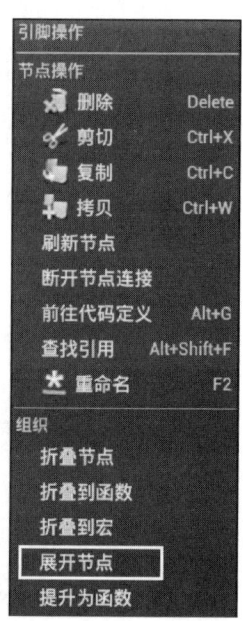

图 2-75　展开合并节点

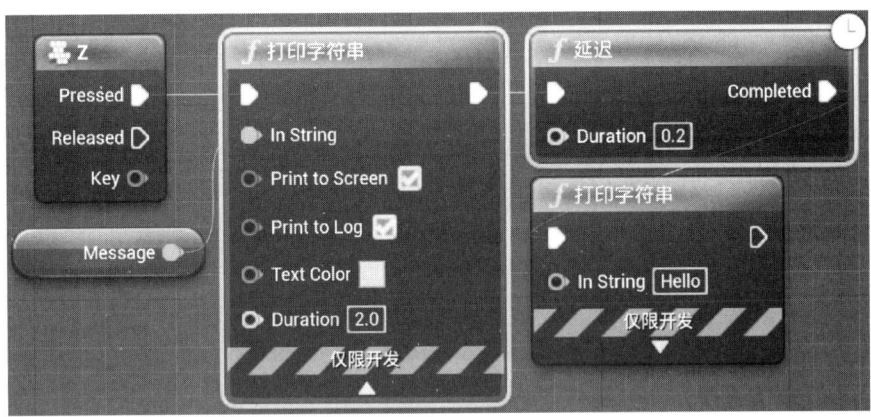

图 2-76　展开合并节点后的层次结构

表 2-14　变量类型

变量类型	颜色	范例	表示
布尔 (Boolean)	栗色		true 或 false 值（bool）
字节 (Byte)	夏尔巴蓝色		0 与 255 之间的整数值 (unsigned char)
整数 (Integer)	海绿色		-2 147 483 648 与 2 147 483 647 之间的整数值（int）
64 位整数 (Integer64)	苔绿色		-9 223 372 036 854 775 808 与 9 223 372 036 854 775 807 之间的整数值（long）
浮点 (Float)	黄绿色		例如，0.055 3、101.288 7、 -78.322 等带小数的数值 (float)
命名 (Name)	淡紫色		用于在游戏中识别事物的一段文本

续表

变量类型	颜色	范例	表示
字符串（String）	洋红色		例如，HelloWorld之类的一组字母数字字符（String）
文本（Text）	粉色		向用户显示的文本。要本地化的文本使用此类型
矢量（Vector）	金色		三个数字组成的集（X、Y、Z）。此类型对3D坐标和RGB颜色数据很有用
旋转体（Rotator）	菊蓝色		定义3D空间中旋转的一组数字
变形（Transform）	橙色		结合平移（3D位置）、旋转和缩放的数据集
对象（Object）	蓝色		如光源、Actor、静态网格体、摄像机和Sound Cue等蓝图对象

2. 我的蓝图选项卡中的变量

我的蓝图（My Blueprint）选项卡允许将自定义变量添加到蓝图，并列出所有的现有变量，包括在组件列表中添加的组件实例变量，或通过将值提升到图表中的变量而创建的变量，如图2-77所示。

3. 创建变量

按照以下步骤操作即可实现在蓝图中创建变量：

第一步：创建蓝图并将其打开到图表（Graph）选项卡。

第二步：通过单击变量列表标头 ▲变量 ＋ 上的 ＋，即添加按钮，从我的蓝图（My Blueprint）窗口创建一个新变量，如图2-78所示。

第三步：一个新变量随即创建，同时提示输入它的名称，如图2-79所示。

图 2-77 我的蓝图选项卡

图 2-78 新建变量

图 2-79 提示输入新建变量的名称

第四步：输入变量的名称，然后进入细节（Details）面板以调整变量的属性。

第五步：在细节（Details）面板中，有的设置可用于定义如何使用或访问变量，如图 2-80 所示。

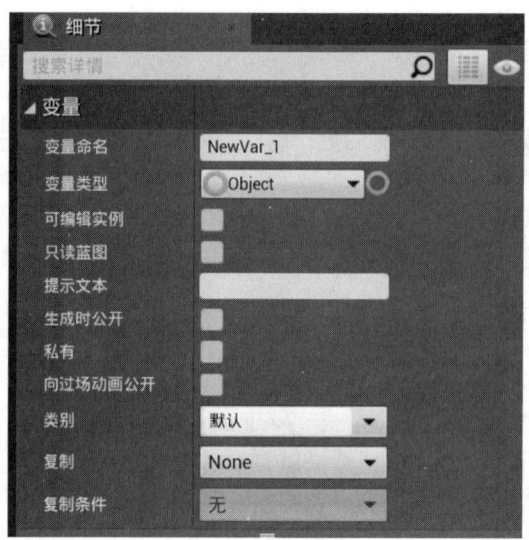

图 2-80 变量属性

若要为变量设置默认值(Default Value),必须先编译(Compile)蓝图。变量属性见表 2-15。

表 2-15　　　　　　　　　　　变量属性

选项	描述
变量名称 (Variable Name)	变量的命名
变量类型 (Variable Type)	通过下拉菜单设置变量类型,并决定变量是否为阵列
可编辑实例 (Instance Editable)	变量在蓝图的实例上是否可公开编辑
只读蓝图 (Blueprint Read Only)	蓝图节点能否设置此变量;或此变量为只读时能否设置
提示文本(Tooltip)	有关此变量的额外信息,光标悬停在此变量上时显示
显示 3D 控件 (Show 3D Widget)	为 true 时,用户可通过视口中的 3D 变换控件调整向量变量。此选项将应用于向量和变换类型,仅在选中可编辑实例(Instance Editable)后启用
生成时公开 (Expose on Spawn)	生成蓝图时是否将变量公开为引脚
私有(Private)	变量是否为私有(派生蓝图无法进行修改)
向过场动画公开 (Expose to Cinematics)	是否应将变量向 Sequencer 或 Matinee 公开以修改变量

续表

选项	描述
配置变量（Config Variable）	允许使用配置文件设置变量
类别（Category）	允许通过给定标签对变量进行分类，并按其标签排序变量
复制（Replication）	此变量是否应通过网络进行复制

还有一些序列化选项可以通过展开细节（Details）面板来定义，如图2-81所示。

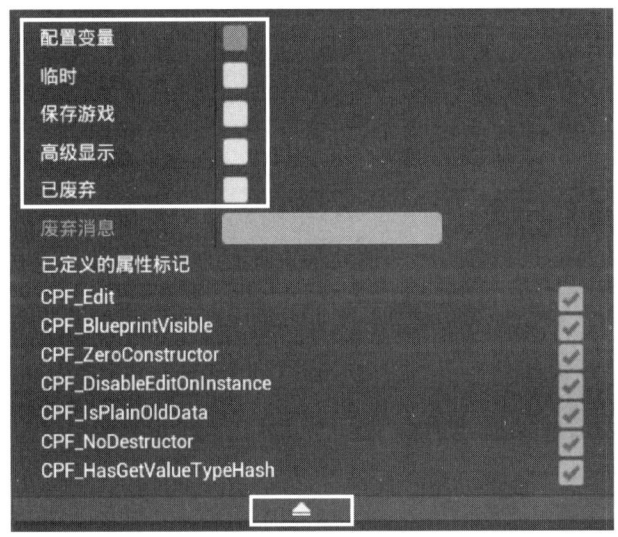

图 2-81　变量细节

此处，可以使用临时（Transient）选项设置变量是否序列化，以及在加载时是否以零填充。另外，还可以使用保存游戏（Save Game）选项为保存的游戏设置变量是否序列化。

（1）公开变量

要在蓝图之外修改变量，需将其设为公开，如图2-82所示。

眼睛默认为闭合（私有），选择眼睛图标，将其打开并设为公开。也可选中或清除可编辑实例（Instance Editable）框，将变量设为私有或公开。

将变量设为公开后，添加一个组件Point Light，然后就可以在主编辑器窗口的细节（Details）面板中修改变量的值，如图2-83所示。

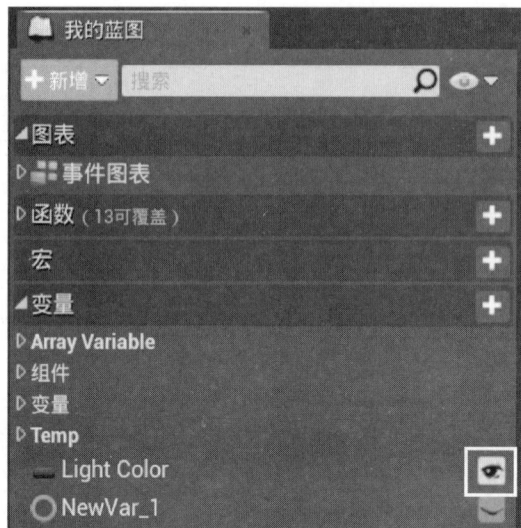

图 2-82 公开变量

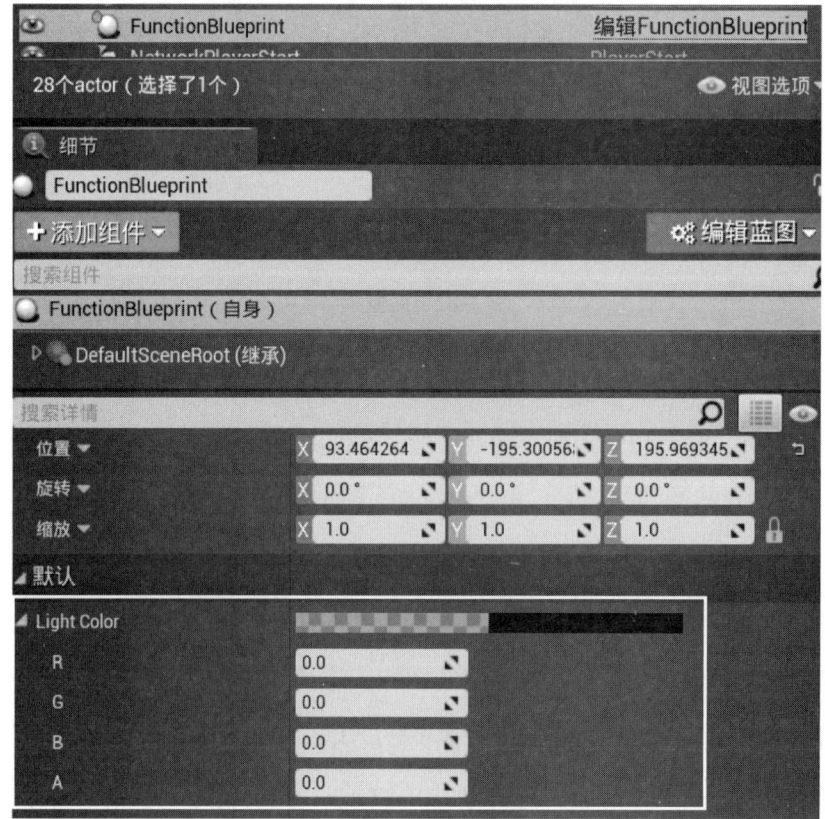

图 2-83 修改变量

在图 2-83 中，变量光源颜色（Light Color）已被设置为可编辑（Editable），现在可以在关卡编辑器的细节（Details）面板中设置此值。

（2）变量提示文本

可以从变量的细节（Details）面板中添加提示文本（Tooltip），如设置变量提示文本为"set light color"，如图 2-84 所示。当鼠标在编辑器中悬停于变量之上时，将显示此提示文本。设置完之后，在关卡界面当中的 detail 窗口同样也会显示该提示文本，如图 2-85 所示。当执行此操作时，如果变量设置为公开（Public），那么眼睛（Eye）图标将从黄色变为绿色，表示已为该变量编写提示文本，如图 2-86 所示。

（3）生成时公开

生成时公开（Expose on Spawn）允许设置变量是否应在生成其所在的蓝图时可访问，如图 2-87 所示。

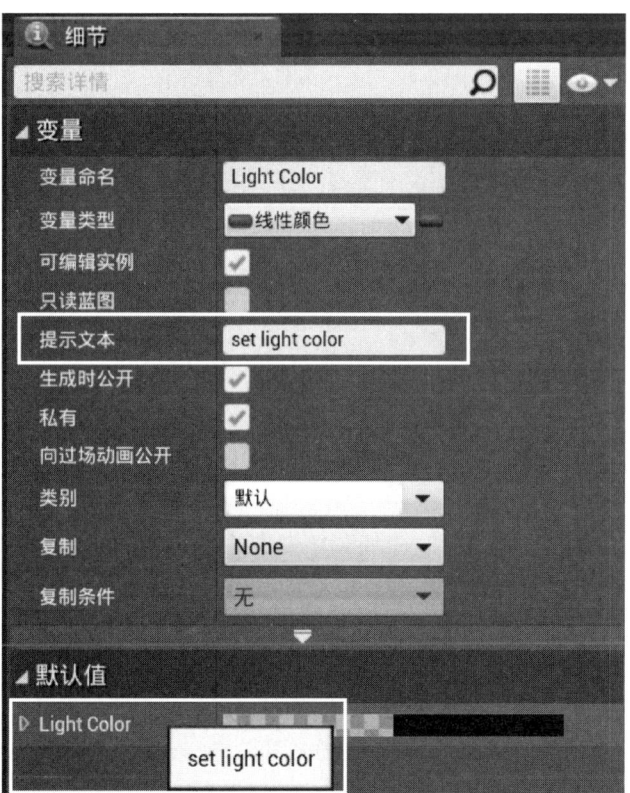

图 2-84　变量提示

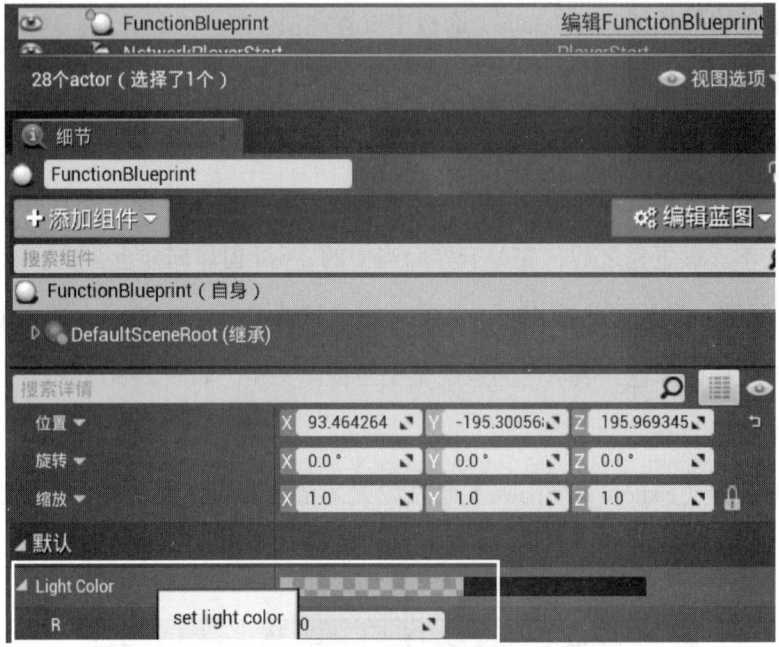

图 2-85　关卡细节栏变量提示

图 2-86　添加提示文本

图 2-87　生成时公开

上图中有一个名为光源颜色（Light Color）的变量，其是设置为生成时公开（Expose on Spawn）的线性颜色属性。该变量在点光源的蓝图中实现，点光源使用设置光源颜色（Set Light Color）节点和光源颜色（Light Color）变量来确定光源的颜色。

在另一个蓝图（关卡蓝图）中，使用一个脚本来生成点光蓝图，由于光源颜色（Light Color）变量设置为生成时公开（Expose on Spawn），所以在生成 Actor（Spawn Actor from Class）节点上提供了设置此值的选项，从而能够在游戏世界中生成光源时设置其颜色，如图 2-88 所示。

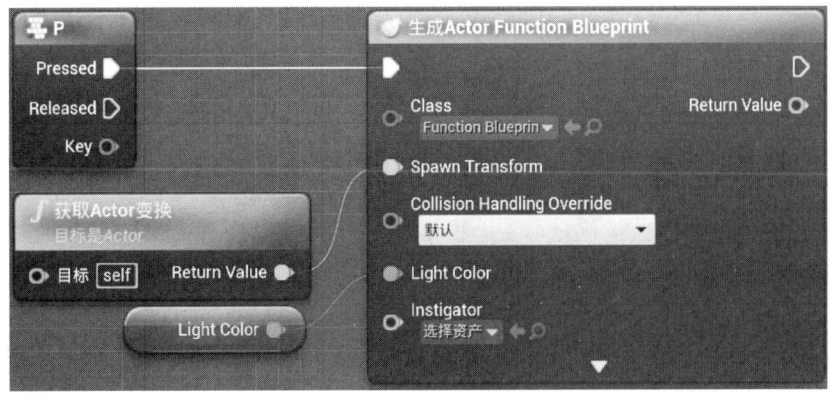

图 2-88　生成时公开

（4）私有变量

在变量上选中私有（Private）选项，可以防止从外部蓝图修改变量，设置私有变量，如图2-89所示。

图 2-89　设置私有变量

在另一个蓝图（关卡蓝图）中，生成包含此变量的蓝图，然后关闭返回值（Return Value），结果是可以访问此变量，如图2-90所示。

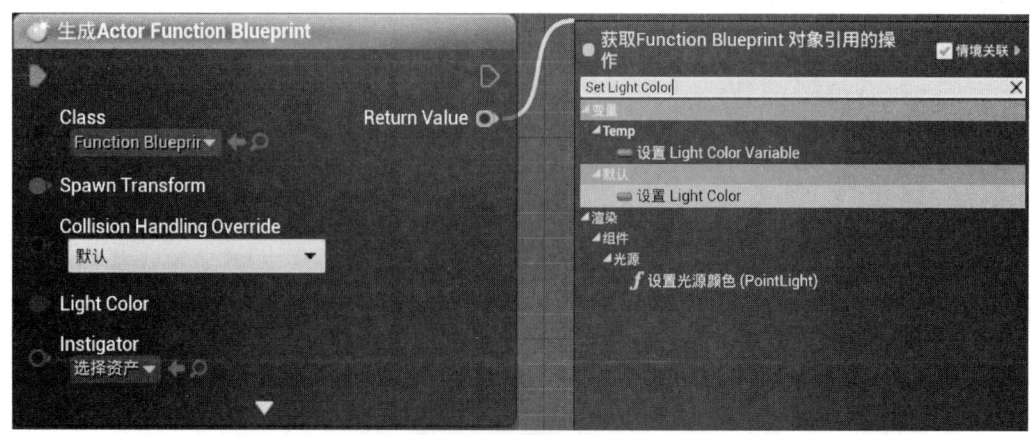

图 2-90　访问变量

但如果将它设置为私有，编译（Compile）之后再次生成蓝图并尝试访问此变量，结果是无法访问。

（5）向过场动画公开

若需要 Sequencer 或 Matinee 影响变量的值，则选择向过场动画公开（Expose to Cinematics）。

4. 提升为变量

使用提升为变量（Promote to Variable）创建变量。右键单击蓝图节点上的任何输入或输出数据引脚，并选择提升为变量（Promote to Variable）选项，如图 2-91 所示。

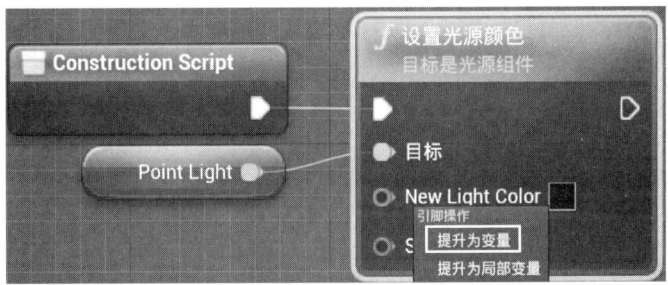

图 2-91　提升变量

通过在新光源颜色（New Light Color）引脚上单击右键并选择提升为变量（Promote to Variable）选项，可以将一个变量指定为新光源颜色（New Light Color）值，如图 2-92 所示。

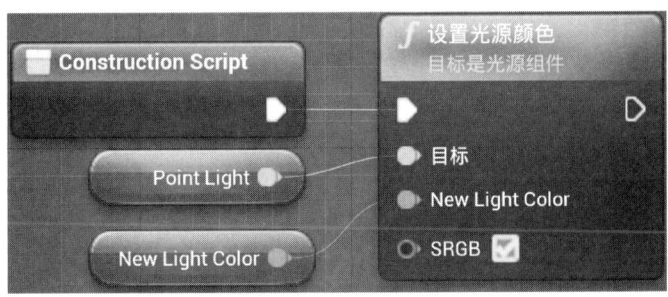

图 2-92　提升后的变量

或者，拖出一个输入或输出引脚，并选择提升为变量（Promote to Variable），如图 2-93 所示。

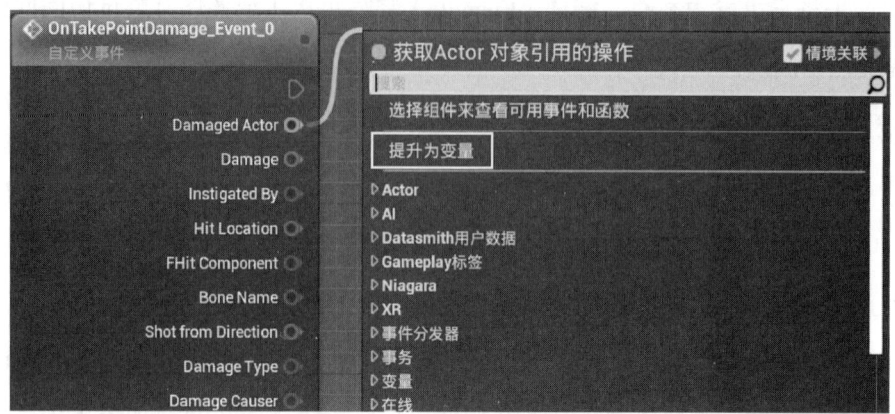

图 2-93 拖拽式提升变量

5. 访问蓝图中的变量

使用蓝图中的变量时，可以通过以下两种方式：使用获取（Get）节点（被称为Getter）来获取变量的值，或使用设置（Set）节点（被称为Setter）来设置变量的值，如图 2-94 所示。

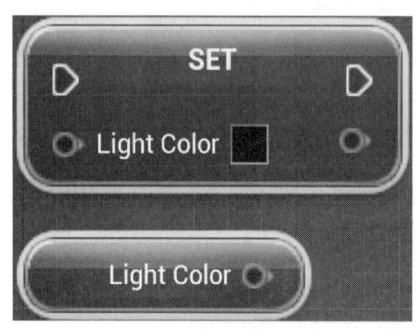

图 2-94 访问变量

一种方法是在图表中单击右键并键入 Set（变量名）或 Get（变量名），为变量创建一个设置（Set）节点或获取（Get）节点。另一种方法是按住 Ctrl 键并将变量从我的蓝图（My Blueprint）窗口中拖动变量来创建一个获取（Get）节点，或者按住 Alt 键并从我的蓝图（My Blueprint）窗口中拖动变量来创建一个设置（Set）节点。

6. 编辑变量

可以在执行前将变量值设置为蓝图节点网络的一部分或默认值。若要设置变量默认值，可单击蓝图编辑器工具栏上的类默认（Class Defaults），以在细节（Details）面板中打开默认设置（Defaults）；在细节（Details）面板中，从变量名称右侧输入所需的默认值，如图 2-95 所示。

图 2-95 突出显示了颜色（Color）变量，可以在其中设置其默认颜色。如果没有看到变量在默认中列出，要确保单击了编译（Compile）按钮。

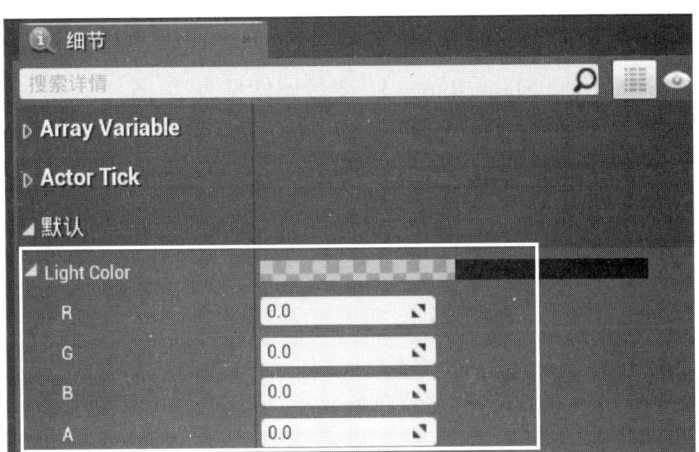

图 2-95 编辑变量

（1）重命名变量

在我的蓝图（My Blueprint）选项卡中右键单击变量名称，然后在出现的菜单中选择重命名（Rename），如图 2-96 所示。

图 2-96 重命名变量

框中键入新的变量名称，然后按 Enter 键。

（2）变量属性

可以在细节（Details）面板中为变量设置所有属性，但有些变量可能具有比此处所示更多的属性,例如,矢量有公开到过场动画(Expose to Cinematics);整数或浮点数等数字变量有滑块范围(Slider Range)。变量属性见表2-16。

表2-16　　　　　　　　　　　　　　变量属性

属性	说明
变量类型 (Variable Type)	在下拉菜单中设置变量类型,并确定变量是否为阵列
可编辑实例 (Instance Editable)	设置可在类默认(Class Defaults)和蓝图的细节(Details)选项卡中编辑变量的值
提示文本 (Tooltip)	为变量设置提示文本
私有 (Private)	设置该变量是否应为私有且是否不应由派生蓝图修改
类别 (Category)	从现有类别中选择,或键入一个新的类别(Category)名称。设置类别(Category)确定变量在类默认(Class Defaults)、我的蓝图(My Blueprint)选项卡和蓝图的细节(Details)选项卡中所处的位置
复制 (Replication)	选择变量的值是否应在客户端之间复制,以及如果复制该值,是否应通过回调函数发出通知

(3)变量高级属性

变量高级属性见表2-17。

表2-17　　　　　　　　　　　　　变量高级属性

属性	描述
配置变量 (Config Variable)	在配置文件中读取默认值(若存在),利用此选项可自定义不同项目和配置间的变量默认值和行为
临时(Transient)	加载时不进行序列化且以零填充
游戏存档 (Save Game)	针对游戏存档进行序列化
高级显示 (Advanced Display)	默认在类默认窗口中隐藏
多行(Multiline)	可显示多行。要在编辑变量时新增行,同时按下Shift +Enter。注意,此选项仅适用于字符串和文本变量

续表

属性	描述
废弃（Deprecated）	进行废弃。任何引用变量的节点将生成编译器警告，表明应删除或替换此变量
废弃消息（Deprecation Message）	（可选）可指定消息来包含此提醒。例如，不再支持X，要用Y替代

（4）获取和设置变量值

还可以通过获取（Get）和设置（Set）节点的方式将变量作为蓝图网络的一部分进行编辑，最简单的创建方法是将变量直接从变量（Variables）选项卡拖至事件图表（Event Graph）中，随即会出现一个小菜单，询问是否要创建获取（Get）或设置（Set）节点，如图 2-97 所示。

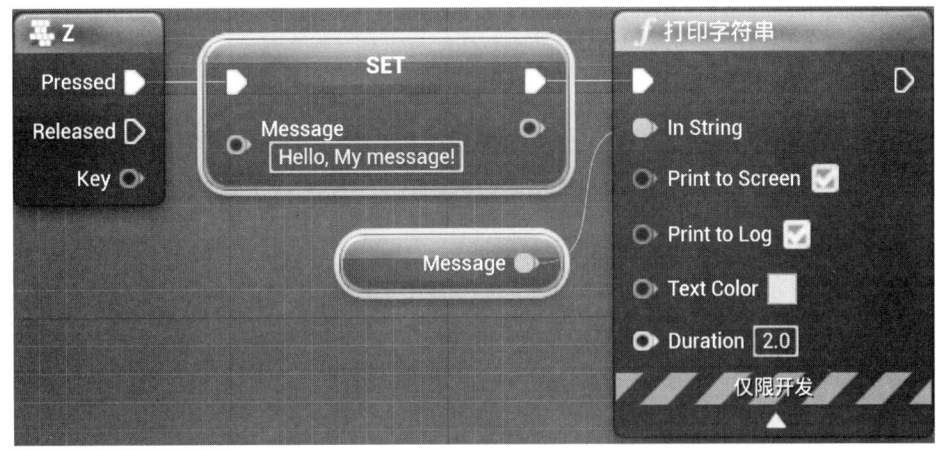

图 2-97　获取变量

获取（Get）节点：获取（Get）节点提供具有变量值的网络部分。完成创建后，可以将这些节点插入任何具有适当类型的节点。

设置（Set）节点：设置（Set）节点允许更改变量的值。注意，这些节点必须由执行线调用才能执行。设置（Set）节点的快捷方式见表 2-18。

（二）数组

和变量值一样，蓝图也可以在数组中存储数据，如图 2-98 所示。

表 2-18　　　　　　　　　设置（Set）节点的快捷方式

从我的蓝图选项卡拖动时的快捷方式 (Short cuts when dragging from the My Blue print tab)	
Ctrl- 拖动	创建获取（Get）节点
Alt- 拖动	创建设置（Set）节点

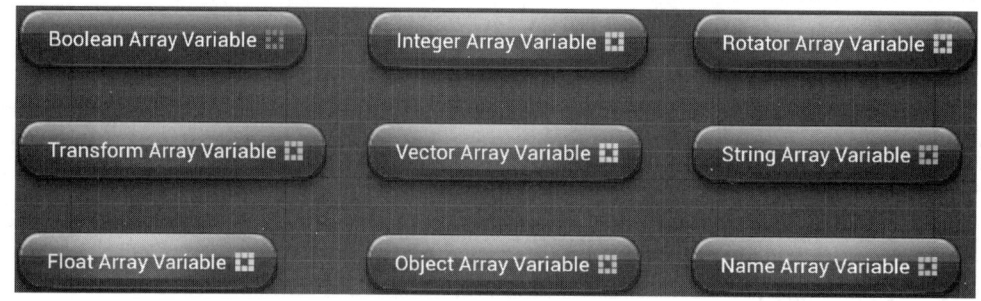

图 2-98　数组类型

可以把数组想象成存储在一个单元中的一组变量，且数组仅能存放一种类型的值，如布尔型数组仅存放布尔值。数组变量包含一个 3×3 的彩色网格图标，这表明它们是数组，而不是标准变量。而且在没有连接的数组中，其网格图标的中心是黑的。一旦连接，整个网格将会可见，如图 2-99 所示。

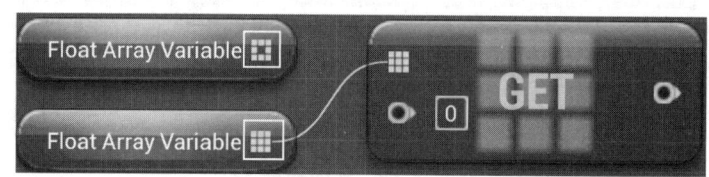

图 2-99　访问数组

1. 创建数组

在创建变量时，点击变量类型（Variable Type）旁的图标即可创建数组，如图 2-100 所示。

在出现的菜单上选择网格图标，选中后，新建的项就是一个数组，而不是标准的变量，如图 2-101 所示。

图 2-100　新建数组

图 2-101　选择数组类型

2. 编辑数组

可以通过蓝图默认设置或者沿着蓝图节点网络的任何点来编辑数组的值，且这些网络可以在构建脚本、函数、宏或事件图表中。

（1）数组默认值

可为数组设置默认值。创建必要的数组，进入类默认值（Class Defaults）选项卡或者蓝图编辑器的默认值（Defaults）模式，就可以看到已经创建的数组变量，如图 2-102 所示。

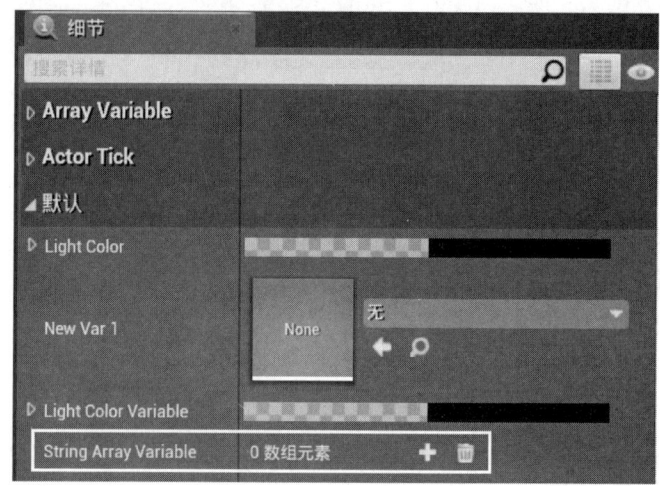

图 2-102　编辑数组（1）

如果在类默认值中没有看到数组，要确保在创建数组之后已经编译了蓝图。若想编辑数组的默认值，应在类默认值（Class Defaults）选卡中，点击 按钮，便会创建一个新的索引，且重复多次执行此操作还可以创建多个索引，如图 2-103 所示。

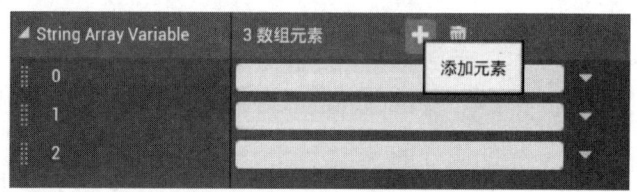

图 2-103　编辑数组（2）

在该示例中，已经添加了三个索引值，可适当设置每个值，注意设置值的方式由所使用的数组类型决定，如图 2-104 所示。

图 2-104　编辑数组（3）

要想插入、删除或复制一个数组索引，可点击元素项旁边的 按钮来调出编辑菜单，如图 2-105 所示。

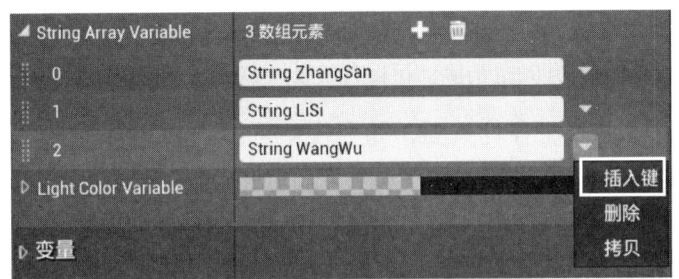

图 2-105　插入数组

如果从列表的中间添加或删除索引，那么其他的编号将会自动更新。

（2）通过节点网络设置数组值

如果数组要在运行时进行赋值，那么一般不使用默认值。此时，将在构建脚本或事件图表中使用节点来填充每个索引。例如，使用 Add 或 Insert 节点来添加一个新值到下一个可用索引处，或者插入一个值到给定索引处，如图 2-106 所示。

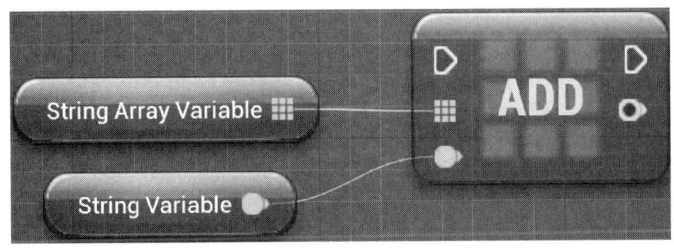

图 2-106　添加数组

3. 数组索引

需要注意的一点是数组中值的索引值是从 0 开始的，这意味着第一个索引是 0，而不是 1。例如，如果添加了 5 个元素项到数组中，在内部索引的详情见表 2-19。

表 2-19　　　　　　　　　　数组索引

索引 0	第一个元素项
索引 1	第二个元素项
索引 2	第三个元素项
索引 3	第四个元素项
索引 4	第五个元素项

（三）结构体

结构体是相关联的不同数据类型的合集，非常便于访问。而简单结构体向量、旋转体和变换均为结构体变量，且向量结构体可保存彼此关联的 X 浮点、Y 浮点和 Z 浮点变量。

另外，结构体也可保存其数据，如变换结构体可保存 Actor 的位置（向量结构体）、旋转（旋转体结构体）和大小（向量结构体）数据。

1. 创建结构体

将结构体变量添加到蓝图的方法和添加其他蓝图变量的方法相同。而简单结构体（如向量、旋转体和变换）位列于变量类型下拉菜单的顶部，如图 2-107 所示。

此下拉菜单还有一个结构（Structure）部分，在此可找到蓝图当前可用的全部结构体变量，如图 2-108 所示。

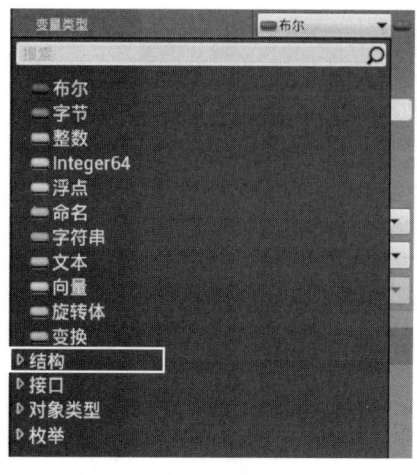
图 2-107　创建结构体

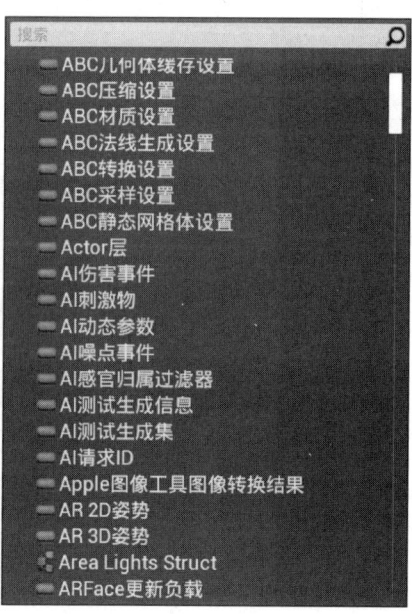
图 2-108　全部结构体

2. 访问结构体信息

结构体的工作是将数据捆绑起来，如果需要访问小块的信息，可通过如下方法执行。

（1）分割结构体引脚

如需在节点上访问结构体中的单个变量，可使用分割结构体引脚（Split Struct Pin）。如需分割结构体引脚，右键点击引脚并选择分割结构体引脚，如图 2-109 所示。

图 2-109　分割引脚

这将把结构体中包含的所有变量公开为节点上的单独引脚，便于直接输入数值或单独对其进行操作，如图 2-110 所示。

如需取消执行分割结构体引脚，右键点击任意新引脚并选择重组结构体引脚（Recombine Struct Pin），即可重组输入和输出结构体引脚，如图 2-111 所示。

图 2-110　分割引脚完成　　　　　图 2-111　重组结构体引脚

（2）中断结构体

将结构体中断为单独部分通常是在函数或宏中进行重复的游戏性逻辑。使用中断结构体（Break Struct）节点可轻松复制贯穿蓝图图表的行为。如需创建中断结构体节点，可从结构体输出引脚连出引线，并从快捷菜单选择中断［结构体名字］（Break Struct Name］），如图 2-112 所示。

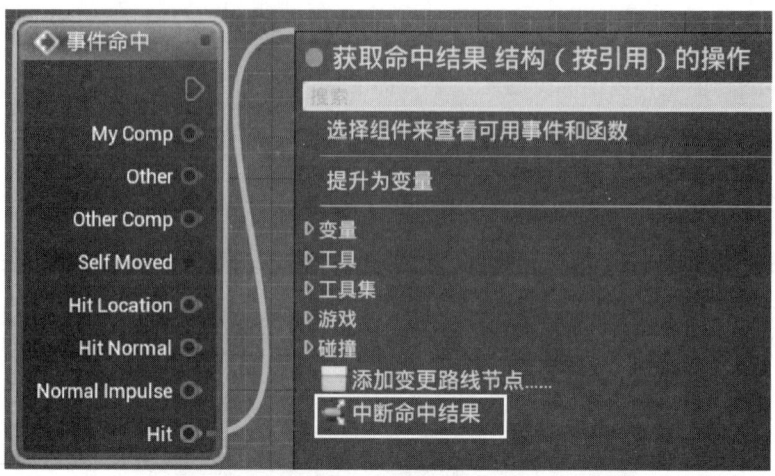

图 2-112 中断结构体

另外，使用的结构体不同，中断结构体节点的命名和输出引脚也有所不同。但总体而言，结构体将中断分为单独的部分，如图 2-113 所示。

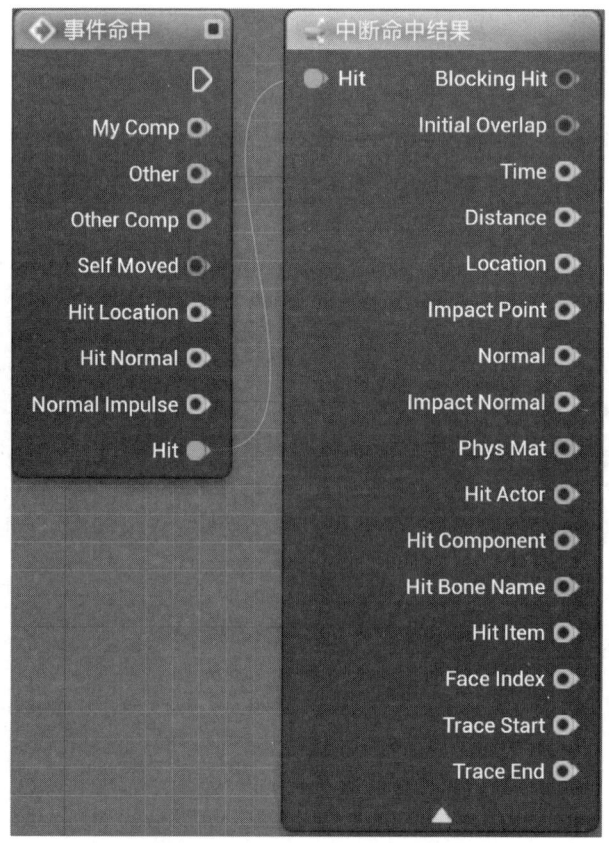

图 2-113 结构体中断之后的引脚

举例说明，如需使用 Hit Result 的 Impact Point、Hit Component 和 Hit Bone Name，可在函数中放置中断命中结果（Break Hit Result）节点，这意味着只需将 Hit Result 作为函数输入进行输入，并将该三个数据块在函数中固定保持分离，如图 2-114 所示。

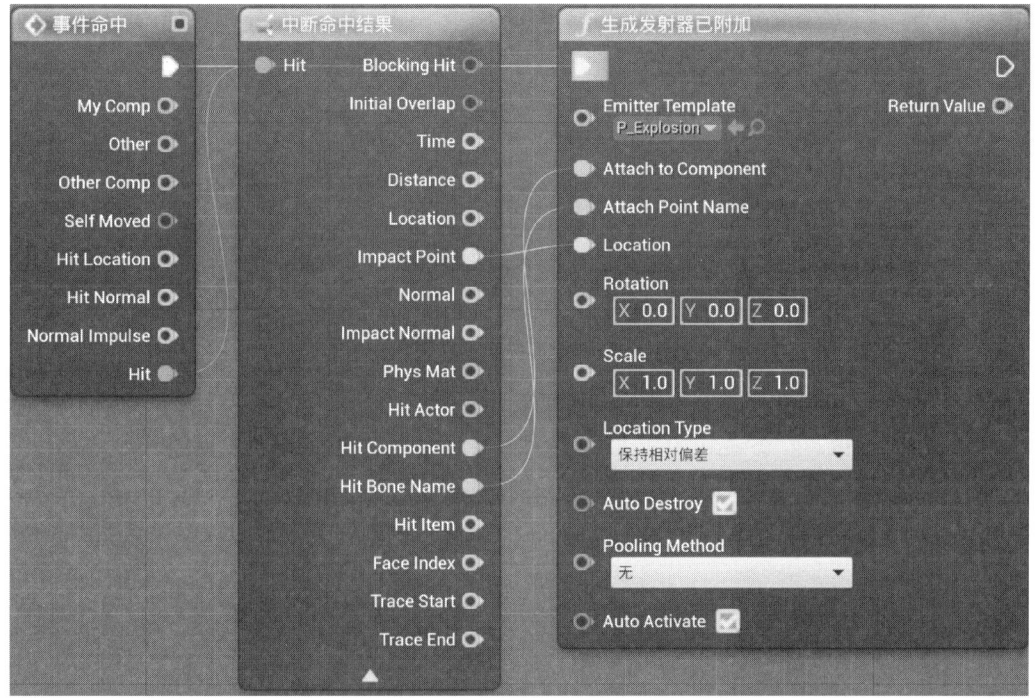

图 2-114　结构体的引脚连接

（3）组成结构体

与将结构体中断为单独数据块相似，也可使用正确的数据组成结构体。如需创建组成结构体（Make Struct）节点，可从结构体输入引脚连出引线，并从快捷菜单选择组成［结构体名字］（Make［Struct Name］），如图 2-115 所示。

使用的结构体不同，组成结构体节点的命名和输入引脚也有所不同。但总体而言，可通过其包含的所有数据组成结构体，如图 2-116 所示。

（4）设置结构体中的成员

结构体有时会包含大量数据，而需要修改的只是其中的数个元素。对结构体中的成员进行设置即可精确地对数据进行修改，无须将固定常量的所有数据引脚连接起来，如图 2-117 所示。

图 2-115　组成结构体（一）

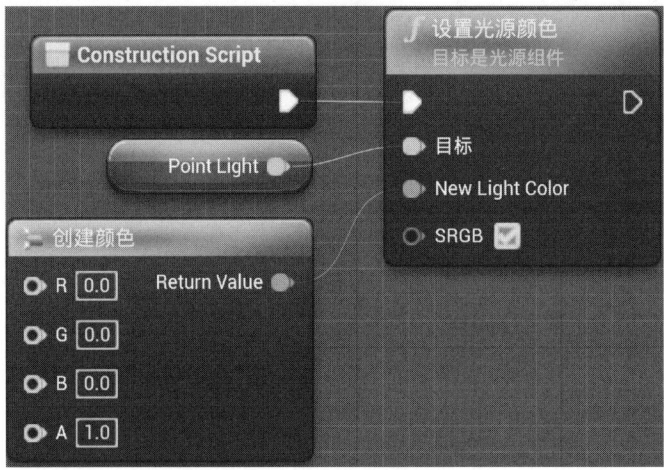

图 2-116　组成结构体（二）

图 2-117　设置结构体中的成员

如需通过设置结构体中的成员（Set Members in Struct）节点修改可用成员，要先选择节点。其中细节（Details）中的复选框可将成员作为节点上的引脚公开。未公开的成员变量不会被设置结构体中的成员节点修改，如图 2-118 所示。

图 2-118　设置结构体中的成员对照

（5）使用自定义结构体

除使用引擎提供的结构体外，还可设置自己的变量和数值创建自定义结构体。例如，可在内容浏览器（Content Browser）中点击右键，然后选择创建高级资源和蓝图下的结构体，如图 2-119 所示。

定义结构体命名并打开后，即可在结构窗口中添加变量及其默认值，如图 2-120 所示。

创建变量并将变量类型指定为结构体命名，并将此结构体作为变量添加到其他蓝图中，如图 2-121 所示。

编译后可查看添加到结构体中的所有可定义变量，如图 2-122 所示。

（6）中断自定义结构体

将自定义结构体添加到图表时，可将其拖动并中断，以访问其中变量，如图 2-123 所示。

可将结构体中的单个变量连接到其他蓝图节点。另外，也可在细节面板中点击隐藏未连接引脚按钮，以隐藏未连接到其他蓝图节点的引脚，如图 2-124 所示。

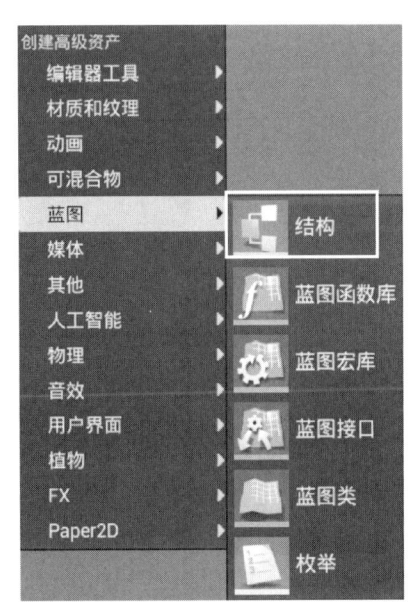

图 2-119　创建自定义结构体

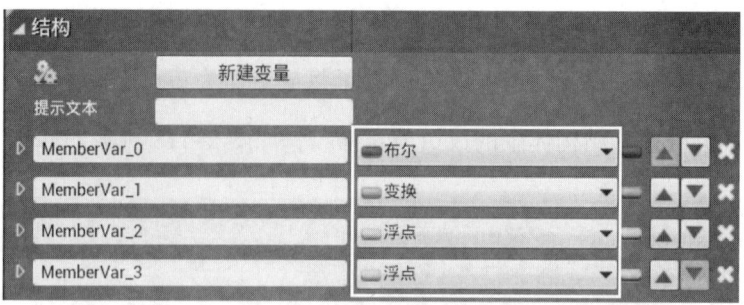

图 2-120　创建自定义结构体

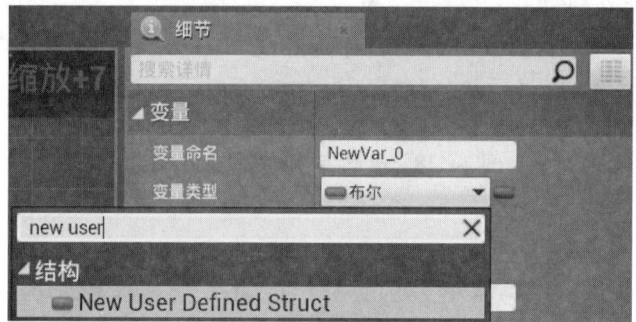

图 2-121　添加自定义结构体类型变量

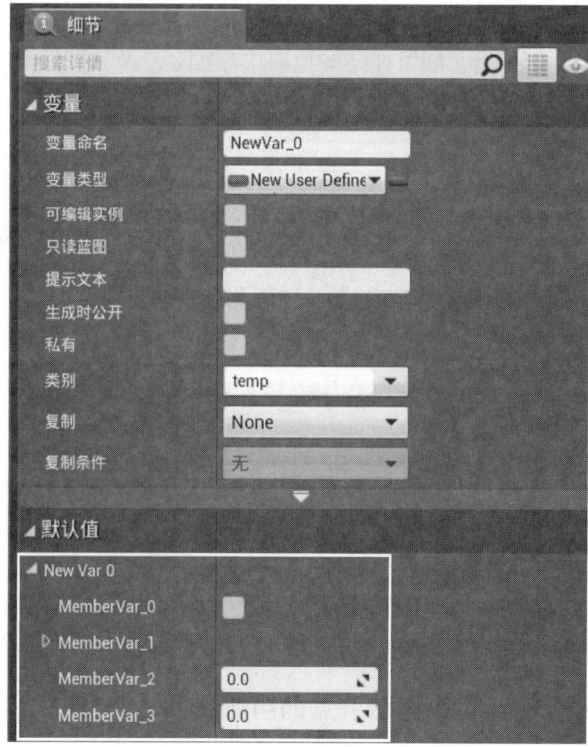

图 2-122　查看自定义结构体

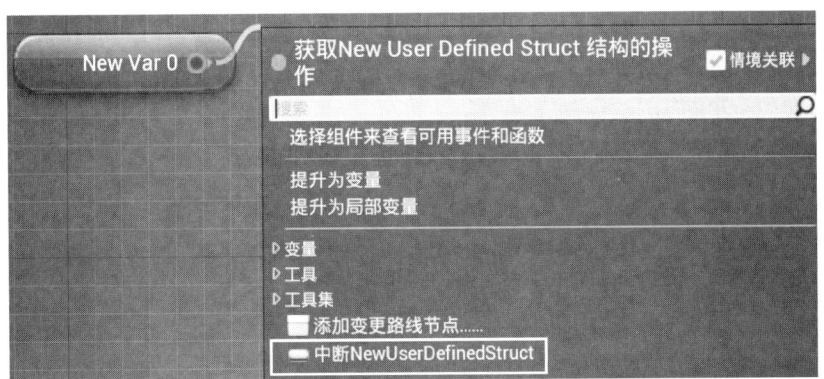

图 2-123　拆分自定义结构体

图 2-124　隐藏未连接引脚

隐藏中断结构体节点上所有未连接的引脚，如图 2-125 所示。

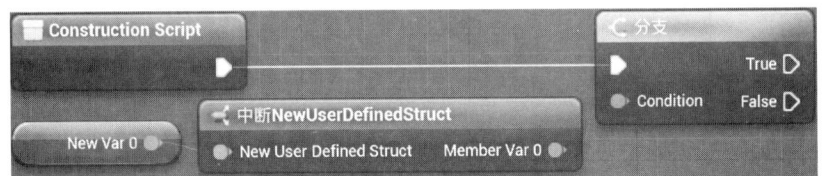

图 2-125　隐藏未连接引脚之后的节点

启用所需变量旁的（作为引脚）属性，可在细节（Detail）面板中重新启用显示引脚。

三、流程控制

（一）开关节点

开关节点如图 2-126 所示。其可读取数据输入，并会基于该输入值从匹配的执行

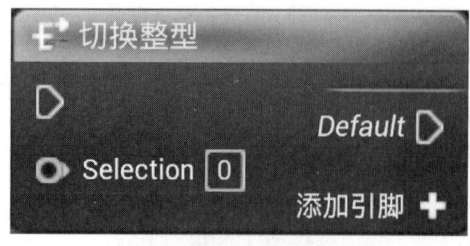

图 2-126 开关节点

输出中发送执行流程。可用的开关有以下 4 种类型：整型（Int）、字符串型（String）、名称型（Name），以及枚举型（Enum）。

一般而言，开关节点会根据其估算的数据类型拥有执行输入以及数据输入。输出则均为执行输出。其中枚举型开关会自动从枚举属性中生成输出执行引脚，而整型、字符串型及名称型开关拥有可自定义的输出执行引脚。

当整型、字符串型及名称型开关节点被添加到蓝图时，唯一可用的输出执行引脚为默认（Default）引脚。如输入未能匹配定义的任意其他指定的输出引脚，则默认（Default）输出执行引脚将会被触发。此时，可通过在引脚上点击右键并选择移除执行引脚（Remove Execution Pin），或通过对开关节点的细节（Details）选项卡取消勾选拥有默认引脚（Has Default Pin）选项来实现对它的移除。

编辑整型（Int）类型的开关：选择图表（Graph）选项卡的开关节点，从而在细节（Details）选项卡中打开其属性；变更开始索引（Start Index）为想要比对的最低整数值，如图 2-127 所示。

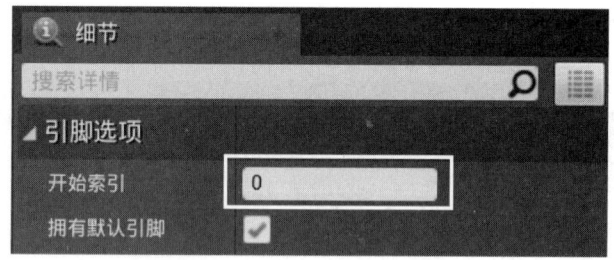

图 2-127 编辑 Int 类型的开关

点击开关节点的添加引脚（Add Pin）来对开始索引（Start Index）值添加引脚，如图 2-128 所示。

进一步点击添加节点（Add Pin）将会添加更多引脚，且每次对引脚数量值加 1。如需删除执行引脚，右键点击引脚并选择移除执行引脚（Remove Execution Pin），如图 2-129 所示。注意如移除切换整型（Switch on Int）节点的输出引脚，将会导致任意拥有更高值的引脚的值降低 1，以填充间隔。

图 2-128　添加引脚

图 2-129　移除引脚

编辑名称或者字符串类型的开关：搜索"切换名称"（Switch on Name）或者"开启字符串"（Switch on String）并且创建该节点；选择图表（Graph）选项卡的开关节点并在细节（Details）选项卡中打开其属性；点击引脚名称（Pin Names）右侧的 ➕ 按钮；在出现的文本框中输入字符串或名称类型的值，如图 2-130 所示。

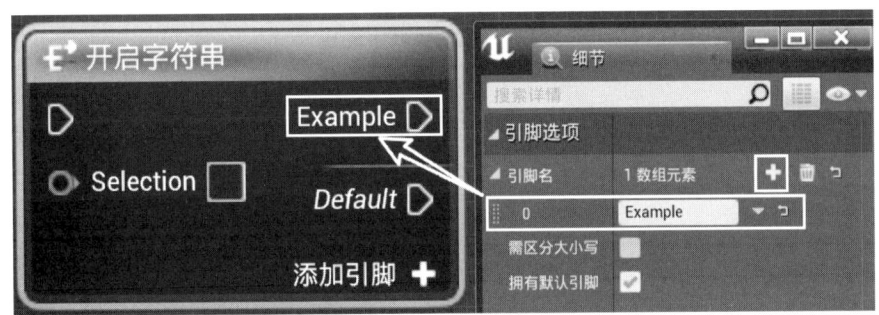

图 2-130　开关节点

对其他想要添加的引脚可重复该过程。另外，引脚也可通过在细节（Details）选项卡中点击 ▼ 按钮来复制、插入或删除。如需删除执行引脚，可右键点击引脚并选择移除执行引脚（Remove Execution Pin）。

（二）标准流程控制节点

这些节点提供了一系列方法来控制执行的流程，如图 2-131 所示。

1. 分支

在面对单个 True/False 判定的情况下，分支（Branch）节点是一种创建基于判断流程的简单方式，分支节点的属性见表 2-20。另外，在执行后，分支节点会查找附加的布尔变量的输入值，并在合适的输出节点下方输出执行脉冲值。

图 2-131　流程节点列表

表 2-20　　　　　　　　　　　　　分支节点的属性

项目	描述
输入引脚	
（Unlabeled）	该执行输入会触发分支检查
Condition	输入用来显示哪个输出引脚将被触发的布尔值
输出引脚	
True	如输入的状态为 true，则输出执行脉冲
False	如输入的状态为 false，则输出执行脉冲

分支节点会查找布尔变量的当前状态，如图 2-132 所示。如该值为 true，则其会将光照的颜色设置为白色；如其为 false，则设置为黑色。

2. Do N（N 次触发）

Do N（N 次触发）节点将会 N 次触发执行脉冲，在达到限制后，其将会停止所有的输出执行，直到脉冲被传入其重置（Reset）输入。Do N 节点属性见表 2-21。

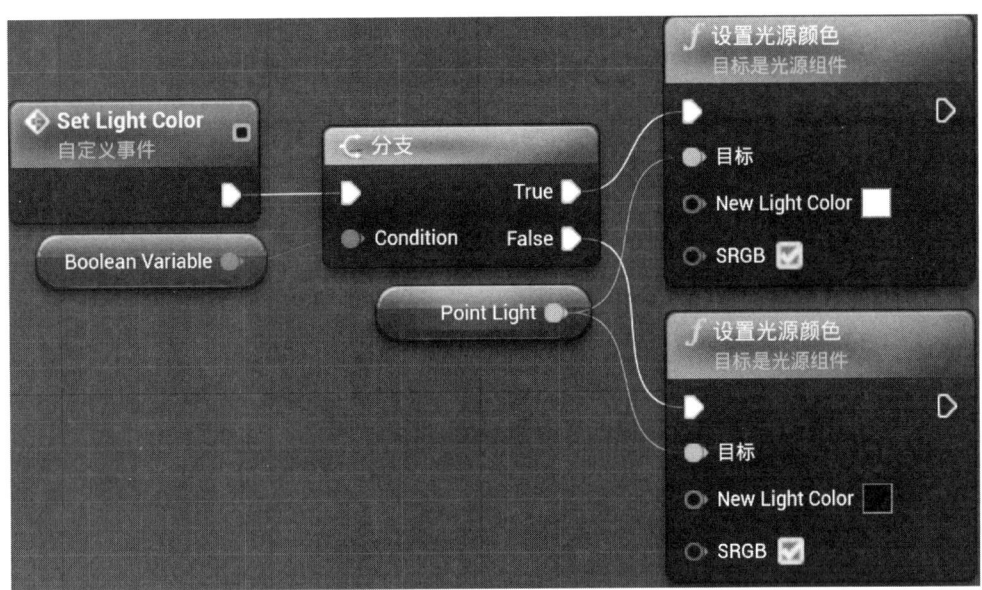

图 2-132 分支节点使用

表 2-21　　　　　　　　　　　　　　Do N 节点属性

项目	描述
输入引脚	
Enter	该执行输入会触发 Do N 检查
N	该输入设置了 Do N 节点将会触发的次数
Reset	该执行输入将会重置 Do N 节点，这样其可以被再次触发
输出引脚	
Exit	该执行引脚仅在 Do N 的触发次数尚未达到 N 次时才会被触发，或者在其 Reset（重置）输入被调用时进行触发

可设置打印输出 20 次，然后在绑定到重置（Reset）输入的打印事件被激活前，无法再次打印输出，如图 2-133 所示。

3. 单次触发

顾名思义，单次触发（Do Once）节点将会仅仅触发执行脉冲一次。然后，其将会停止所有的输出执行，直到脉冲被传入其重置（Reset）输入。该节点等同于 Do N 节点中 N=1 的情况。Do Once 节点属性见表 2-22。

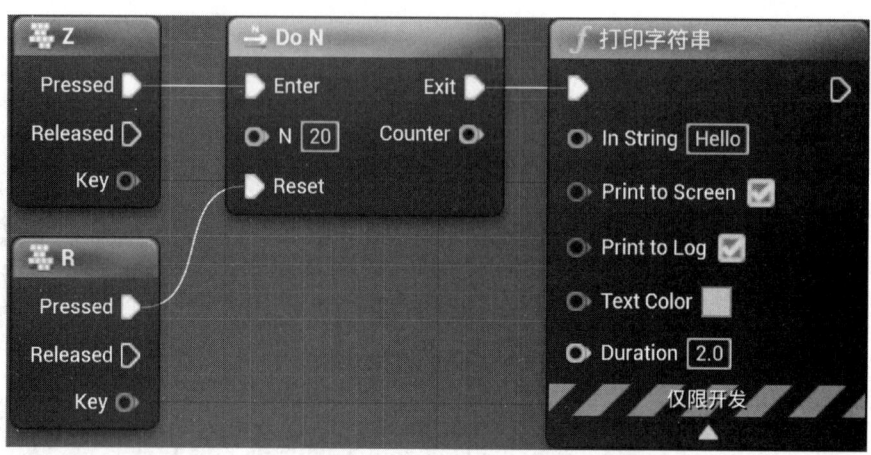

图 2-133 Do N 节点使用

表 2-22 Do Once 节点属性

项目	描述
输入引脚	
（Unlabeled）	该执行输入会触发 Do Once 检查
Reset	该执行输入将会重置 Do Once 节点，这样它可以被再次触发
输出引脚	
Completed	该执行引脚仅在 Do Once 尚未被触发时才会被触发，或者在其 Reset（重置）输入被调用时进行触发

可以对一扇开启的门的节点网络设置 Do Once，这样该扇门将仅仅开启一次。不过可以绑定一个触发事件到重置（Reset）输入，这样会导致在触发器被激活时门会再次打开，如图 2-134 所示。

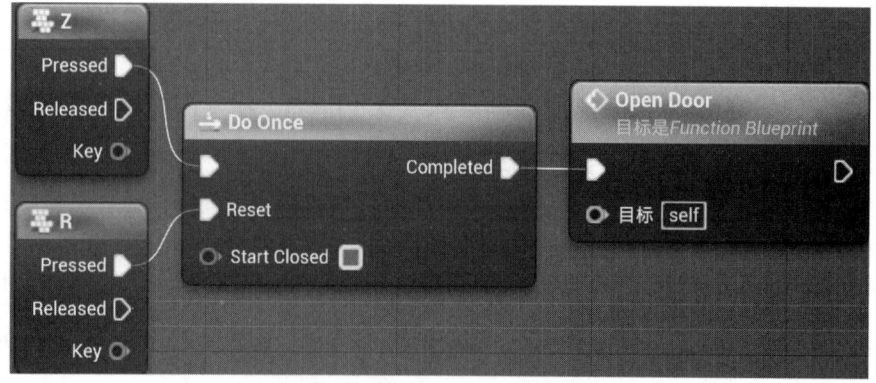

图 2-134 Do Once 节点使用

4. 循环切换

Flip Flop 节点对应两个执行输出，每次调用在两个执行输出间切换。其第一次被调用时，将会输出 A；第二次被调用时，将会输出 B；然后再是 A，然后又是 B，如此循环往复。Flip Flop 节点属性见表 2-23。该节点同时有布尔变量输出，用于追溯输出 A 何时被调用，如图 2-135 所示。

表 2-23　　　　　　　　　　　　Flip Flop 节点属性

项目	描述
输入引脚	
（Unlabeled）	该执行输入会触发 Flip Flop
输出引脚	
A	该输出引脚在首次及之后 Flip Flop 被触发的每个奇数次被调用
B	该输出引脚在第二次及之后 Flip Flop 被触发的每个偶数次被调用
Is A	输出布尔变量值，以表明输出 A 是否被触发。该函数生效后，将会在每次 Flip Flop 节点被触发后，在 true 和 false 间切换

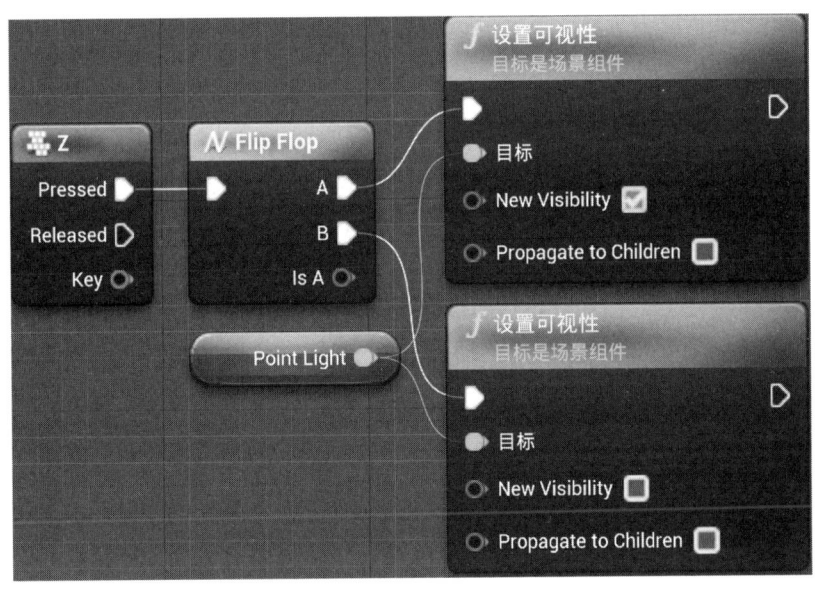

图 2-135　Flip Flop 节点使用

5. 循环

循环（For Loop）节点的工作原理等同于标准的代码循环，将会对在开始和结束之间的每个索引触发执行脉冲。For Loop 节点属性见表 2-24。

表 2-24　　　　　　　　　　　For Loop 节点属性

项目	描述
输入引脚	
（Unlabeled）	该执行输入会启动循环
First Index	表示循环首个索引的整数值
Last Index	表示循环最后索引的整数值
输出引脚	
Loop Body	当其在不同的索引间移动时，对循环的每次迭代输出执行脉冲
Index	输出循环的当前索引
Completed	当循环完成时，触发标准的执行输出引脚

当用户按下字母键"Z"时，将会触发循环，该循环会迭代10次，且每次都会调用打印字符串（Print String），并会记录前缀信息以及当前迭代信息。另外，因为循环迭代在不同的帧之间发生，所以大量循环可能会影响其性能表现，如图 2-136 所示。

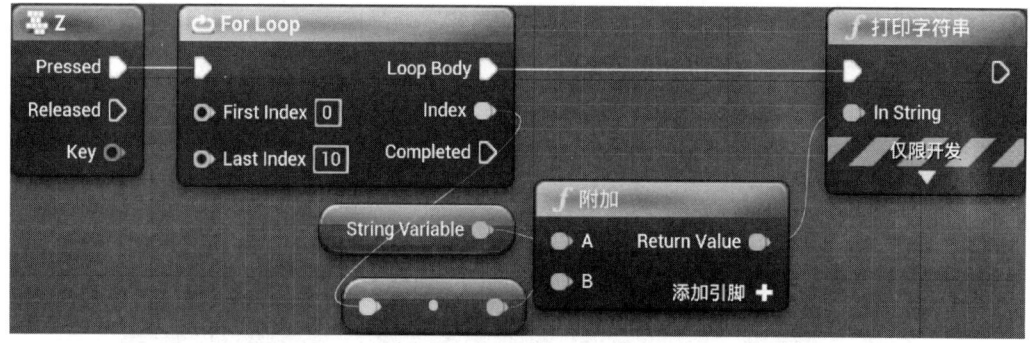

图 2-136　For Loop 节点使用

6. 循环中包含中断

循环中包含中断（For Loop With Break）节点包含了能中断循环的输入引脚，除此之外，其运行方式与 For Loop 节点的非常相似。For Loop With Break 节点属性见表 2-25。

表 2–25　　　　　　　　　　　For Loop With Break 节点属性

项目	描述
输入引脚	
（Unlabeled）	该执行输入会启动循环
First Index	表示循环首个索引的整数值
Last Index	表示循环最后索引的整数值
Break	该执行输入会中断循环
输出引脚	
Loop Body	当其在不同的索引间移动时，对循环的每次迭代输出执行脉冲
Index	输出循环的当前索引
Completed	当循环完成时，触发标准的执行输出引脚

当用户按下字母键"Z"时，将会触发循环，该循环会迭代 1 000 次，且每次都会触发分支，该分支会检查循环是否达到了 500 次迭代。如果没有达到，屏幕上会出现当前迭代次数的信息。在其超过 500 次后，分支会调用自定义事件（Custom Event），该值将会中断循环。自定义事件能让整体更容易看懂，因而不需要把线重新拉回中断（Break）输入引脚附近。

另外，因为循环迭代在不同的帧之间发生，所以大量循环可能会影响性能表现，如图 2-137 所示。

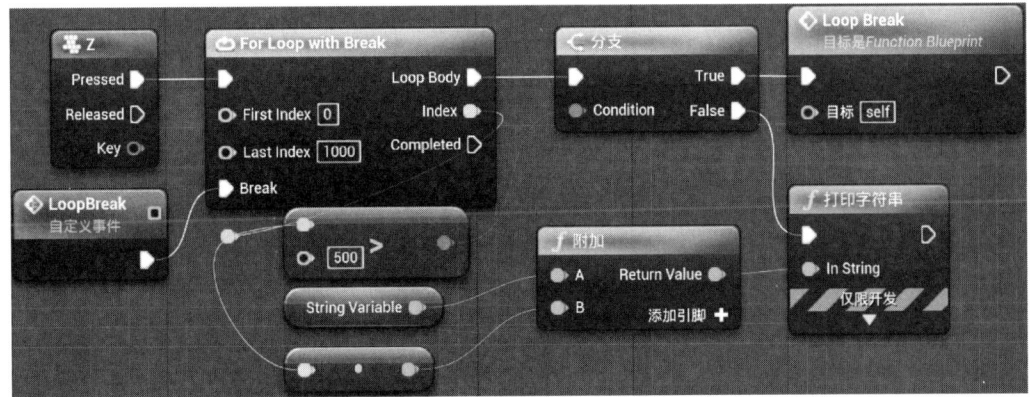

图 2–137　For Loop With Break 节点使用

7. 门

门（Gate）节点用来开启和关闭执行流。简单来说，Enter 输入执行脉冲，同时门的当前状态（开启或关闭）将会决定这些脉冲是否从 Exit 输出中传出。Gate 节点属性见表 2-26。

表 2-26　　　　　　　　　　　　Gate 节点属性

项目	描述
输入引脚	
Enter	此执行输入表示任何由门控制的执行
Open	此执行引脚设置门的状态为 Open（开启），以使执行脉冲传送到 Exit 输出引脚
Close	此执行引脚设置门的状态为 Closed（关闭），以使执行脉冲停止传送到 Exit 输出引脚
Toggle	此执行引脚反向转换门的当前状态。Open（开启）变成 Closed（关闭），反之亦然
Start Closed	此布尔变量的输入决定了门的起始状态。如设置为 true，则门的初始状态为关闭
输出引脚	
Exit	如果门的当前状态为 Open（开启），则任何流入 Enter 输入引脚的执行脉冲将会离开 Exit 输出引脚。如门为 Closed（关闭）状态，则 Exit 引脚将无法产生作用

当用户按下字母键"Z"时，将对门节点的 Enter 输入引脚进行更新。此时有两个按键输入，一个控制开门，另一个控制关门。如门为开启状态，执行脉冲会离开 Exit 引脚，此时打印字符串（Print String）被调用，其会登记一条信息到屏幕上。当用户按下字母键"C"时，门会关闭，此时用户若再次按下字母键"Z"，打印字符串则不会被调用。如果用户随后按下字母键"O"，门会开启，此时用户若再次按下字母键"Z"，打印字符串会再被调用，如图 2-138 所示。

8. 多项门

多项门（Multi Gate）节点取入单个数据脉冲并将其传送到任意数量的潜在输出。另外，该过程是随机按顺序发生的，可能会循环。Multi Gate 节点属性见表 2-27。

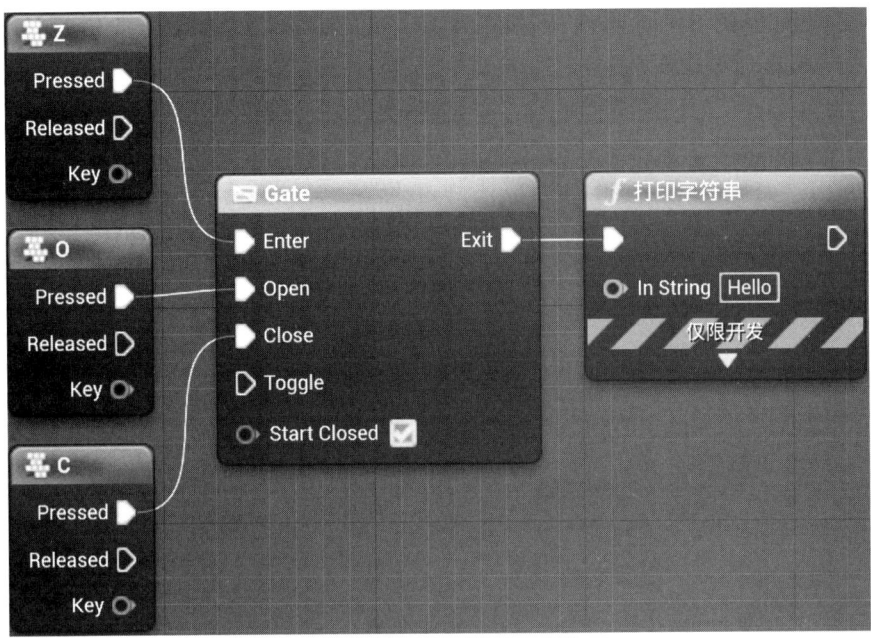

图 2-138 Gate 节点使用

表 2-27　　　　　　　　　　　Multi Gate 节点属性

项目	描述
输入引脚	
（Unlabeled）	取入任意需经过此 Multi Gate 的脉冲的主输入
Reset	默认把当前输出索引设置为 0，或如果该值 –1，则将其设置为当前设置的 Start Index（开始索引）值
Is Random	如设置为 true，则以随机顺序选择输出
Loop	如设置为 true，则输出将持续以循环方式重复。如设置为 false，则 Multi Gate 值会在使用了所有输出后停止运行
Start Index	取入一个整数值来表示 Multi Gate 应首先使用的输出索引值。–1 在这里表示未指定起始点
输出引脚	
Out#	每个输出引脚代表了 Multi Gate 节点可用来发送脉冲的可能输出引脚
Add pin	尽管算不上真正的输出引脚，此按钮使您能够添加您想要的任意数量的输出。如需移除输出引脚，可通过右键点击并选择 Remove Output Pin（移除输出引脚）来执行

将一个简单的 For 循环连接到 Multi Gate 的输入,会触发一系列打印字符串(Print String)节点中的一个,而此系列节点如按顺序播放,会展示一条特殊信息,如图 2–139 所示。

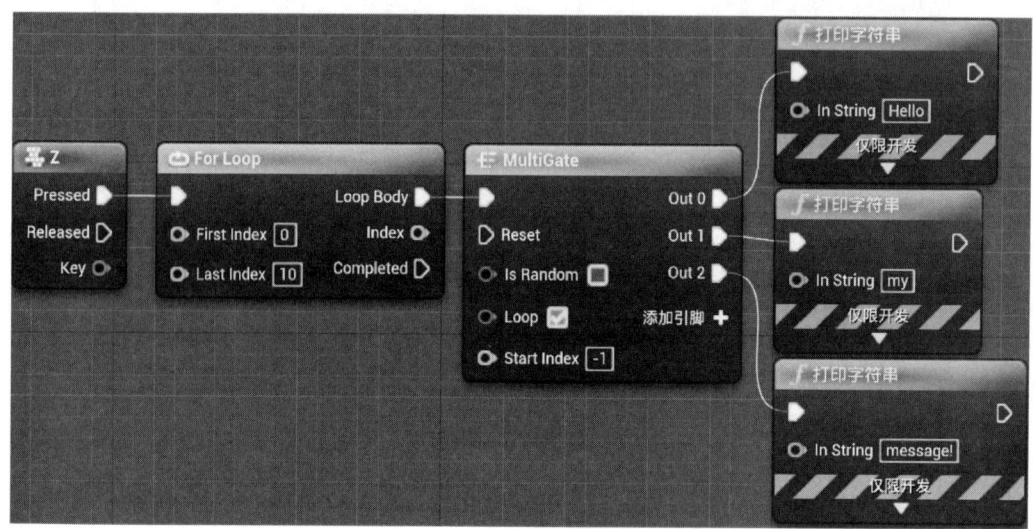

图 2–139　Multi Gate 节点使用

9. 序列

序列节点使得单个执行脉冲能按顺序触发一系列事件。不过,节点可能有任意数量的输出,但所有的输出引脚都会在序列节点获得输入时被调用。另外,它们将总是按顺序被调用,且不会有任何延迟。因此对一般用户来说,输出引脚看起来就好像被同时触发了一样。序列节点属性见表 2–28。

表 2–28　　　　　　　　　　　序列节点属性

项目	描述
输入引脚	
(Unlabeled)	任意需经过此序列的脉冲的主输入
输出引脚	
Out#	每个输出引脚代表了序列节点可用来发送脉冲的可能输出引脚
Add pin	尽管算不上真正的输出引脚,但此按钮能够添加用户想要的任意数量的输出。如需移除输出引脚,可通过右键点击并选择移除输出引脚(Remove Output Pin)来执行

序列节点最先在关卡的起始处被调用,然后其会按顺序触发3个打印字符串（Print String）节点。但是,由于没有延迟,这些信息看起来就像是同时出现的,如图2-140所示。

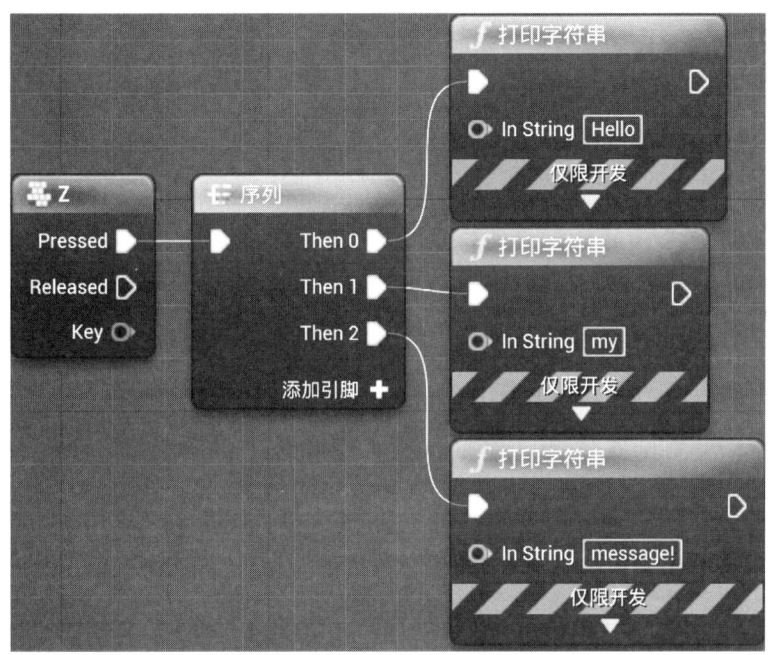

图2-140　序列节点使用

10. 条件循环

测试条件和主体是构成条件（While Loop）节点的全部。在主体中执行语句之前,蓝图会计算 While Loop 的测试条件,以确定其是否为 true。在主体中执行语句之后,蓝图将重新计算测试条件,如果条件仍为 true,其将继续在循环主体中执行语句。但如果测试条件返回 false,则蓝图将终止循环并退出循环主体。

While Loop 节点引脚属性见表 2-29。

最佳实践：使用 While Loop 时,应考虑以下问题：

（1）循环的终止条件是什么？

（2）条件是否在循环的第一次测试之前初始化？

（3）再次测试条件之前,是否在每个循环周期中更新了条件？

回答上述三个问题有助于避免无限循环,无限循环会导致游戏无响应（或崩溃）。

表 2-29　While Loop 节点引脚属性

项目	说明
输入引脚	
（未标注）（Unlabeled）	其是主要执行输入，其接收将驱动此 While Loop 的所有脉冲
条件（Condition）	其是循环的测试条件
输出引脚	
循环主体（Loop Body）	当在索引之间移动时，其在循环的每次迭代时输出一个执行脉冲
完成（Completed）	其是一个标准的执行输出引脚，在循环结束时会立即触发

进入 While Loop 主体之前，先将判断条件进行初始化，然后根据条件判断是否为 true，当测试条件计算出 true 时，则执行 While Loop 循环，即打印当前变量值，同时更新变量。当测试条件计算出 false 时，则退出 While Loop 循环，如图 2-141 所示。

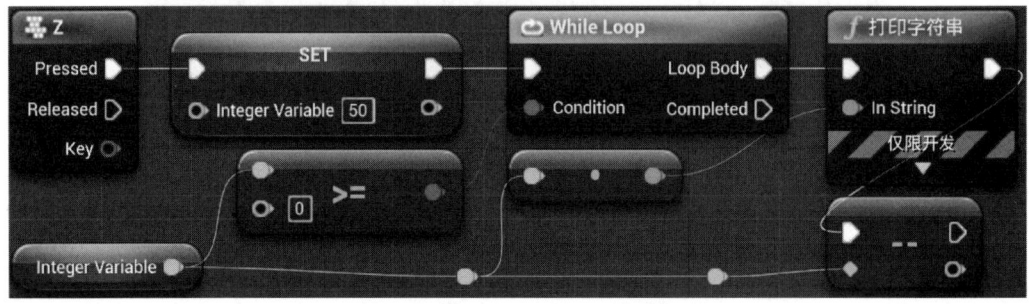

图 2-141　While Loop 节点使用

（三）函数

函数（Functions）是属于特定蓝图（Blueprint）的节点图表，其可以从蓝图中调用。函数具有一个由节点指定的单一进入点，其名称包含一个执行输出引脚。当从另一个图表调用函数时，输出执行引脚将被激活，从而使连接的网络执行。

以下步骤将说明如何创建按键触发时，在屏幕上显示文本的函数。

在内容浏览器（Content Browser）中，点击添加/导入（Add/Import）按钮，然后选择蓝图类（Blueprint Class），如图 2-142 所示。

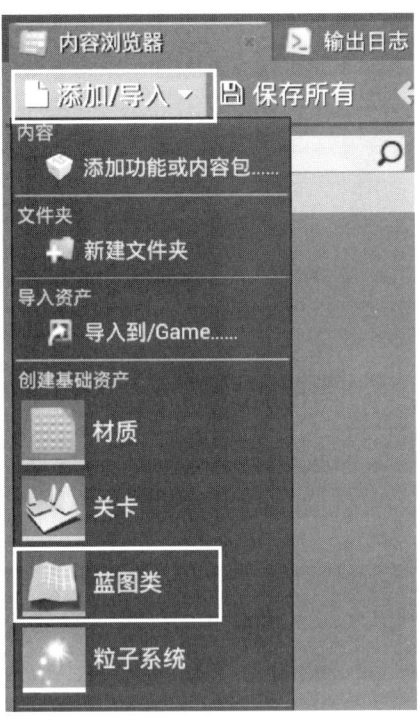

图 2-142　添加蓝图类

在选取父类（Pick Parent Class）窗口中选择 Actor，如图 2-143 所示。

图 2-143　添加 Actor 蓝图类

为蓝图命名,然后双击将其在蓝图编辑器中打开,如图 2-144 所示。

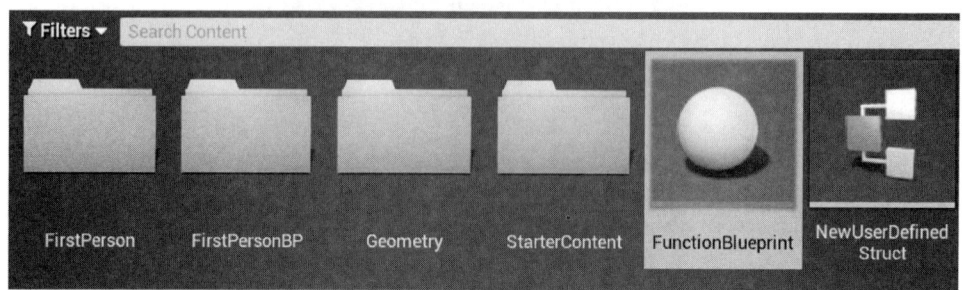

图 2-144　重命名蓝图类

在图表中单击右键,搜索并添加事件开始运行(Event Begin Play)事件,如图 2-145 所示。

图 2-145　添加开始事件

游戏启动后该节点便伴随其后的脚本开始执行。在图表中单击右键,搜索并添加获取玩家(用户)控制器(Get Player Controller)节点,如图 2-146 所示。

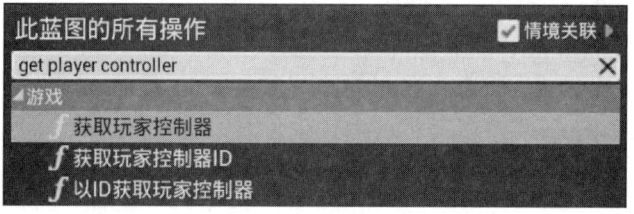

图 2-146　获取玩家(用户)控制器

此操作将获取当前指派的用户控制器,并为该蓝图启用输入。在图表中单击右键,搜索并添加启用输入(Enable Input)节点,如图 2-147 所示。

图 2-147　获取 Enable Input 节点

此节点使输入被该蓝图接收，如图 2-148 所示。

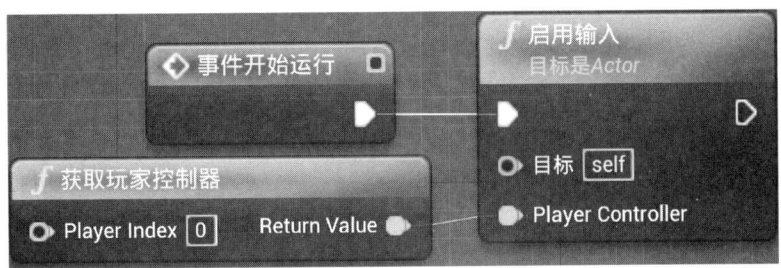

图 2-148　开启玩家（用户）控制器

游戏启动后，选取用户控制器并在该蓝图中启用控制器的输入。在我的蓝图（My Blueprint）窗口中点击添加函数（Add New Function）按钮。

在我的蓝图窗口中选择新函数并按 F 键对其重命名为"Print Text"，如图 2-149 所示。

图 2-149　重命名函数

在函数图表中，拖动 Print Text 引脚，搜索并添加一个打印字符串（Print String）节点，如图 2-150 所示。

在 In String 框中，可对游戏中显示的文本进行修改，如图 2-151 所示。

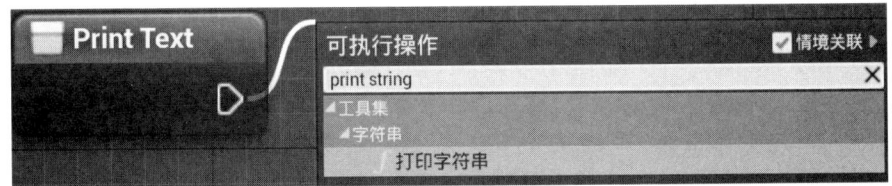

图 2-150　添加打印节点

图 2-151 修改打印内容

点击事件图表（Event Graph）标签并返回事件图表，如图 2-152 所示。

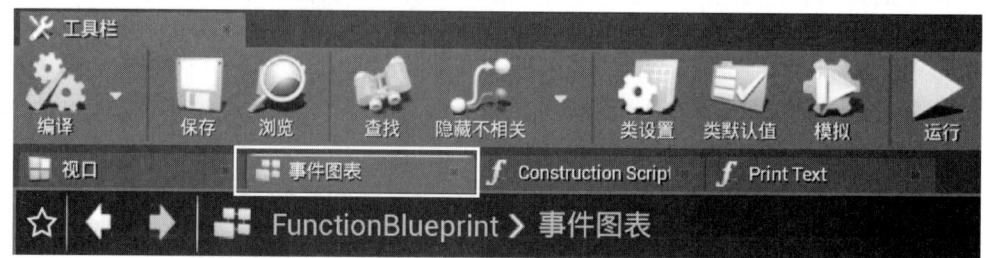

图 2-152 返回事件图表

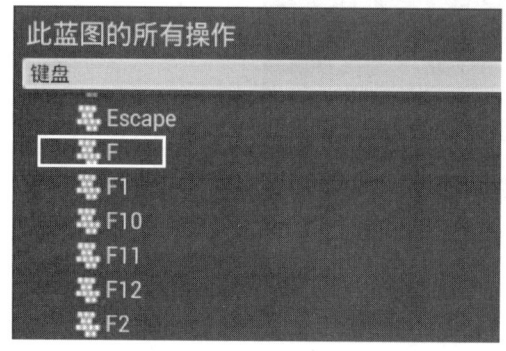

图 2-153 添加按键 F 函数

在图表中单击右键，搜索并添加一个 F 按键事件，如图 2-153 所示。

拖动 Pressed 引脚，搜索并添加 Print Text 函数，如图 2-154 所示。

按下 F 键时将调用 Print Text 函数，其使用打印字符串（Print String）将文本显示到屏幕上。如找不到函数，可点击工具栏中的编译（Compile）按钮，然后尝试重新搜索，如图 2-155 所示。

点击编译（Compile）按钮，然后关闭蓝图，如图 2-156 所示。

将蓝图拖入关卡，然后点击运行（Play）按钮在编辑器中开始游戏，如图 2-157 所示。

按下 F 键，函数将被调用，且屏幕上显示出文本。

虽然该范例函数只能在按下 F 键时在屏幕上显示文本，但也可以为其添加更多指定键按下时执行的脚本。

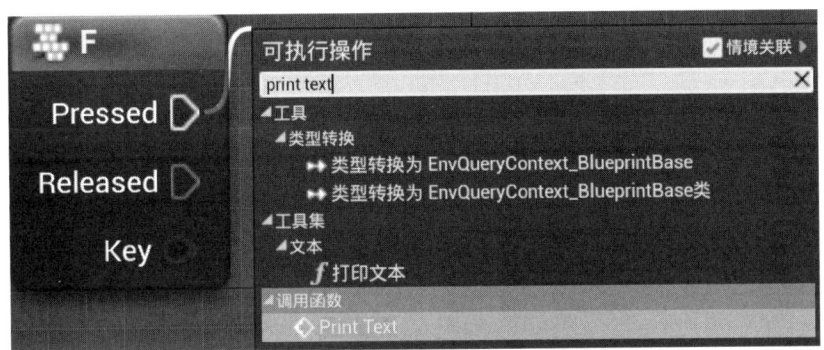

图 2-154　添加打印函数

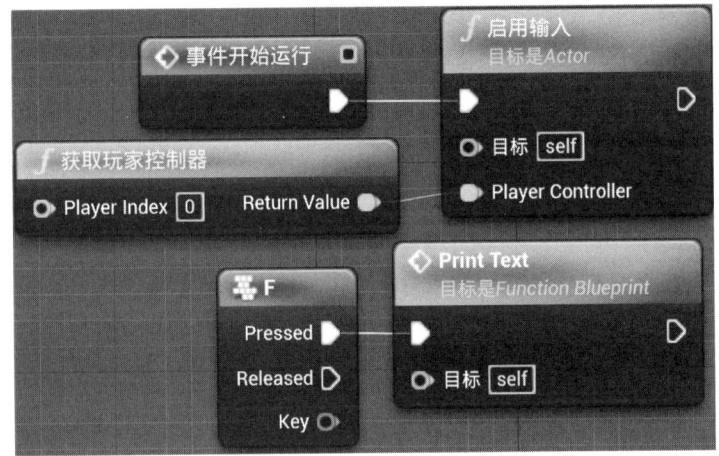

图 2-155　连接节点

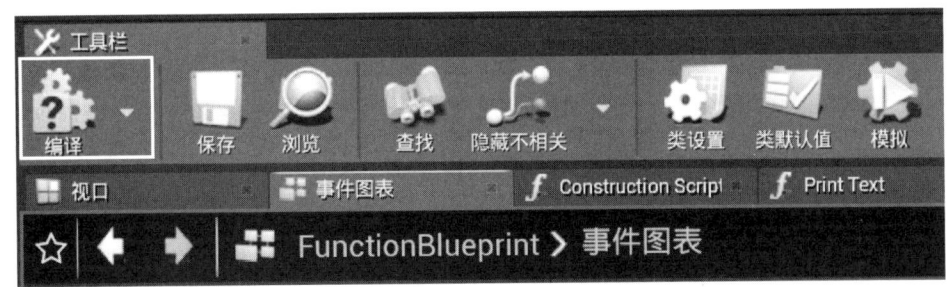

图 2-156　编译

举例说明，函数可在按键发生时施出魔法，而脚本则包含魔法的生成、位置、魔法的相关效果、对游戏世界场景的影响、是否对其他 Actors 造成伤害等内容。而且，它们可全部包含在函数中，从而使事件图表中不仅只包含函数中已有的脚本。

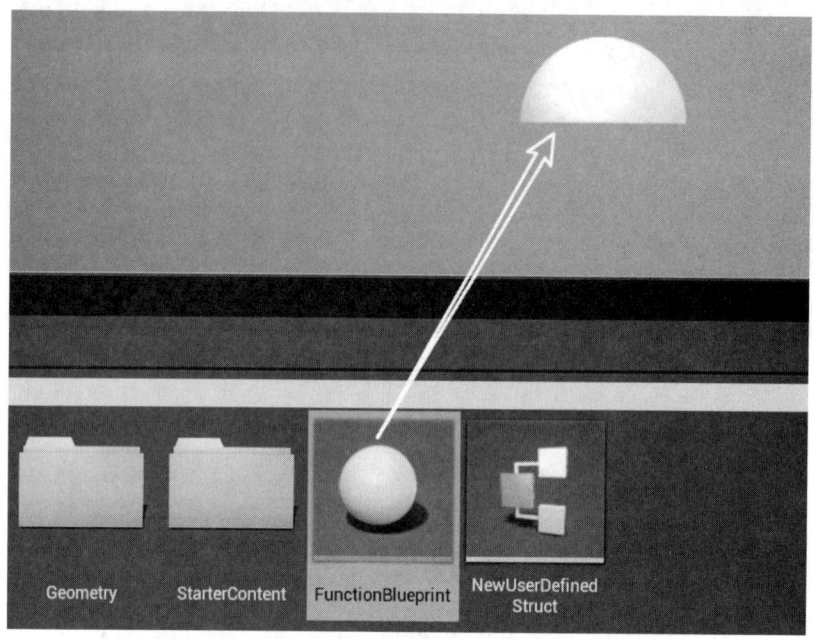

图 2-157　将蓝图类拖拽放入场景中

（四）事件

事件（Events）是从游戏性代码中调用的节点，并在事件图表（Event Graph）中执行个体网络。它们使蓝图执行一系列操作，并对游戏中发生的特定事件（如游戏开始、关卡重置、受到伤害等）进行回应。

这些事件可在蓝图中访问，以便实现新功能，或覆盖/扩充默认功能。另外，任意数量的事件均可在单一事件图表中使用，但每种类型只能使用一个。

一个事件只能执行一个目标。但如果想要从一个事件触发多个操作，就需要将它们线性串联起来，如图 2-158 所示。

1. 关卡重置事件

关卡重置事件（Event Level Reset）节点仅在关卡蓝图中可用，且此蓝图事件节点仅在服务器上执行。而在单人游戏中，本地客户端即视为服务器。

关卡重置事件在关卡重启时会发出执行信号，而且其在关卡重新加载后进行某项触发时非常实用。不过，若用户角色已死亡，关卡无须重新加载时，则如图 2-159 所示。

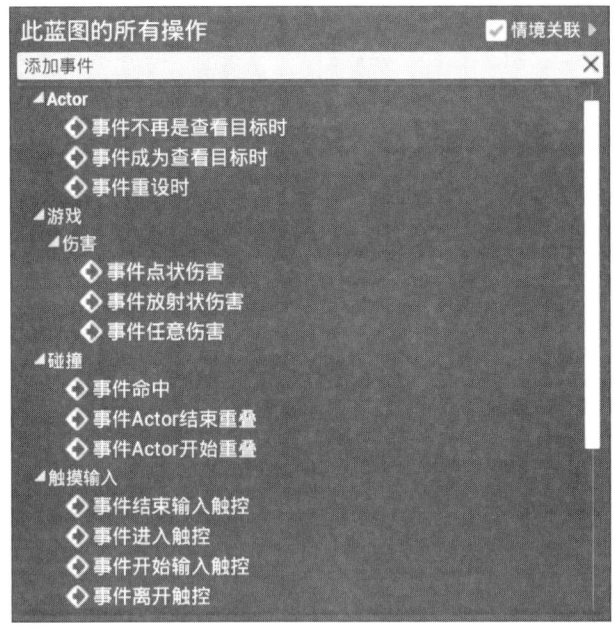

图 2-158　事件列表

图 2-159　关卡重置事件节点的使用

2. Actor 开始重叠事件

多项条件同时满足时，将执行该事件，且 Actor 之间的碰撞响应必须允许重叠。另外，执行事件的两个 Actor 的生成重叠事件（Generate Overlap Events）均设为 true。

最后，两个 Actor 的碰撞开始重叠，或两者移到一起，或其中一个创建时与另一个重叠，如图 2-160 所示。

此蓝图 Actor 和保存在 Player Actor 变量中的 Actor 重叠时，其将增加 Counter 整数变量。Actor 开始重叠事件节点引脚见表 2-30。

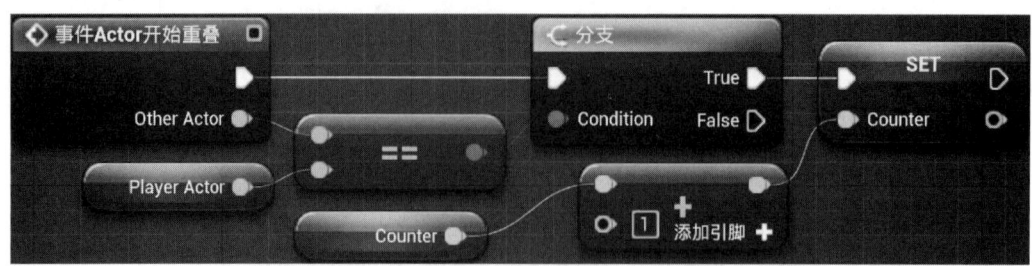

图 2-160　Actor 开始重叠事件节点的使用

表 2-30　　　　　　　　　Actor 开始重叠事件节点引脚

项目	描述
输出引脚	
Other Actor	Actor——与此蓝图发生重叠的 Actor

3. Actor 结束重叠事件

多项条件同时满足时，将执行该事件，且 Actor 之间的碰撞响应必须允许重叠。另外，执行事件的两个 Actor 的生成重叠事件（Generate Overlap Events）均设为 true。

最后，两个 Actor 结束重叠，它们或将分离，或其中一个将被销毁，如图 2-161 所示。

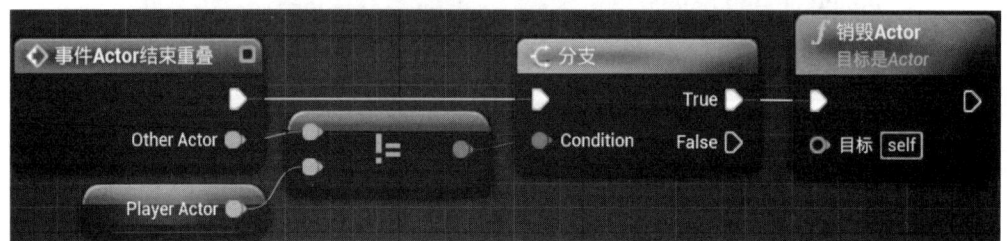

图 2-161　Actor 结束重叠事件节点的使用

当此蓝图 Actor 不与其他 Actor 发生重叠时（保存在 Player Actor 变量中的 Actor 除外），其将销毁重叠的 Actor。Actor 结束重叠事件节点引脚见表 2-31。

表 2-31　　　　　　　　　Actor 结束重叠事件节点引脚

项目	描述
输出引脚	
Other Actor	Actor——与此蓝图发生重叠的 Actor

4. 命中事件

只要其中一个相关 Actor 的碰撞设置中模拟生成命中事件（Simulation Generates Hit Events）为 true，该事件便会执行。命中事件节点引脚见表 2–32。

表 2–32　　　　　　　　　　　　命中事件节点引脚

项目	描述
输出引脚	
My Comp	原始组件 —— 被命中的执行 Actor 上的组件
Other	Actor —— 参与碰撞的其他 Actor
Other Comp	原始组件 —— 参与碰撞，被命中的其他 Actor 上的组件
Self Moved	布尔型 —— 接受来自另一个物体运动的命中时使用（如为 false），对 Hit Normal 和 Hit Impact Normal 的方向进行调整，以便表现其他物体对被命中物体施加的力
Hit Location	矢量 —— 两个碰撞 Actor 之间的接触位置
Hit Normal	矢量 —— 碰撞方向
Normal Impulse	矢量 —— Actor 碰撞的力
Hit	命中结果结构体 —— 一次命中收集到的所有数据，可剥离并"打破"该结果，访问数据的单个位元

如果使用 Sweeps 创建运动，即使未选中标记也将获得此事件。只要 Sweep 阻止穿过阻挡物体，就会发生，如图 2–162 所示。

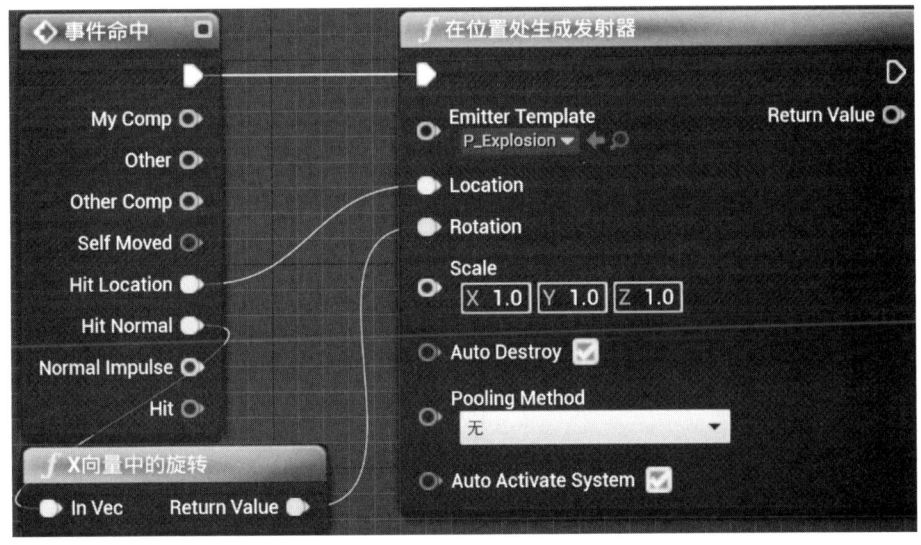

图 2–162　命中事件节点的使用

5. 任意伤害事件

任意伤害事件（Event Any Damage）节点仅在服务器上执行。在单人游戏中，本地客户端即视为服务器。

此事件在造成整体伤害时出现，如溺死或环境伤害，并非点伤害或放射伤害，如图 2-163 所示。任意伤害事件节点引脚见表 2-33。

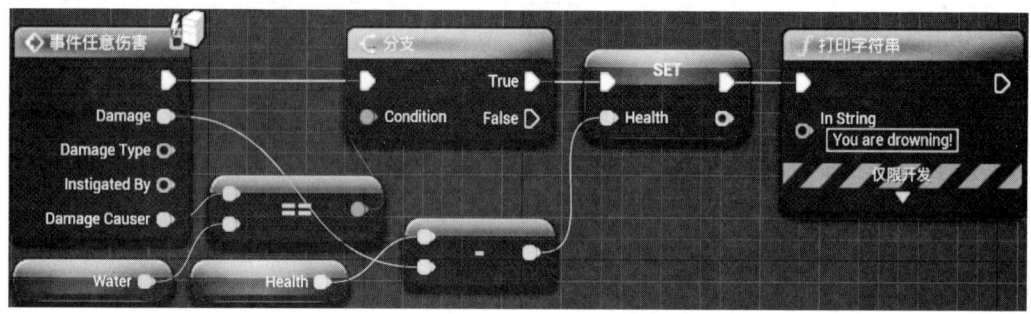

图 2-163　任意伤害事件节点的使用

表 2-33　　　　　　　　　　　任意伤害事件节点引脚

项目	描述
输出引脚	
Damage	浮点型——传入 Actor 的伤害量
Damage Type	伤害类型对象——在输出伤害上包含额外数据的对象
Instigated By	Actor——负责伤害的 Actor，开枪或投手雷造成伤害的 Actor
Damage Causer	Actor——输出伤害的 Actor，可以是子弹或爆炸

此处，如果对 Actor 造成的伤害来自水，将减少体力值并在屏幕上生成警告。

6. 点状伤害事件

点状伤害事件（Event Point Damage）节点仅在服务器上执行。在单人游戏中，本地客户端即视为服务器。

点状伤害（Point Damage）代表由投射物、扫射武器，甚至近战武器造成的伤害，如图 2-164 所示。点状伤害事件节点引脚见表 2-34。

在此例中，受到任意伤害时均会从 Actor 的体力值减去造成的伤害。但如果 Actor 的头部被击中，则 Actor 的体力值设为 -1。

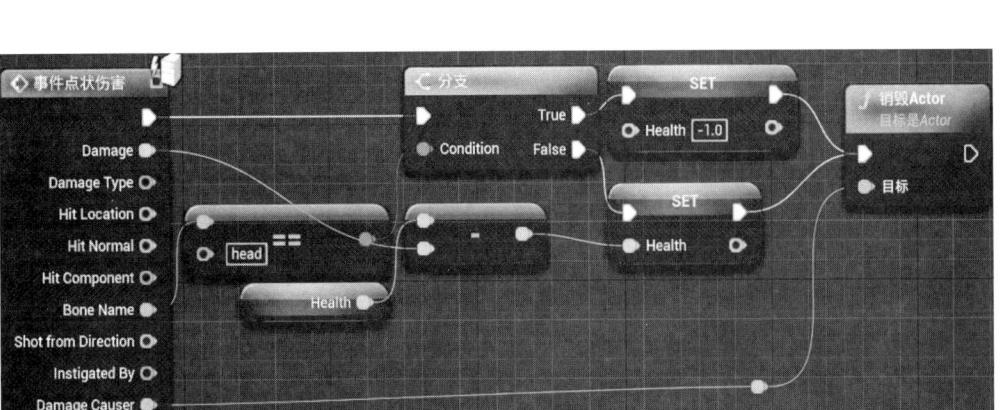

图 2-164　点状伤害事件节点的使用

表 2-34　　　　　　　　　　　点状伤害事件节点引脚

项目	描述
输出引脚	
Damage	浮点型——传入 Actor 的伤害量
Damage Type	伤害类型对象——在输出伤害上包含额外数据的对象
Hit Location	矢量——应用伤害的位置
Hit Normal	矢量——碰撞方向
Hit Component	原始组件——被命中的执行 Actor 上的组件
Bone Name	名称——命中的骨骼名称
Shot from Direction	矢量——伤害来源的方向
Instigated By	Actor——负责伤害的 Actor，是开枪或投手雷造成伤害的 Actor
Damage Causer	Actor——输出伤害的 Actor，可以是子弹或爆炸

7. 放射状伤害事件

放射状伤害事件（Event Radial Damage）节点仅在服务器上执行。在单人游戏中，本地客户端即视为服务器。

放射状伤害事件在该序列的父 Actor 受到放射状伤害时调用，可用于处理基于爆炸伤害或间接伤害的事件，如图 2-165 所示。放射状伤害事件节点引脚见表 2-35。

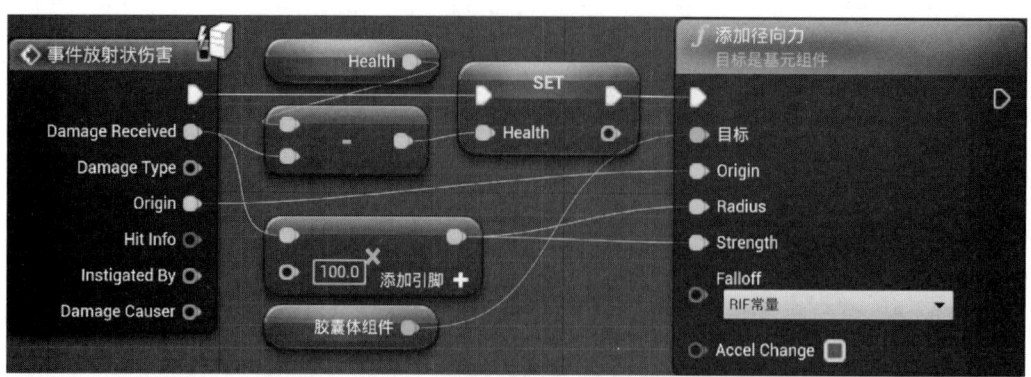

图 2-165　放射状伤害事件节点的使用

表 2-35　　　　　　　　　　　放射状伤害事件节点引脚

项目	描述
输出引脚	
Damage Received	浮点型——从事件接收的伤害量
Damage Type	伤害类型对象——在输出伤害上包含额外数据的对象
Origin	矢量——3D 空间中的伤害来源位置
Hit Info	命中结果结构体——一次命中收集到的所有数据，可剥离并"打破"该结果，并访问数据的单个位元
Instigated By	控制器——发起伤害的控制器（AI 或用户）
Damage Causer	Actor——输出伤害的 Actor，可以是子弹、火箭、激光或角色的拳击

8. Actor 开始光标悬停事件

使用鼠标界面时，鼠标光标在 Actor 上悬停时执行的事件，如图 2-166 所示。

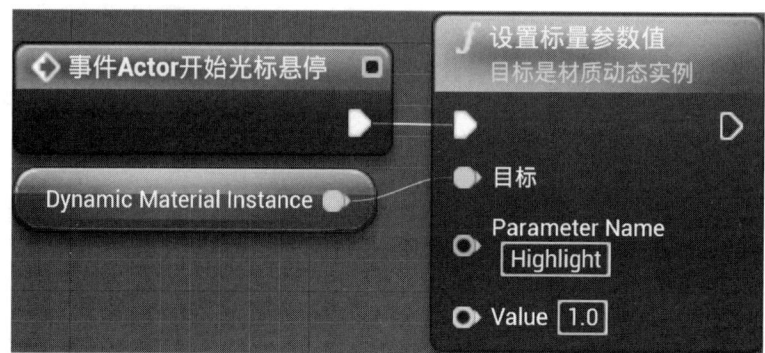

图 2-166　Actor 开始光标悬停事件节点的使用

鼠标经过此 Actor 后，将把动态材质实例上名为 Highlight 的标量参数设为 1.0。

9. Actor 结束光标悬停事件

使用鼠标界面时，鼠标光标在 Actor 上移开时执行的事件，如图 2-167 所示。

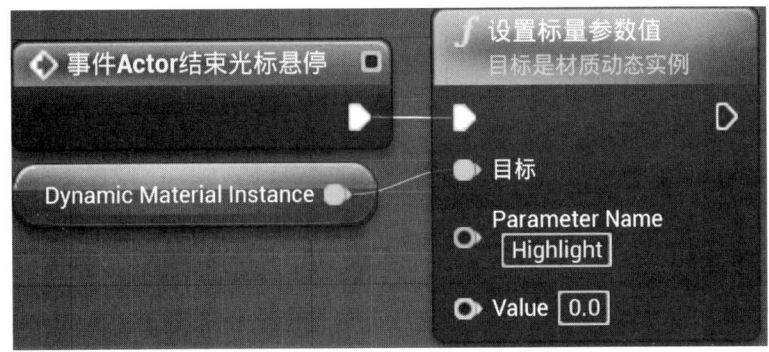

图 2-167　Actor 结束光标悬停事件节点的使用

10. 开始运行事件

游戏开始时将在所有 Actor 上触发此事件，且游戏开始后生成的所有 Actor 均会立即调用此事件，如图 2-168 所示。

图 2-168　开始运行事件节点的使用

开始游戏时，此 Actor 将把其体力值设为 100，分数设为 0。

11. 结束运行事件

当 Actor 不存在于世界场景中时将执行此事件，如图 2-169 所示。

此 Actor 不存在于世界场景中时，字符串将输出，并说明事件被调用的原因。结束事件节点引脚见表 2-36。

12. 已摧毁事件

当 Actor 被销毁时将执行此事件，如图 2-170 所示。

Score 变量设为 Value 加 Score。注意，Destroyed 事件将在之后的版本中移除。另外，Destroyed 函数的功能已合并到 End Play 函数。

图 2-169 结束运行事件节点的使用

表 2-36　　　　　　　　　　　结束运行事件节点引脚

项目	描述
输出引脚	
End Play Reason	End Play Reason 枚举——说明 Event End Play 被调用原因的枚举

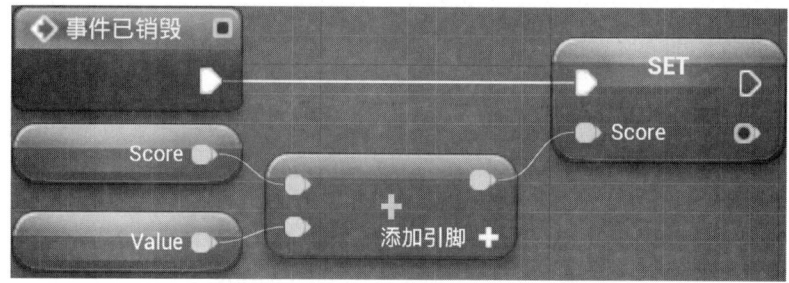

图 2-170 已摧毁事件节点的使用

13. Tick 事件

游戏进程中每帧调用的简单事件如图 2-171 所示。Tick 事件节点引脚见表 2-37。

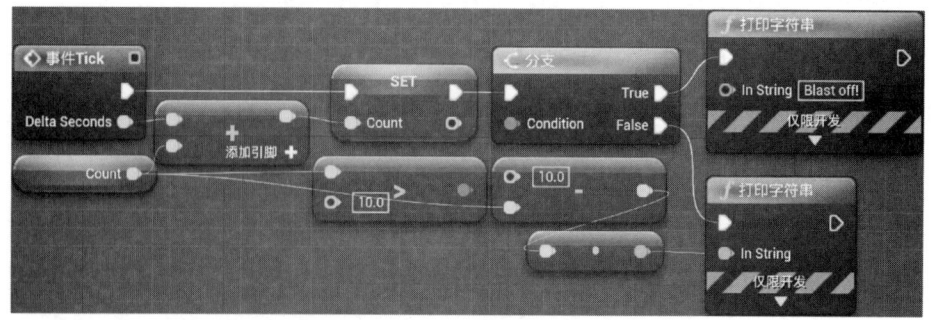

图 2-171 每帧事件节点的使用

表 2-37　Tick 事件节点引脚

项目	描述
输出引脚	
Delta Seconds	浮点型——输出相邻帧之间的时间量

此例使用 Delta Seconds 构成倒数计时器来显示日志，tick 为"Blast Off!"。

14. 接收绘制 HUD 事件

接收绘制 HUD 事件（Event Receive Draw HUD）仅限继承自 HUD 类的蓝图类可用。

此事件为特殊事件，使用蓝图可绘制到 HUD，且接收绘制 HUD 事件节点引脚，见表 2-38。

表 2-38　接收绘制 HUD 事件节点引脚

项目	描述
输出引脚	
Size X	Int——渲染窗口的像素宽度
Size Y	Int——渲染窗口的像素高度

此事件须创建 HUD 绘制节点，如图 2-172 所示。

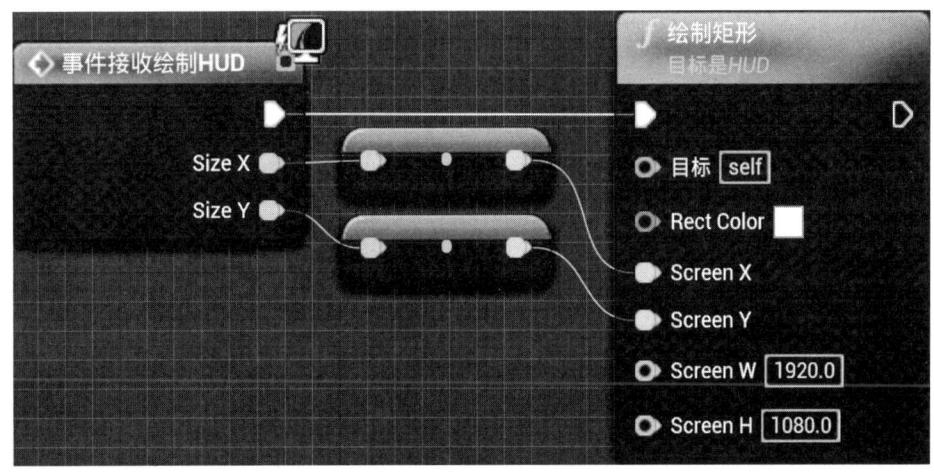

图 2-172　接收绘制 HUD 事件节点使用

15. 自定义事件

自定义事件（Custom Event）节点是拥有自身工作流程的特殊节点。

第三节 输入响应

考核知识点及能力要求:
- 了解虚拟现实输入响应的流程。
- 了解虚拟现实引擎工具中的硬件输入和用户输入。
- 掌握虚拟现实引擎工具中输入组件的使用方法和功能。

用户输入(Player Input)对象负责将用户的输入转换为 Actor(如 Player Controller 或 Pawn)能够理解并使用的数据。其是输入处理流程的一部分,该流程使用用户输入映射和输入组件(Input Component)将来自用户的硬件输入转换为游戏事件和移动。

一、硬件输入

用户的硬件输入非常简单,其通常包括按键、点击鼠标或移动鼠标、按控制器按钮或移动操纵杆。对于不符合标准轴或按钮索引的专用输入设备,或具有非常见输入范围的专用输入设备,可以使用 RawInput 插件进行手动配置。

二、用户输入

用户输入是用于管理用户输入的用户控制器(Player Controller)类中的 UObject,其仅在客户端上生成。用户输入中定义了两种结构体,一种是 FInput Action Key Mapping,其定义了操作映射(Action Mapping);另一种是 FInput Axis Key Mapping,

其定义了轴映射（Axis Mapping）。在操作映射（Action Mapping）和轴映射（Axis Mapping）中使用的硬件输入定义都是在输入核心类型中建立的。

操作映射：将离散按钮或按键映射到一个"友好的名称"，该名称稍后将与事件驱动型行为绑定。最终的效果是按下（和/或释放）单个键、鼠标按钮或键盘按钮将直接触发某个游戏行为。

轴映射：将键盘、控制器或鼠标输入映射到一个"友好的名称"，该名称稍后将绑定到连续的游戏行为，如移动。在轴映射（Axis Mapping）中映射的输入会被持续轮询，即使其刚报告过自己的输入值当前为零也是如此。这样便可实现移动或其他游戏行为的平稳过渡，而不是在操作映射（Action Mapping）中输入所触发的离散游戏事件。

硬件轴（如控制器操纵杆）提供的是输入的程度，而不是离散的1（按下）或0（非按下）输入。也就是说，它们可以被小幅度或大幅度移动，而角色的移动也会相应变化。虽然这些输入方法非常适合提供可扩展的移动输入量，但轴映射也可以将常见的移动键（如WASD键或上下左右方向键）映射到持续轮询的游戏行为。

输入映射存储在配置文件中，可以在项目设置（Project Settings）的输入部分进行编辑。

在关卡编辑器（Level Editor）中，选择编辑 –> 项目设置（Edit->Project Settings），如图2-173所示。

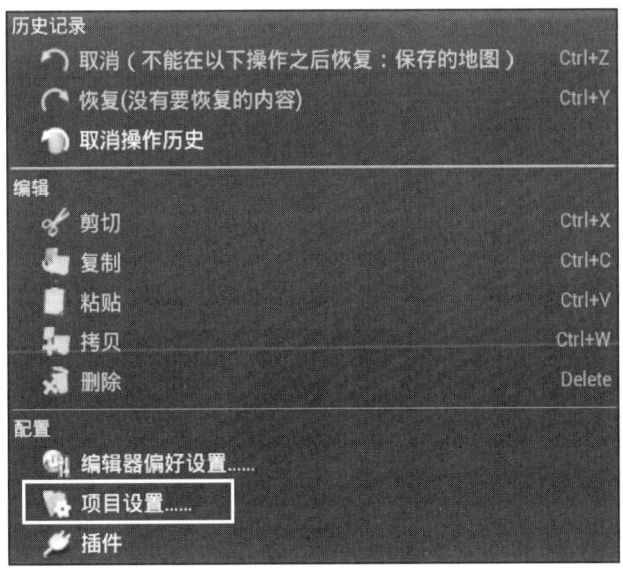

图2-173　编辑列表

在显示的项目设置（Project Settings）选项卡中，单击输入（Input）。

在此窗口中，可以更改（硬件）轴输入的属性［Change the properties of（hardware）axis inputs］，如图 2-174 所示。

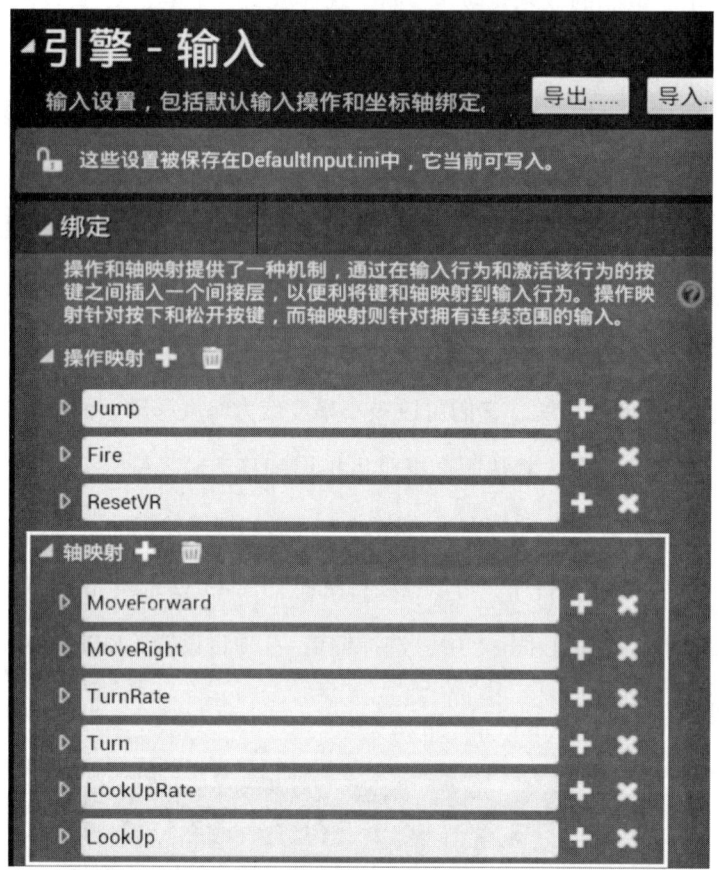

图 2-174　轴输入属性

添加或编辑操作映射（Add or Edit Action Mappings），如图 2-175 所示。

添加或编辑轴映射（Add or Edit Axis Mappings），如图 2-176 所示。

三、输入组件

输入组件（Input Components）最常出现在 Pawn 和控制器中，但如果需要，也可以在其他 Actor 和关卡脚本中设置它们。输入组件将项目中的轴映射和操作映射链接到以 C++ 代码或蓝图图表建立的游戏操作（通常为函数）。

第二章 虚拟现实基础交互

图 2-175　操作映射

图 2-176　轴映射

输入组件用于执行输入处理的优先级堆栈如下（最高优先级优先）：其"接受输入"（Accepts input）已启用的 Actor，从最晚启用者到最早启用者、控制器、关卡脚本、Pawn。

如果一个输入组件获得了输入，那么其在堆栈的后继部分将不再可用。

四、输入处理程序

输入处理流程图如图 2-177 所示。

示例–向前移动：此示例取自某型通用引擎随附提供的第一人称模板。用户的硬件输入（Hardware Input from Player）：用户按下 W 键；用户输入映射（Player Input Mapping）：轴映射（Axis Mapping）将 W 转换为比例为 1 的"向前移动"（MoveForward），如图 2-178 所示。

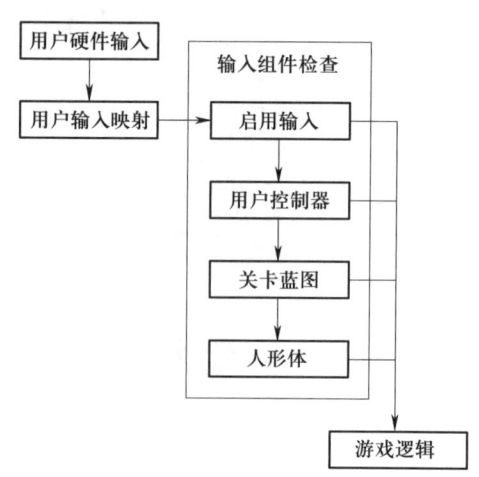

图 2-177 输入流程

图 2-178 用户输入映射

另外，用户输入映射也可以在蓝图中通过在角色的事件图表（Event Graph）中设置一个输入轴 MoveForward 节点来完成。首先创建一个继承角色的类蓝图并且命名为"MyCharacter"，如图 2-179 所示。然后在类蓝图里创建一个重要节点——输入轴 MoveForward，如图 2-180 所示。而且，无论该节点连接到什么对象，该对象都是按下 W 键时将执行的对象。

蓝图实现平移，如图 2-181 所示。

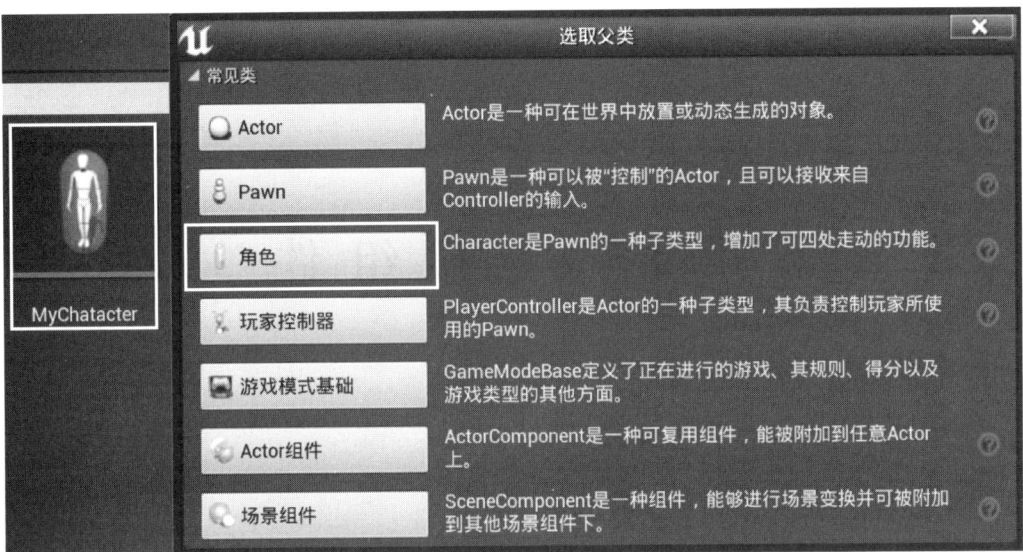

图 2-179　Character 类蓝图创建和命名

图 2-180　输入节点

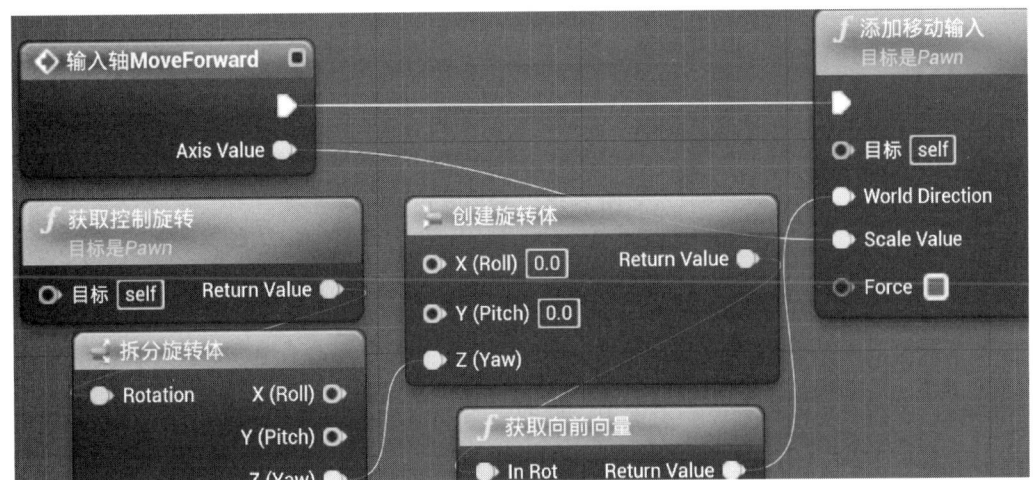

图 2-181　蓝图实现平移

第四节 变换组件

考核知识点及能力要求:

- 了解虚拟现实引擎工具中的变换组件。
- 掌握虚拟现实引擎工具中变换组件的使用方法和功能。

细节面板的变换(Transform)分段允许用户查看并编辑所选 Actor 的变换属性,包括位置(Location)、旋转(Rotation)和缩放(Scale)。另外,在某些情况下,也会包含 Actor 的可移动性设置,如图 2-182 所示。

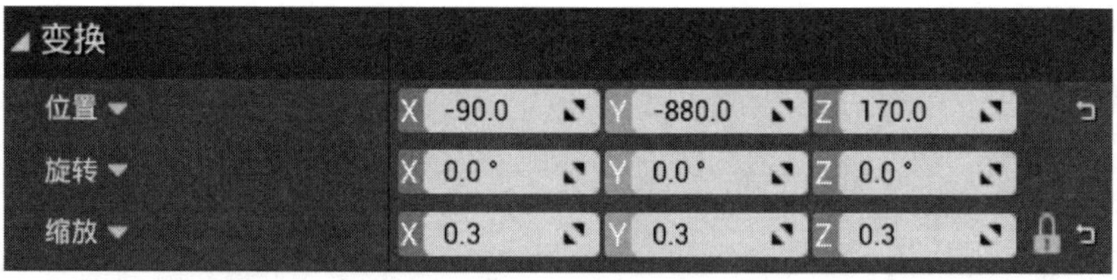

图 2-182 变换细节

每种变换(Transform)属性都包含 X、Y 和 Z 轴的数值文本框,且可以直接在这些文本框中输入精确的数值来调整选中的 Actor。当选中了多个 Actor 且其属性值各不相同时,这些文本框将会显示多个值。此时,若输入一个值将会导致所有所选的 Actor 都采用该值。

旋转(Rotation)文本框有一个独特的功能,即可以用作滑块。点击并拖拽该文本框允许滚动某个值，并根据移动鼠标的距离来增加或减小该值。

缩放（Scale）文本框也可以通过点击锁定缩放（Lock Scale）按钮进行锁定。当锁定该文本框后，将会维持每个坐标轴的缩放比例值的比率，且当单独修改任何一个值时，都会进行均匀缩放。

变换属性默认是相对变换，这意味着变换是相对于组件的父对象进行的。而且，每个属性标签都有超链接，可以点击该链接在绝对变换和相对变换之间切换。不过，当使用绝对变换时，变换是相对于世界场景坐标进行的而不是相对于父对象。

一、可移动性

移动性（Mobility）设置控制 Actor 是否可以在游戏进程中以某种方式移动或改变。其主要适用于静态网格体 Actor 和光源 Actor。

可用时，移动性属性共有 3 种状态，见表 2-39。

表 2-39　　　　　　　　　　　　　可移动性属性

移动性状态	说明
静态（Static）	此移动性针对的是游戏进程中不会以任何方式移动或更新的 Actor 对静态网格体 Actor 而言，意味着其阴影将被用于使用 Lightmass 的预计算光照贴图，以便生成并处理此类 Actor。此移动性使其成为结构或装饰网格体的理想选择，而此类网格体在游戏进程中无须重新迁移，但仍可对其材质设置动画 对于光源 Actor 而言，意味着其将用于使用 Lightmass 的预计算光照贴图。其将照亮静态、固定和可移动 Actor 的场景，利用间接照明法（如间接光照样本或体积光照贴图）来照亮此类动态物体
固定（Stationary）	此移动性针对的是可在游戏进程中改变的 Actor 对静态网格体 Actor 而言，意味着其可改变，但不可移动。其不用于使用 Lightmass 的预计算光照贴图，在被静态或固定光源照射时，其会像可移动 Actor 一样被照亮。然而被可移动光源照射时，若此光源不移动，其将利用缓存阴影贴图在下一帧重复使用，以便提高使用动态照明项目的性能 对光源 Actor 而言，意味着其可在游戏进程中以某种方式改变，例如，改变颜色或强度，使其变得更亮或更柔和，甚至完全关闭。固定光源仍将用于使用 Lightmass 的预计算光照贴图，但同时还可以投射移动物体的动态阴影。注意：切勿使用过多固定光源来影响给定 Actor

续表

移动性状态	说明
可移动（Movable）	此移动性针对的是需要在游戏进程中进行添加、删除或移动的 Actor 对静态网格体 Actor 而言，意味着其将投射一个不会将预计算阴影投射到光照贴图中的完全动态阴影。在被静态光源照射时，其将利用间接照明法（如间接光照样本或体积光照贴图）来照亮此类 Actor。对于固定或可移动光源而言，其仅会投射动态阴影。这是非变形网格体元素的典型设置，此类元素需要在场景中进行添加、删除或移动 对光源 Actor 而言，意味着其仅能投射动态阴影。除了能够在游戏进程中移动光源，其还可在游戏进程中改变颜色和亮度。因此类光源的投影方法十分影响其性能，进行阴影投射时需格外谨慎。注意：因使用了虚幻引擎的延迟渲染系统，非阴影可移动光源的计算开销极其之小

变换 Actor 是指移动、旋转或缩放 Actor，其是关卡编辑过程中的一个重要部分。在虚幻编辑器中有两种变换 Actor 的基本方法，且这两种方法都可以将变换应用到当前选中的所有 Actor 上。

二、交互式变换

交互式变换 Actor 的方法涉及使用视口中显示的可视化工具或控件。使用该控件时，可以使用鼠标直接在视口中移动、旋转及缩放 Actor。这种方法的优缺点和手动变换的方法正好相反。尽管其非常直观，但却不是那么精确，而有时则需要一定的精确度。拖拽网格、旋转网格和缩放网格可以确保其更加精确；与已知值对齐或与已知增量对齐的能力则能够实现对其精确控制。

视口中用于操作 Actor 的可视化工具称为变换控件。变换控件通常由多个部分组成，且这些部分根据其所影响的轴进行颜色编码：红色意味着影响 X 轴，绿色意味着影响 Y 轴，蓝色意味着影响 Z 轴。

变换控件采用哪种形式，具体取决于正在执行的变换类型——平移、旋转或缩放。可以单击视口右上角部分工具栏中的变换控件图标，选择想要使用的变换控件类型，如图 2-182 所示。

另外，可以通过按键盘上的空格键，在不同类型的变换控件之间切换。

图 2-182 变换工具

（一）平移控件

平移控件（Translation Widget）由一组颜色编码的箭头组成，且这些箭头分别指向场景中每个轴的正方向。每个箭头实质上是一个手柄，可以拖拽它沿着特定的轴移动选中的 Actor。当鼠标光标悬停在其中一个手柄上时，手柄将变为黄色，表示拖拽操作将沿着相应的轴移动对象，如图 2-183 所示。

图 2-183 平移坐标轴

同时，每个手柄上会伸出一条线，这些线将沿其他各轴彼此交汇在一起，而且这些线也构成了与每个平面（XY，XZ，YZ）匹配的方形。当鼠标悬停到其中一个方形上时，该方形和相关的两个箭头将会变为黄色。另外，拖拽操作可以沿着这两个轴定义的平面移动 Actor，如图 2-184 所示。

在三个轴的相交处，有一个白色的小球体。当将鼠标悬停到该球体上，其颜色变为黄色时，则表示可以拖拽它。通过拖拽中心球体，可以在空间中相对于场景摄像机自由移动，并可能会改变沿三个轴的位置值，如图 2-185 所示。

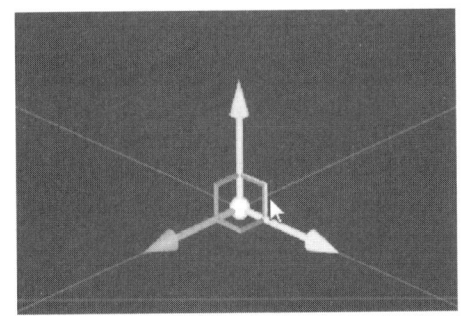

图 2-184 平移坐标轴

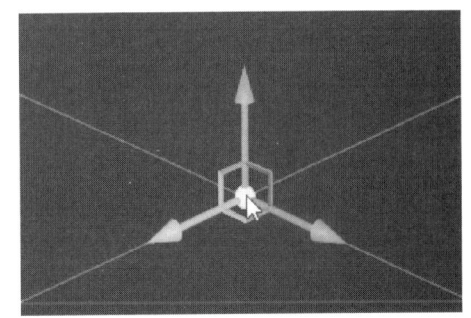

图 2-185 平移坐标轴

（二）使用平移控件复制 Actor

按住 Alt 键的同时点击平移控件的箭头就能为当前选中的 Actor 创建副本并将其移动，同时原有 Actor 保持在原有位置不变，如图 2-186 所示。

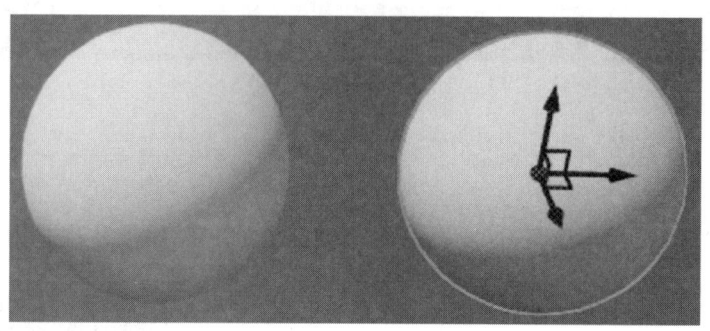

图 2-186 平移物体

（三）旋转控件

旋转控件（Rotation Widget）是一组三个颜色编码的弧，且每个弧与一个轴相关联。当拖拽其中一个弧时，选中的 Actor 则绕相应的轴旋转。如果使用旋转控件（Rotation Widget），受到任何相关弧影响的轴都与该弧本身垂直。这意味着与 XY 平面匹配的弧实际上将绕 Z 轴旋转 Actor，如图 2-187 所示。

当鼠标悬停到一个特定弧上时，该弧会变为黄色，表示可以拖拽它来改变 Actor 的旋转度，如图 2-188 所示。

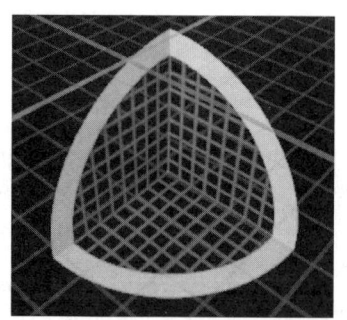 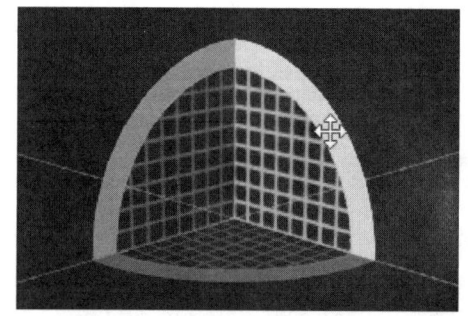

图 2-187 旋转坐标轴　　　　　　图 2-188 旋转坐标轴

当开始拖拽旋转选中的 Actor 时，控件将会改变形状，且仅显示 Actor 绕其进行旋转的轴。而旋转量则可以实时显示，以便辅助调整旋转角度，如图 2-189 所示。

（四）缩放控件

缩放控件（Scaling Widget）是具有颜色编码的手柄，且手柄的尾部是立方体形状。当通过其中一个手柄拖拽控件时，仅可以沿相关轴缩放选中的 Actor。另外，这些手柄是按轴进行颜色编码的，与平移控件（Translation Widget）及旋转控件（Rotation Widget）类似，如图 2-190 所示。

可以同时沿两个轴缩放 Actor，跟使用平移控件（Translation Widget）沿两个轴定义的平面移动 Actor 一样。缩放控件（Scaling Widget）的每个手柄会伸出一条线，并与其他轴的线交汇到一起。而且，这些线构成了与三个平面（XY，XZ，YZ）中的一个平面匹配的三角形。若拖拽其中一个三角形，则沿定义相应的平面的两个轴缩放 Actor。当鼠标悬停到其中一个三角形上时，相关手柄将变为黄色，如图 2-191 所示。

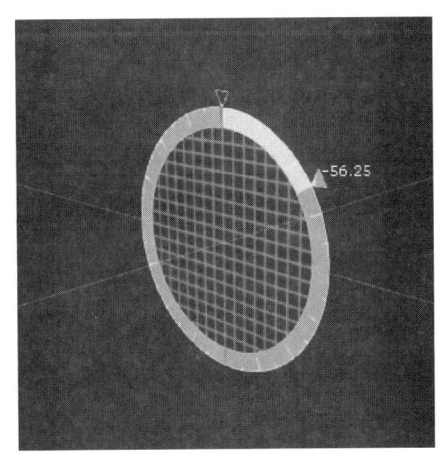

图 2-189　旋转坐标轴

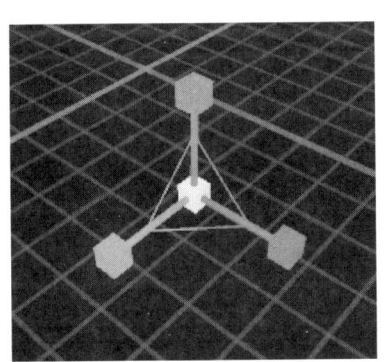

图 2-190　缩放坐标轴

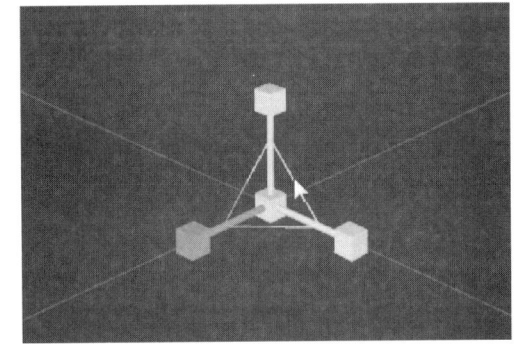

图 2-191　缩放坐标轴

另外，也可以沿着 3 个轴缩放 Actor，从而维持其原始比例。如果将鼠标悬停到三个轴相交的立方体处，则三个手柄都会变为黄色。通过拖拽中心立方体，可以按比例缩放 Actor，如图 2-192 所示。

（五）Actor 支点调整

变换对象通常都是从对象的基本支点开始进行变换的，但是，对于某些变换操作，也可能想要调整该支点的位置，如图 2-193 所示。

在平移控件（Translation Widget）的中心点，单击并拖拽鼠标中键，可以临时移动支点。然后，可按下空格键在各个变换工具之间进行切换，如图 2-194 所示。

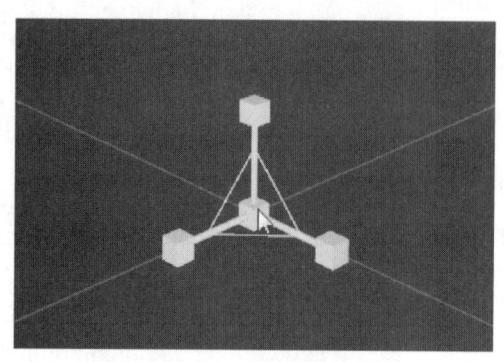

图 2-192 缩放坐标轴

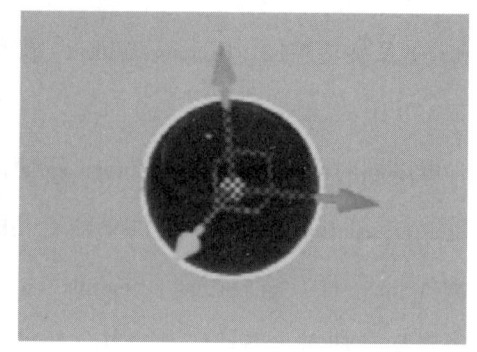

图 2-193 支点调整

现在，可以使用新支点来变换 Actor，如图 2-195 所示。

一旦单击（选择）了其他对象，该支点就会跳回到其默认位置。

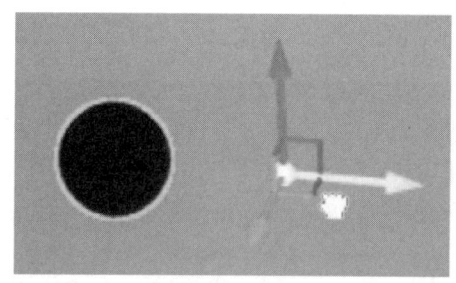

图 2-194 移动支点

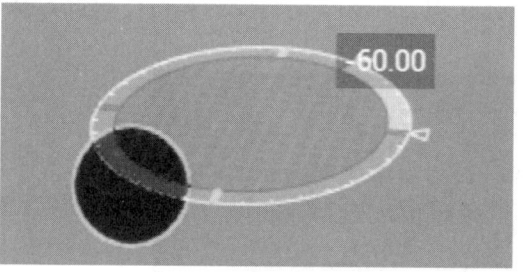

图 2-195 旋转支点

（六）场景变换模式和本地变换模式

当使用交互式变换方法时，可以选择执行变换时想要使用的参考坐标系。这意味着，可以在场景空间中沿场景坐标变换 Actor，也可以在其自己的本地空间中沿本地轴变换 Actor，如图 2-196、图 2-197 所示。

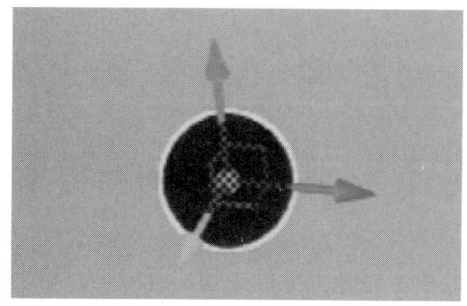

图 2-196 世界坐标系

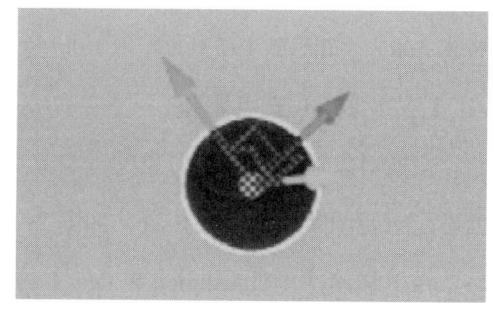

图 2-197 本地坐标系

在默认情况下，虚幻编辑器以场景变换模式启动。要想切换到本地变换模式，应单击视口右上角工具栏中的地球图标。当地球图标变为一个立方体图标时，则表示目前处于本地变换模式，如图 2-198 所示。

点击立方体图标可以切换回到场景变换模式。

图 2-198　本地坐标系与世界坐标系转换

三、对齐

上述三个手动变换工具都可以让其值对齐到特定的增量，而这对于在关卡中精确地放置对象很有用。在 UE4 中，可以通过 4 种不同的方式来完成对齐处理：拖拽网格、旋转网格、缩放网格、顶点对齐。

（一）拖拽网格、旋转网格和缩放网格

拖拽网格（Drag Grid）允许对齐到场景中的三维隐式网格上，如图 2-199 所示。旋转网格（Rotation Grid）提供了增量旋转对齐，如图 2-200 所示。缩放网格（Scale Grid）强制缩放控件对齐到附加的增量，且可以在对齐偏好设置中设置百分比值，如图 2-201 所示。

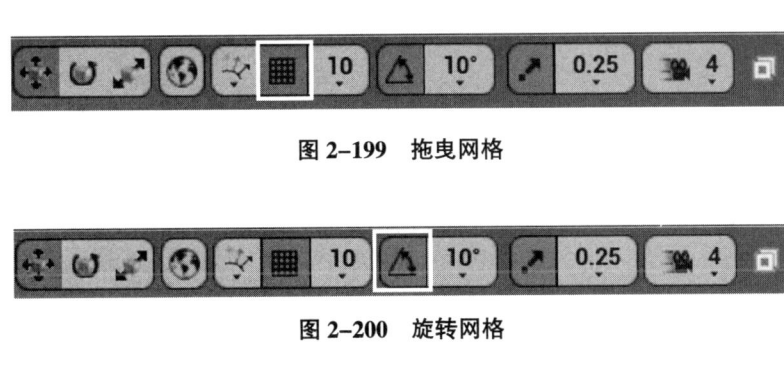

图 2-199　拖曳网格

图 2-200　旋转网格

图 2-201　缩放网格

每个对齐网格都可以通过单击视口工具栏中的相应图标来激活。激活后，该图标将会高亮显示，且每个网格的增量都可以通过其激活按钮右侧的下拉菜单来进行修改。

（二）对齐偏好设置

拖拽网格、旋转网格、缩放网格的设置都可以在编辑器偏好设置（Editor Preferences）面板中进行设置，同时还有其他有关对齐行为的设置。

可以通过从主菜单栏选择编辑（Edit）-> 编辑器偏好设置（Editor Preferences）-> 视口（Viewports）并向下滚动到对齐（Snap）类型，来进行访问这些偏好设置，如图 2-202 所示。

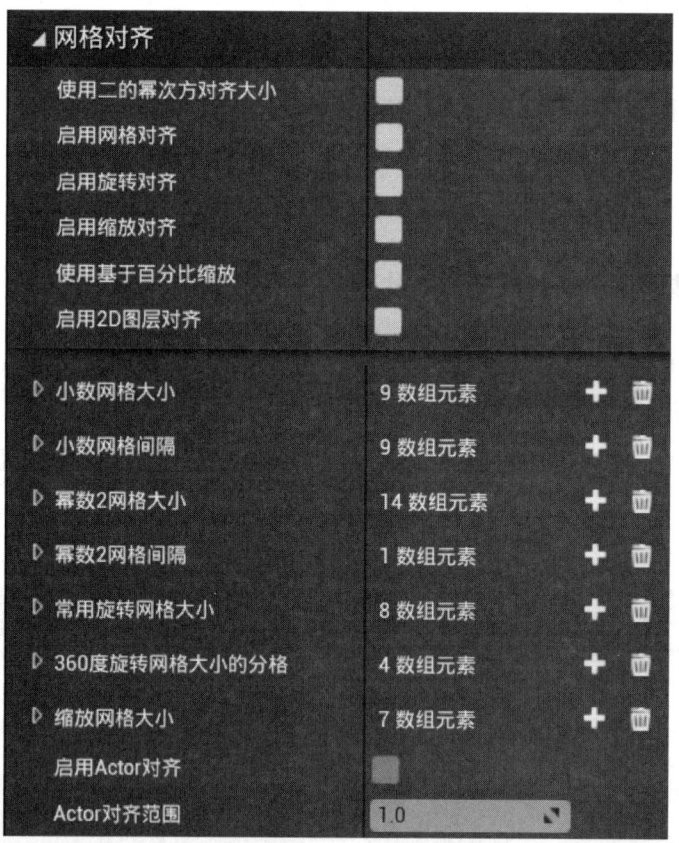

图 2-202 对齐偏好设置

（三）用户定义的增量

当使用拖拽网格、旋转网格或缩放网格时，每个工具的下拉菜单都包含一列预设增量和一列用户定义的增量，如图 2-203 所示。

要想填充用户定义的列表，可使用在对齐偏好设置（Snap Preferences）中找到的数组属性，如图 2-204 所示。

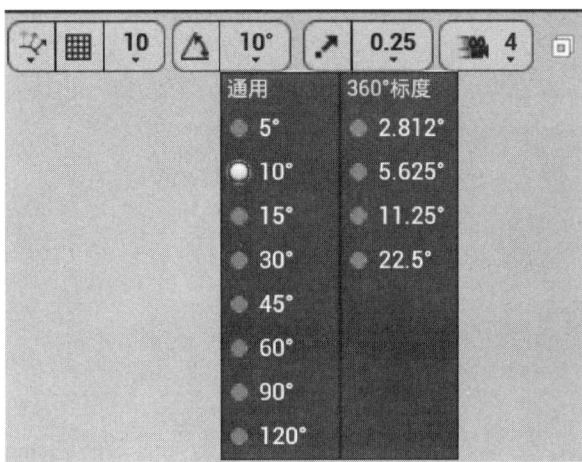

图 2-203　自定义增量

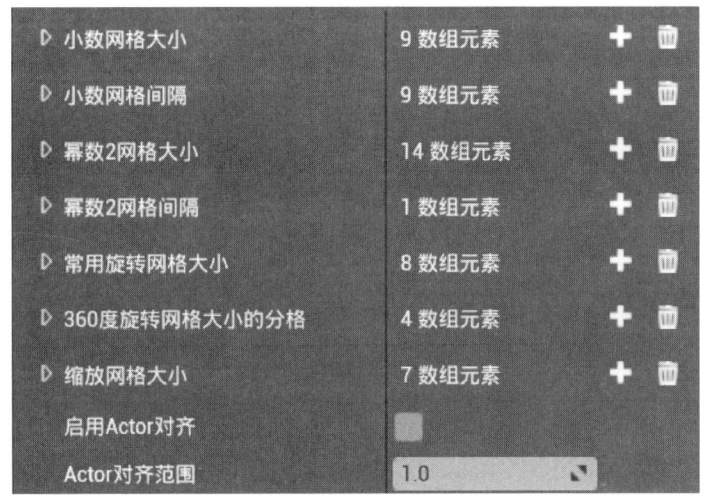

图 2-204　自定义列表

其中，网格大小（Grid Sizes）存放用户为平移控件定义的对齐增量；旋转对齐间隔（Rotation Snap Intervals）存放用户为旋转控件定义的对齐增量；缩放网格大小（Scale Grid Sizes）存放用户为缩放控件定义的对齐增量。

（四）顶点对齐

当使用一个网格体的多边形顶点将某个对象对齐到另一个对象时，只需在使用平移控件时按住 V 键。按下 V 键后，一旦开始移动一个对象，就会发现所有可用的多边形都会高亮显示，如图 2-205 所示。

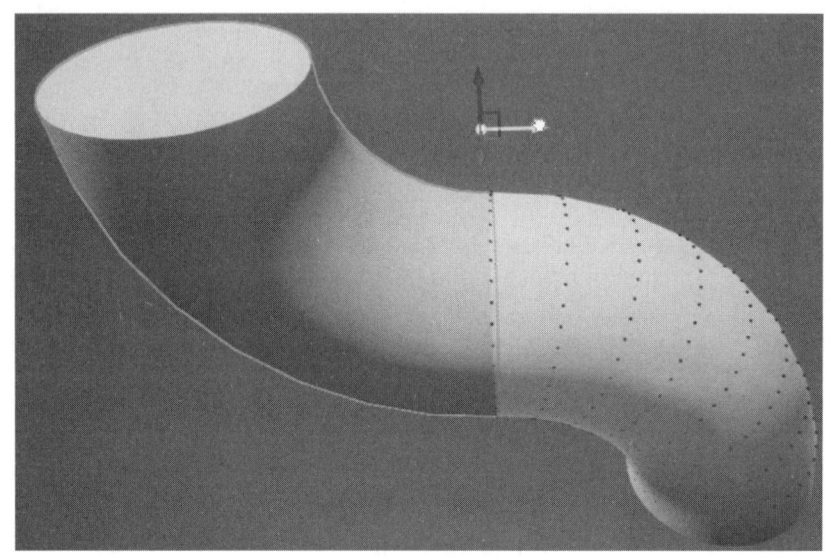

图 2-205　移动对象选择

当同支点调整结合使用时，可以直接将支点对齐到一个顶点上。可见，其可作为一种对齐到另一个对象顶点的方法。那么，该如何利用此方法精确地对齐两段管道呢？具体展示如图 2-206 所示。

图 2-206　移动网格支点

使用 V+ 鼠标中键，可以将该对象的支点对齐到一个现有顶点，一旦该支点移动了，可以使用新的支点位置将该对象对齐到另一个网格体的相应的顶点，如图 2-207 所示。

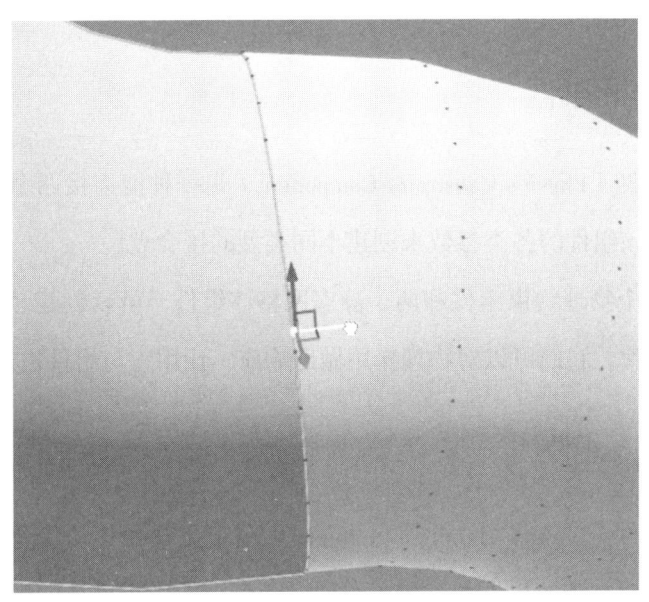

图 2-207 网格支点对齐

可见，在拖拽过程中使用 V 键，可以将该对象对齐到另一个网格体的相应的顶点上，且通过重复这一过程，就能很好地定位网格体。该方法对于通道、墙壁、门，或者需要相对于另一个网格体或对象进行精确放置的物体很有用。

第五节　物理组件概述

考核知识点及能力要求：

- 了解虚拟现实引擎工具中的物理组件。
- 掌握虚拟现实引擎工具中物理组件的使用方法和功能。

这些物理组件用于影响那些在场景中以不同方式应用物理效果的任意对象。

一、物理约束组件

物理约束组件（Physics Constraint Component）是一种能连接两个刚性物体的接合点，且可以借助该组件的各类参数来创建不同类型的接合点。

通过使用一个物理约束组件和两个静态网格体组件，可以创建悬摆型对象，如秋千、重沙袋或标牌，它们可以对物理作用做出响应，让用户与组件进行互动。

二、物理句柄组件

物理句柄组件（Physics Handle Component）用于抓取和移动物理对象，同时让抓取的对象继续使用物理效果。关于句柄组件的示例可能以重力枪的形式出现，其可以拾取和掉落物理对象。

三、物理推进器组件

物理推进器组件（Physics Thruster Component）适用于沿着X轴负方向施加特定物理作用力的对象。同时，推力组件使用连续作用力，而且能通过脚本自动激活、一般激活或取消激活。

关于推力组件的示例可能以火箭的形式出现，其将持续施加作用力将火箭向上推（因为推力部分位于火箭下方）。另外，通过使用阻止值（Blocking Volumes），可以牵制一些受推力影响的组件动作。

四、径向力组件

径向力组件（Radial Force Component）用于发出径向力或脉冲来影响物理对象或可摧毁对象。与推力组件不同，这类组件会施加"发射后不用管"类型的作用力，而且并不持续。

可以使用这类组件推动被摧毁对象（如爆炸物）的碎片。若使用径向力组件指定作用力和方向，当对象被摧毁时，将沿着特定方向将碎片向外推。

第六节 物 理 碰 撞

考核知识点及能力要求：
- 了解虚拟现实系统中的物理碰撞。
- 了解虚拟现实引擎工具中碰撞器和触发器的工作原理。
- 掌握虚拟现实引擎工具中碰撞器和触发器的使用方法和功能。

一、碰撞器

碰撞响应和追踪响应构成了该引擎运行时处理碰撞和光线投射的基础。能够碰撞的每个对象都有对象类型和一系列响应，用来定义其与所有其他对象类型交互的方式。当碰撞或重叠事件发生时，涉及的两个（或全部）对象都会发出或受到阻挡、重叠，或忽略的作用。

追踪响应与碰撞响应的原理基本相同，唯一区别是追踪（光线投射）本身可以定义为一种追踪响应类型，因此 Actor 可以根据其追踪响应阻挡或忽略。

（一）交互

关于碰撞的处理方式需要记住下述规则：

阻挡会设置为在阻挡的两个（或更多）Actor 之间自然发生。但是，需要启用模拟生成命中事件（Simulation Generates Hit Events）才能执行事件命中，该功能在蓝图、可破坏物 Actor、触发器等处使用。

将 Actor 设置为重叠，通常看起来它们会彼此忽略；如果没有生成重叠事件（Generate

Overlap Events），则二者基本相同。

对于彼此阻挡的两个或更多模拟对象，它们都需要设置为阻挡相应的对象类型。

对于两个或更多模拟对象：如果一个设置为重叠对象，另一个设置为阻挡对象，则发生重叠，而不会发生阻挡；即使一个对象会阻挡另一个对象，也可以生成重叠事件，尤其是高速运行的对象。

不建议一个对象同时拥有碰撞和重叠事件，因为需要手动处理的部分太多。

如果一个对象设置为忽略，另一个设置为重叠，则不会触发重叠事件。

对于测试关卡和检视场景：默认在编辑器中运行的摄像机是一个 Pawn，因此可以被设置为阻挡 Pawn 的任何对象。

在编辑器中模拟摄像机在处理任何事务之前不是 Pawn，其可以自由穿过任何对象，不会造成任何碰撞或重叠事件。

（二）常见的碰撞交互示例

这些碰撞交互示例均假设将所有对象的碰撞设置为启用碰撞，这样就能将它们设置为与任何对象发生完全碰撞。如果禁用碰撞，就像所有碰撞响应都设置为忽略一样。碰撞交互示例如图 2-208 所示。

图 2-208　碰撞交互示例

该示例中的球体是物理形体（Physics Body），箱体是场景动态（World Dynamic），而且通过更改它们的碰撞设置，可以得出多种行为。

1. 碰撞

将二者的碰撞设置设定为互相阻挡,便可以得到碰撞,这样非常有利于对象彼此之间产生交互的效果,如图2-209所示。

图 2-209 碰撞事件

在本例中,球体和墙壁只是发生碰撞,不会有进一步的碰撞通知。

2. 碰撞和模拟生成命中事件

总的来说,碰撞不但是物理交互的最基础作用,而且有其他用处,如报告发生碰撞,即可触发蓝图或一段代码,如图2-210所示。

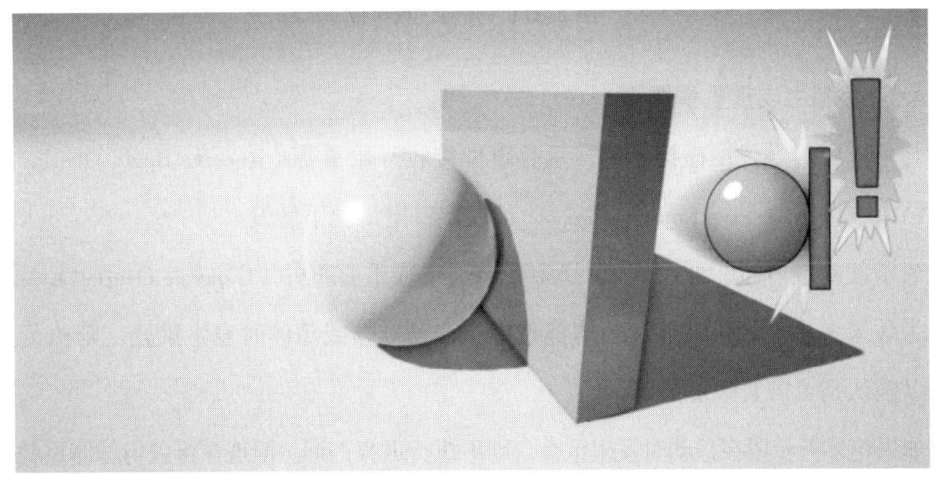

图 2-210 碰撞开始事件

将球体设置为模拟生成命中事件（Simulation Generates Hit Events），球体就会告诉自己发生了碰撞，且会触发球体蓝图中的事件，如接收命中（Receive Hit）或启用命中组件（On Component Hit）。但如果箱体发生了碰撞事件，则不会触发，因为其永远不会通知自己发生了碰撞。

此外，报告刚性碰撞的对象将汇报所有报告，包括它们在某个对象上时的垃圾报告，所以最好在蓝图或代码中仔细过滤碰撞的对象。

3. 重叠和忽略

如果禁用了生成重叠事件（Generate Overlap Events），则不管目的为何，重叠和忽略的效果完全相同。在此情况下，球体设置为重叠或忽略箱体，如图 2-211 所示。

图 2-211　碰撞过程事件

4. 重叠和生成重叠事件

与可以随时触发的碰撞不同，重叠事件接收开始重叠（Receive Begin Overlap）和接收结束重叠（Receive End Overlap），且仅在特定情况下触发。

为了使重叠发生，两个 Actor 都需要启用生成重叠事件（Generate Overlap Events），这是为效果考虑。如果球体和箱体都希望在移动球体或箱体时发生重叠，则执行重叠查询以确认是否需要触发任何事件。

如果箱体不希望在移动时发生重叠，则不执行重叠查询。但现在可以与球体重叠，因此球体需要 tick 事件，并逐帧检查是否有重叠以防有对象与它们相撞，如图 2-212 所示。

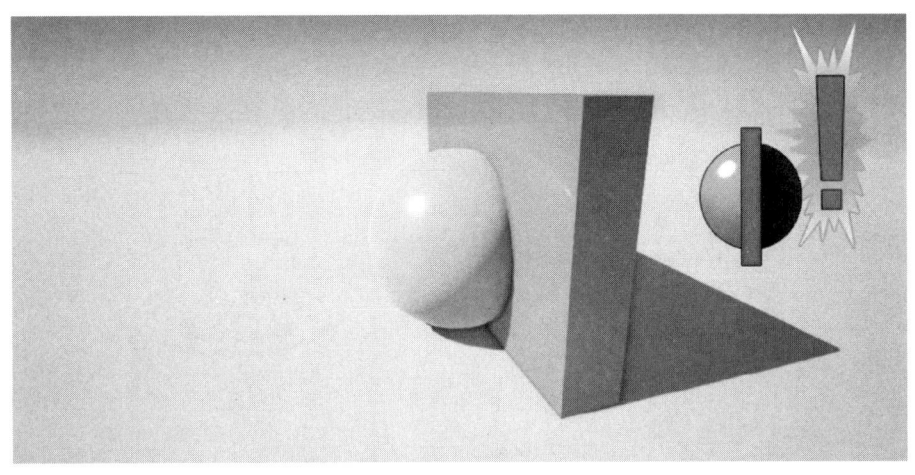

图 2-212 碰撞叠加事件

二、触发器

触发器（Triggers）属于 Actor，当它们与关卡的其他对象交互时，可用于促使发生事件。换言之，它们可用于触发事件以响应关卡中的其他操作。所有默认触发器通常是相同的，只是在影响区域的形状（如有盒体和球体）上有所不同，而触发器则使用该形状来检测是否有其他对象激活了它，分别如图 2-213、图 2-214 所示。

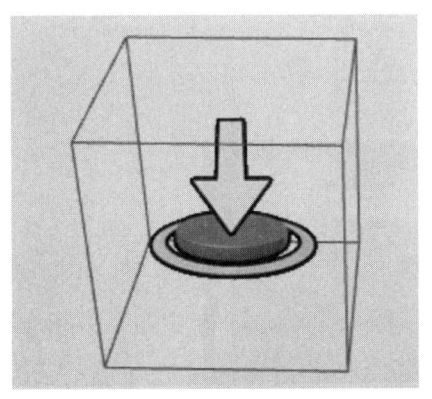

图 2-213 盒体触发器

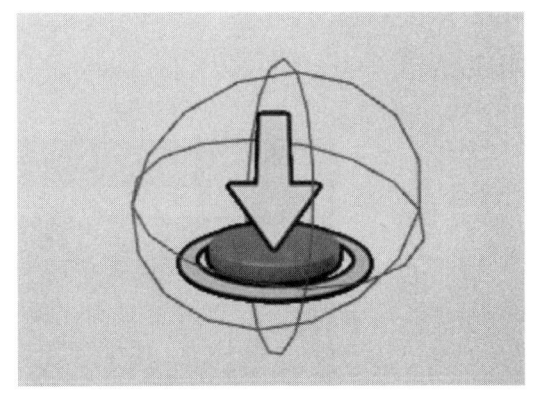

图 2-214 球体触发器

（一）放置触发器

可以通过拖拽触发器类型在关卡中放置触发器。在选择（Select）模式中，可以从放置 Actors（Place Actors）的基本（Basic）选项卡中拖拽触发器类型，如图 2-215 所示。

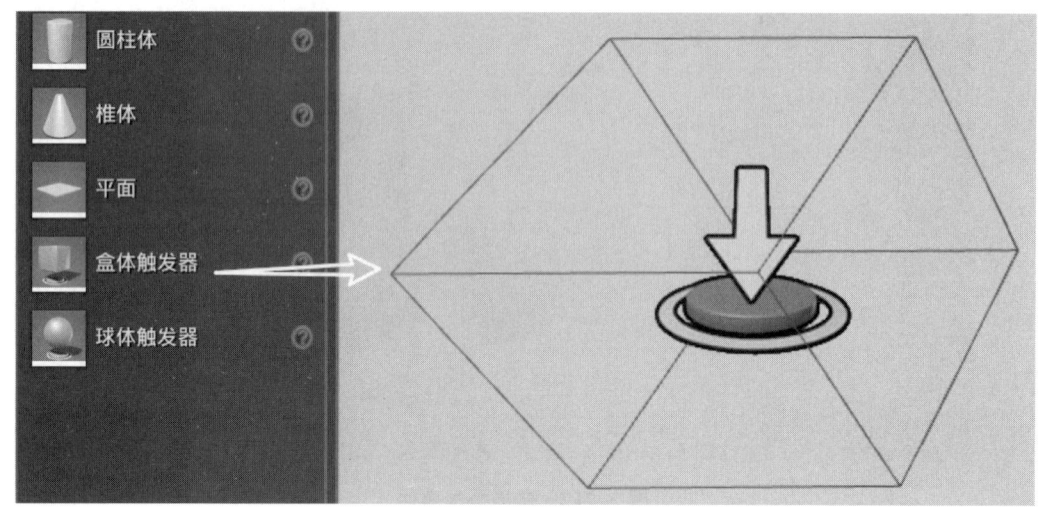

图 2-215　放置触发器

（二）触发事件

触发器可用于激活放置在关卡蓝图中的事件，且可以激活几种不同类型的事件。另外，主要类型的事件可用于响应与另一个对象的某种类型的碰撞，例如，某物与触发器碰撞或重叠，或响应来自用户的输入。

当在视口（Viewport）中选择触发器时，需在关卡蓝图事件图表中单击右键，并在为［触发器 Actor 名称］添加事件［Add Event for（Trigger Actor Name）］下选择一个事件，如图 2-216 所示。

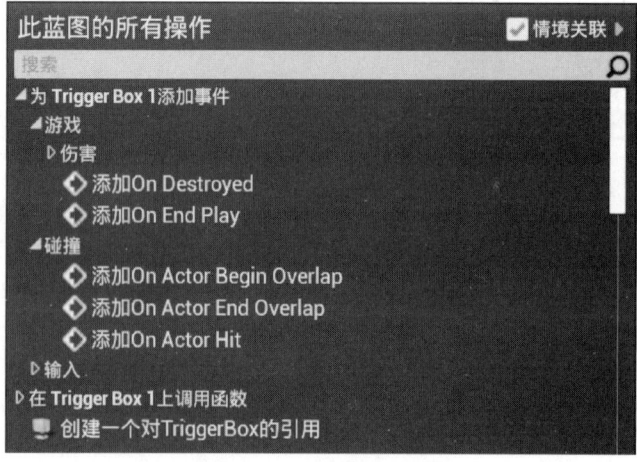

图 2-216　添加触发事件

通过上述方法可以将一个事件节点添加到当前关卡的关卡蓝图中。而且，每当发生特定事件，如一个 Actor 与触发器重叠（或穿过触发器）时，便会触发该事件节点的执行引脚。

第七节 射 线 检 测

考核知识点及能力要求：

- 了解虚拟现实系统中的射线检测。
- 掌握虚拟现实引擎工具中射线的检测步骤。
- 掌握虚拟现实引擎工具中射线的检测方法和使用情景。

一、使用由通道检测线条

由通道检测线条（Line Trace By Channel）将沿给定的线执行碰撞追踪并返回追踪命中的首个物体。以下是设置由通道检测线条的步骤和相应的结果。

（一）步骤

使用包括初学者内容里的第一人称蓝图模板创建新项目并打开项目。

在 First Person BP/Blueprints 文件夹中，打开 First Person Character 蓝图，如图 2-217 所示。

在图表中单击右键，搜索并添加一个 Tick 事件（Event Tick）节点，如图 2-218 所示。

这样会导致追踪每帧的运行，可从执行引脚连出引线，然后搜索 Line Trace By Channel 节点，如图 2-219 所示。

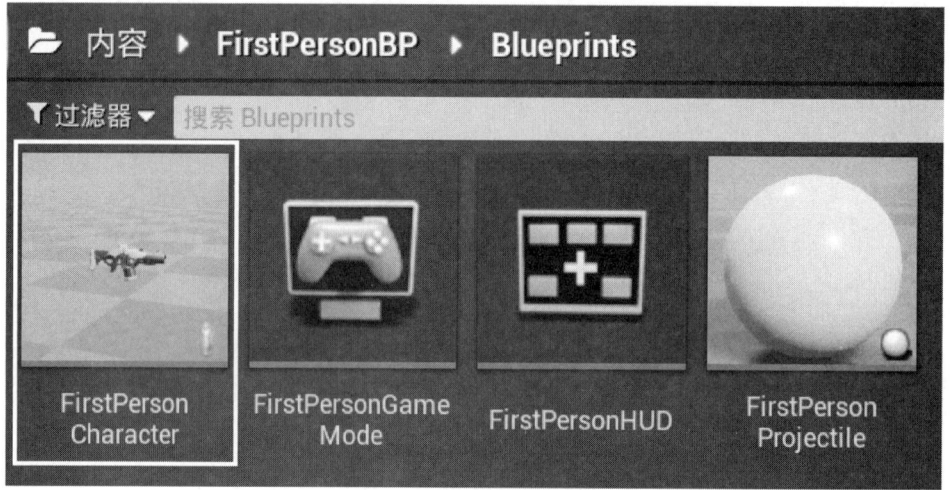

图 2-217 打开 First Person Character 蓝图

图 2-218 添加 Tick 事件节点

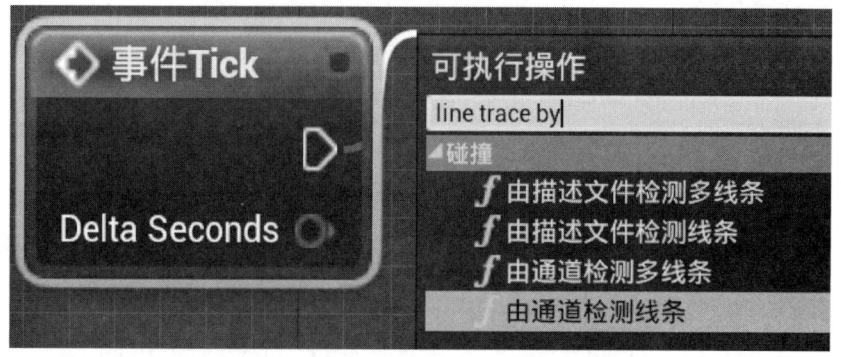

图 2-219 添加由通道检测线条节点

按住 Ctrl 键，拖入 First Person Camera 组件，如图 2-220 所示。

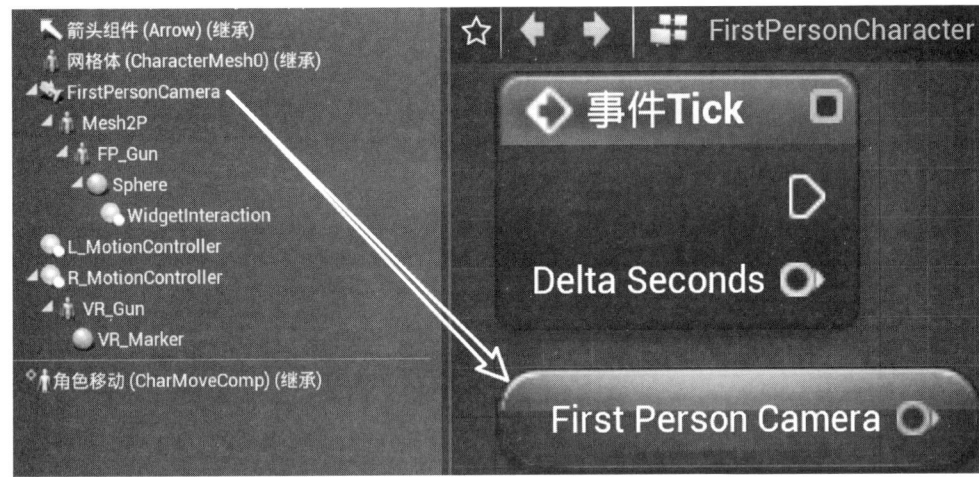

图 2-220　First Person Camera 组件变量

这样便会从该摄像机开始追踪，从 First Person Camera 节点连出引线，添加一个获取场景位置（Get World Location）节点，然后将其连接到追踪的 Start。

再次从 First Person Camera 节点连出引线，添加一个获取场景旋转（Get World Rotation）节点，如图 2-221 所示。

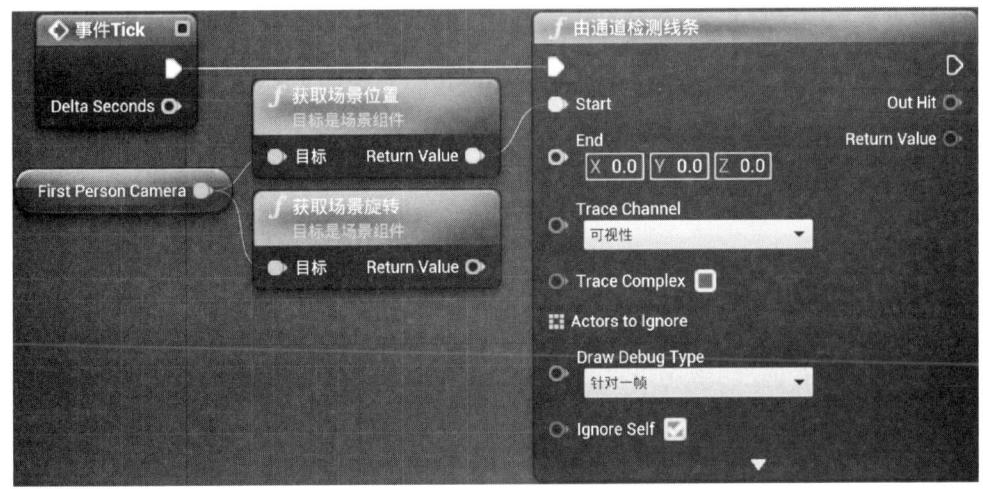

图 2-221　射线检测蓝图

从 First Person Camera 的位置开始追踪，然后获得 First Person Camera 的旋转。

图 2-222 射线检测长度

从获取场景旋转节点连出引线并添加一个获取向前向量（Get Forward Vector），然后再从此处连出引线并添加一个Vector*Float节点，设为1 500.0，如图 2-222 所示。

获得旋转和向前矢量后，将其向外延伸1 500.0（此值为追踪的长度）。从获取场景位置节点连出引线并添加一个Vector+Vector节点，然后连接到追踪节点的End，如图 2-223 所示。

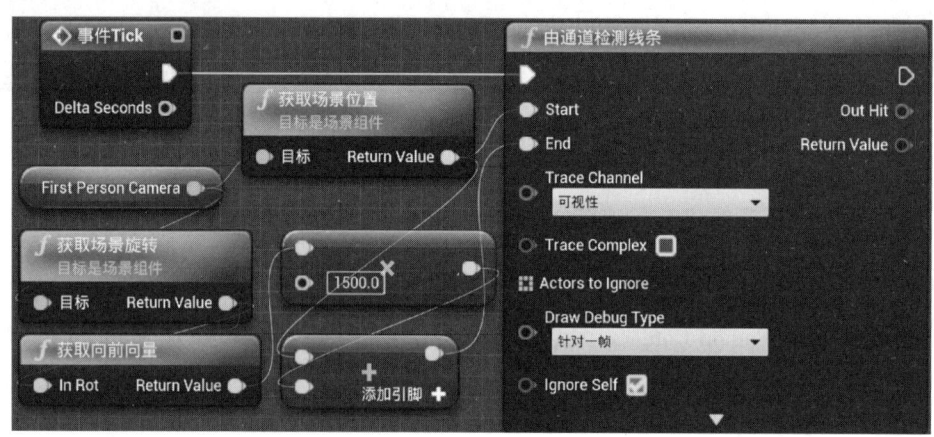

图 2-223 射线检测

再次使用First Person Camera的位置并将其向外延伸1 500个单位（基于其旋转和向前矢量）。在追踪节点上将Draw Debug Type设为针对一帧（For One Frame），如图 2-224 所示。

进行游戏查看线条追踪时即可看到一条调试线，如图 2-225 所示。

从追踪的执行输出引脚连出引线并添加一个打印字符串（Print String）节点，如图 2-226 所示。

从Out Hit引脚连出引线，搜索中断命中（Break Hit），然后添加一个中断命中结果（Break Hit Result）节点，如图 2-227 所示。

图 2-224 射线检测节点

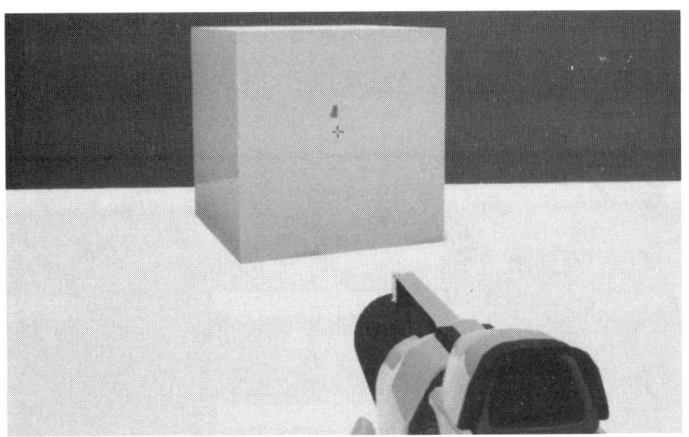

图 2-225　红色追踪调试线显示

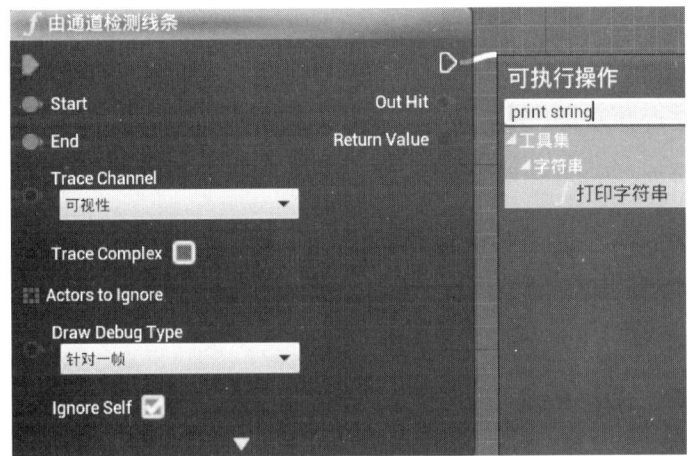

图 2-226　Print String 节点

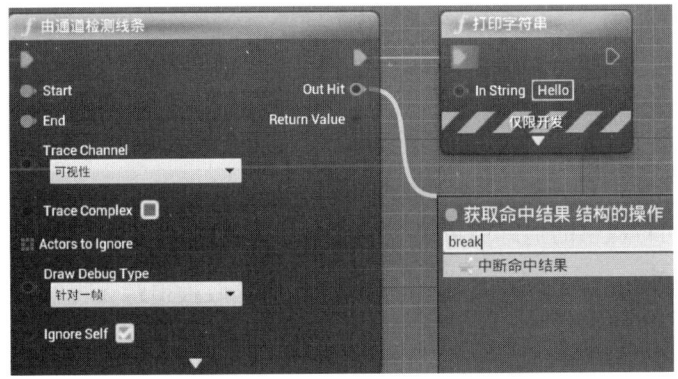

图 2-227　Break Hit Result 节点

从中断命中结果的 Hit Actor 引脚连出引线，添加一个 To String（Object）节点并将其连接到打印字符串节点，如图 2-228 所示。

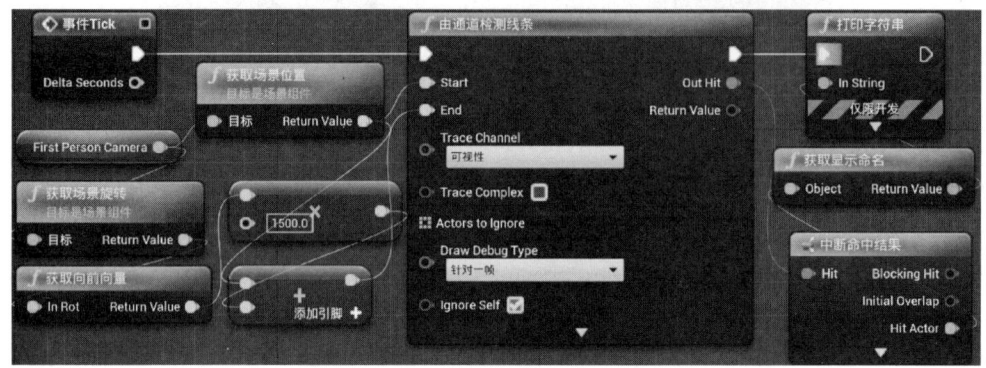

图 2-228　射线检测完整功能节点

这样可以调试输出追踪命中的对象，可点击编译（Compile）按钮，然后在编辑器中开始游戏，并查看关卡中的立方体，如图 2-229 所示。

图 2-229　屏幕打印效果

此处脱离了第一人称视角，以便于查看追踪的视觉角度。当追踪命中立方体后，便会把立方体的名称显示到屏幕上。

（二）结果

上例将返回对提供的追踪通道产生响应的所有物体，然而有时也可能只需要返回特定的物体。上例中，可使用 Actors to Ignore 引脚接收被追踪无视的 Actor 阵列（这意味着必须指定需要无视的每个 Actor）。

另外，也可执行由对象检测线条（Line Trace by Object）只返回特定的对象类型

（Object Types），这样便能以（追踪中包含的）特定物体集为目标。

二、使用对象的线条检测

对象的线条检测（Line Trace for Objects）将沿给定的线执行碰撞追踪并返回追踪命中的首个物体（须与特定物体类型匹配）。以下是设置对象线条检测追踪的步骤和相应的结果。

（一）步骤

按照由通道检测线条范例的步骤设置追踪，并用对象的线条检测节点替代由通道检测线条节点，如图 2-230 所示。

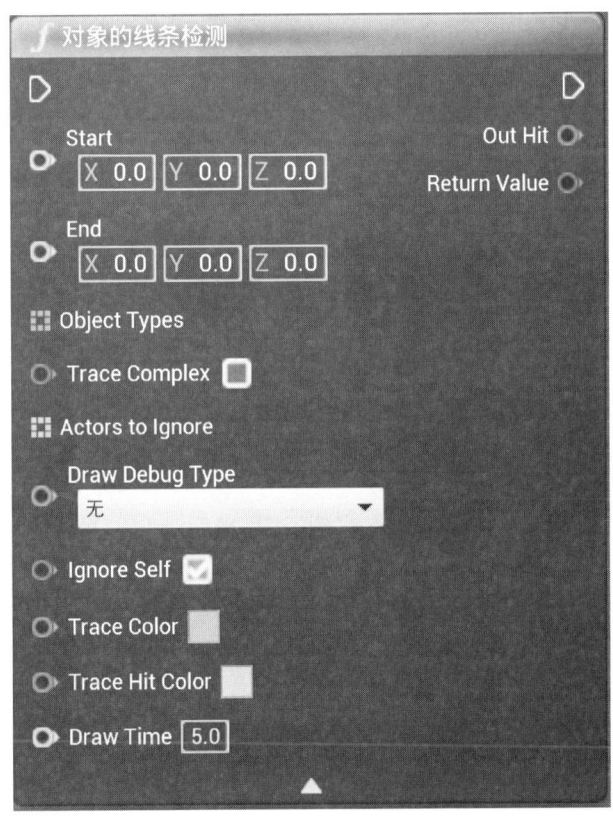

图 2-230 添加对象的线条检测节点

从 Object Types 引脚连出引线并添加创建数组（Make Array）节点，如图 2-231 所示。

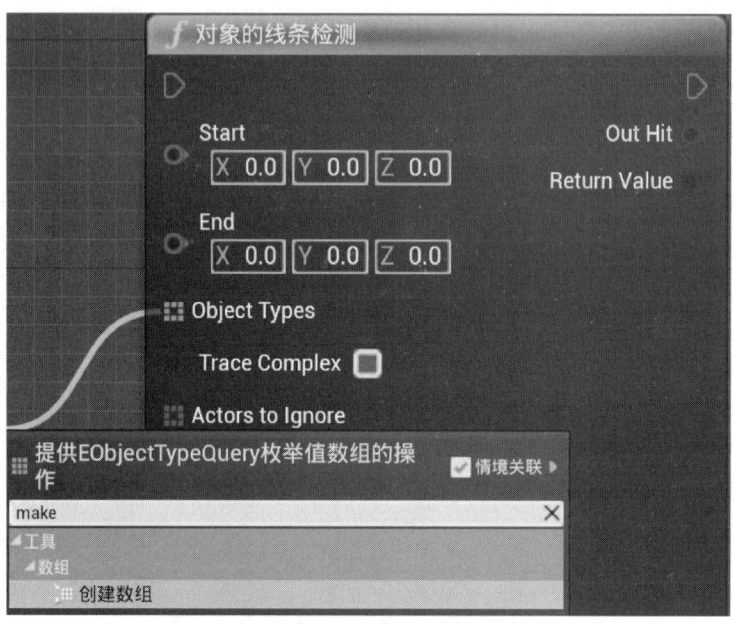

图 2-231 添加 Make Array 节点

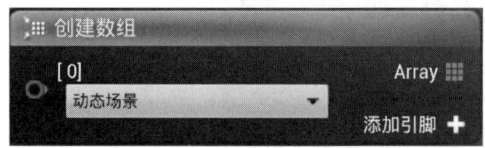

图 2-232 Make Array 节点

在创建数组节点上，通过下拉菜单指定需要追踪的物体类型，如图 2-232 所示。

此处追踪的物体类型是动态场景（World Dynamic）。可点击添加引脚（Add Pin）按钮添加更多类型，并且通过设置由通道检测线条的相同方式来设置其余的追踪。值得注意的是，此处的 Draw Bug Type 需要改成针对一帧（For One Frame），Hit Actor 需要换成 Hit Component，如图 2-233 所示。

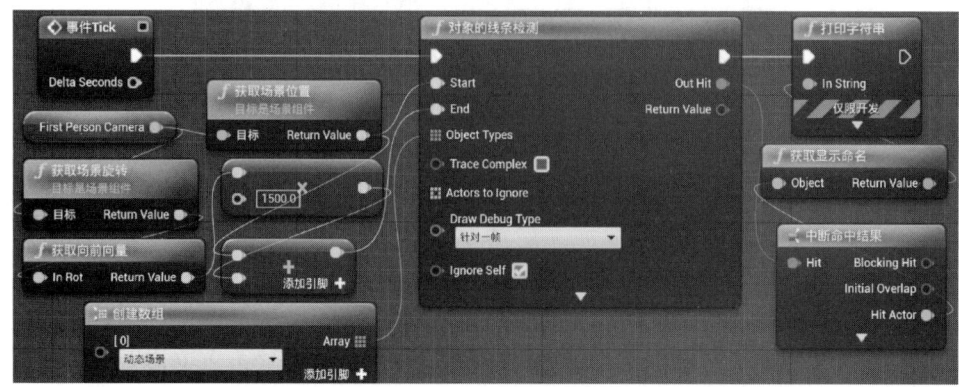

图 2-233 射线检测

（二）结果

已在关卡中添加一个动态场景物体，如图 2-234 所示。

目前只有添加的 Actor 返回为命中，因此立方体（由于其是物理 Actor）不会返回命中。

图 2-234 射线检测效果

第八节 用户界面设计器

考核知识点及能力要求：

- 了解虚拟现实系统中的用户界面。
- 掌握虚拟现实引擎工具中用户界面的设计步骤。
- 掌握虚拟现实引擎工具中用户界面设计器的使用。

一、用户界面设计器介绍

为了使用该引擎示意图形，首先需要创建控件蓝图（Widget Blueprint），具体过程如下所述。

点击内容浏览器中的添加新内容按钮,然后在用户界面下选择控件蓝图选项,如图 2-235 所示。

还可以在内容浏览器中单击右键,这样与点击创建按钮的效果相同。然后在内容浏览器中创建控件蓝图资源,并可以对该资源重命名,也可以使用资源的默认名称,如图 2-236 所示。

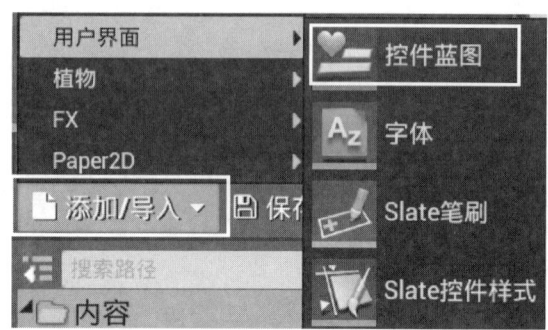

图 2-235 创建控件蓝图

图 2-236 控件蓝图

双击控件蓝图资源,在控件蓝图编辑器中将其打开,如图 2-237 所示。

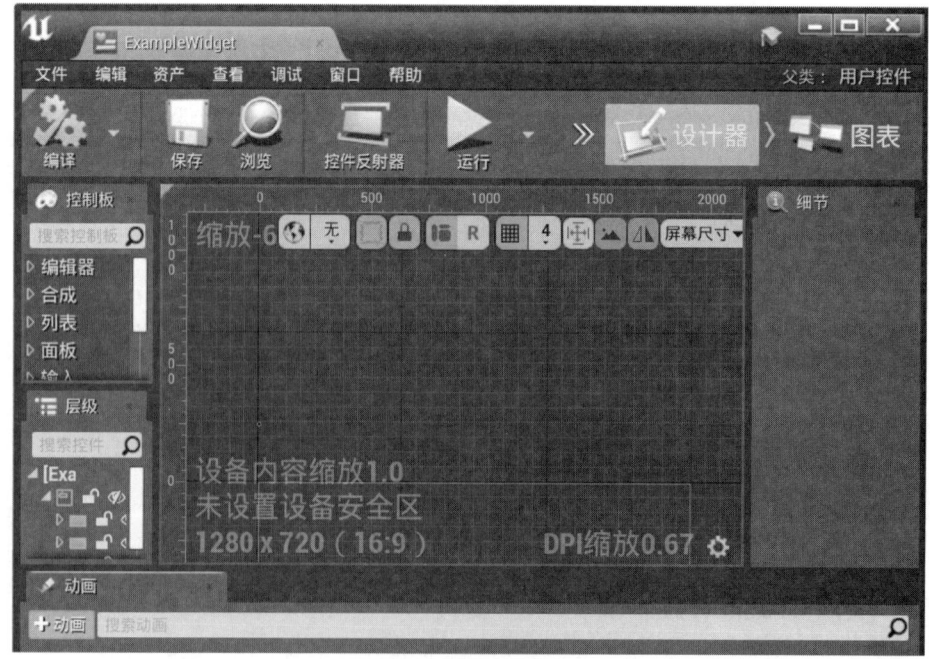

图 2-237 控件蓝图编辑器主页

在默认情况下，打开控件蓝图时，控件蓝图编辑器会打开并显示设计器选项卡。设计器选项卡是布局的视觉呈现，可让开发者对屏幕在游戏中的外观有一个概念，如图 2-238 所示。控件蓝图编辑器主页的工具列表见表 2-40。

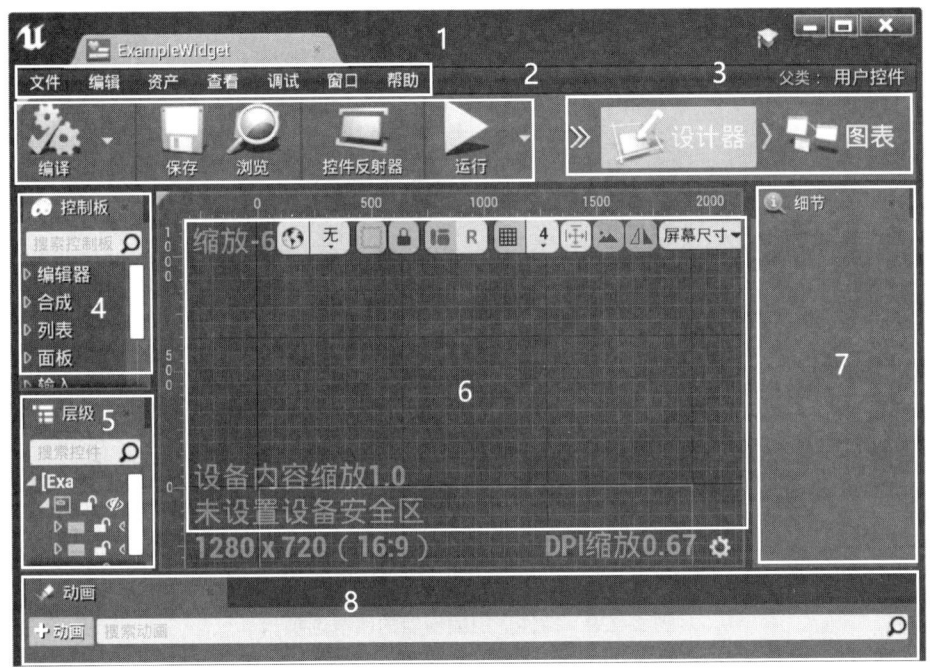

图 2-238　控件蓝图编辑器主页

表 2-40　　　　　　　　　　控件蓝图编辑器主页的工具列表

编号	窗口	描述
1	菜单栏	普通的菜单栏
2	工具栏	包含蓝图编辑器的一系列常用功能，如编译、保存和播放等
3	编辑器模式	将 UMG 控件蓝图编辑器在"设计器"和"图形"模式之间切换
4	调色板	一个控件列表可以将其中的控件拖放到视觉设计器中，并显示继承自 UWidget 的所有类
5	层级	显示用户控件的父级结构，还可以将控件拖动到此窗口
6	视觉设计器	其是布局的视觉呈现，在此窗口中可以操纵已拖放到视觉设计器中的控件
7	详情	显示当前所选控件的属性
8	动画	其是 UMG 的动画轨，可以用于设置控件的关键帧动画

视觉设计器窗口默认按 1∶1 比例显示，但可以按住 Control 键并向上滚动鼠标滚轮来进一步放大。

控件蓝图编辑器的图表选项卡如图 2-239 所示。此时，点击右上角的 Graph 按钮即可切换，且图形选项卡的功能与默认的蓝图编辑器类似。

图 2-239　控件蓝图编辑器的图表选项卡

二、UMG 基本概念

（一）画布

画布（Canvas）是在 HUD 渲染循环中使用的对象，用于在屏幕上绘制各种元素，如文本、纹理和材质图块、任意三角形和简单的原始形状等。除使用部分专用的备选方法外，使用画布绘制也是在用该引擎制作的游戏中创建 HUD 和 UI 的一种方法。

（二）锚点

锚（Anchor）用来定义 UI 控件在画布面板上的预期位置，并在不同的屏幕尺寸下维持这一位置。锚在正常情况下以 Min（0，0）和 Max（0，0）表示左上角，以 Min（1，1）和 Max（1，1）表示右下角。

创建画布面板并向其中添加其他 UI 控件后，既可以从一系列预设的锚位置中进行选择（通常情况下，这些选择足以使控件保持在某一特定位置），也可以手动设置锚位置和 Min/Max 设置，以及应用偏移。

1. 锚的工作原理

创建锚图案：在调色板（Palette）里选一个控件作为预设锚，如进度条（Progress Bar），如图 2-240 所示。鼠标左键点击进度条并拖拽到视觉设计器中，下面黄框内的就是锚的图案，其表示画布面板上锚的位置，如图 2-241 所示。

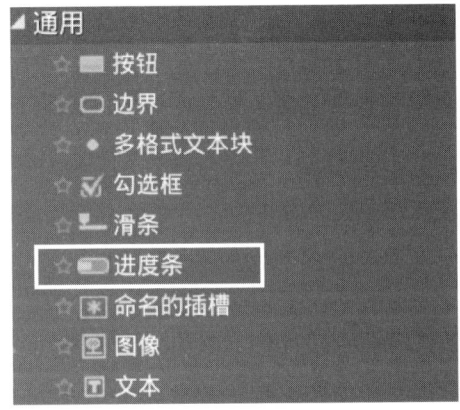

图 2-240　进度条控件

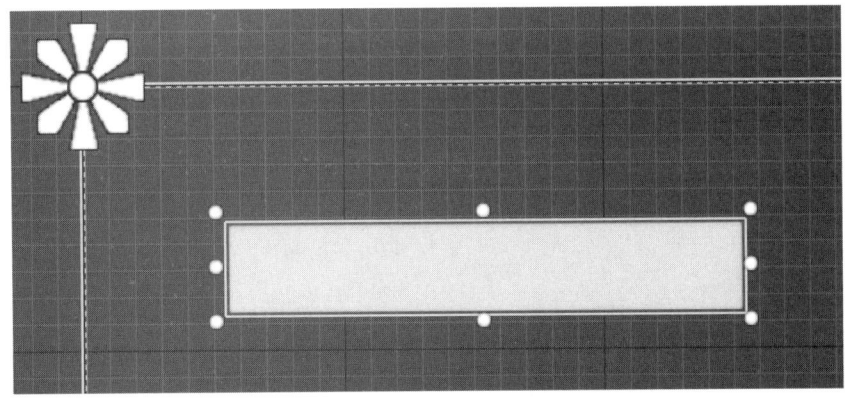

图 2-241　锚点

2. 预设锚

画布面板（Canvas Panel）中放有 UI 控件时，可以从控件的细节面板中选择一个预设锚，如图 2-242 所示。

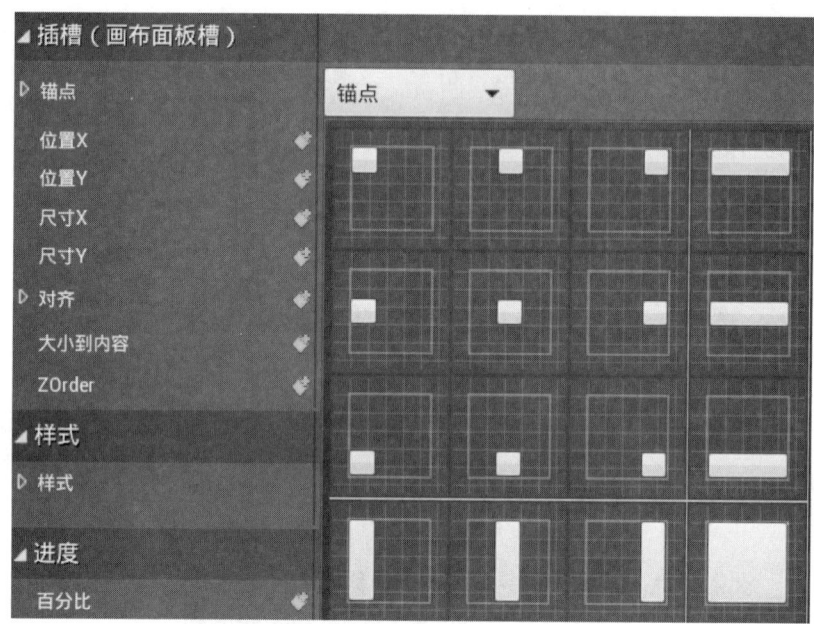

图 2-242 预设锚

这可能是为控件设置锚点的最常用的方法,并且能够满足大多数需求。下面的银色框表示锚点,选择后,将会使锚图案移动到该位置。举例说明,如果想使某物始终保持在屏幕中央,可以将控件放置在画布面板的中央,然后选择"中央/中央"预设选项,如图 2-243 所示。

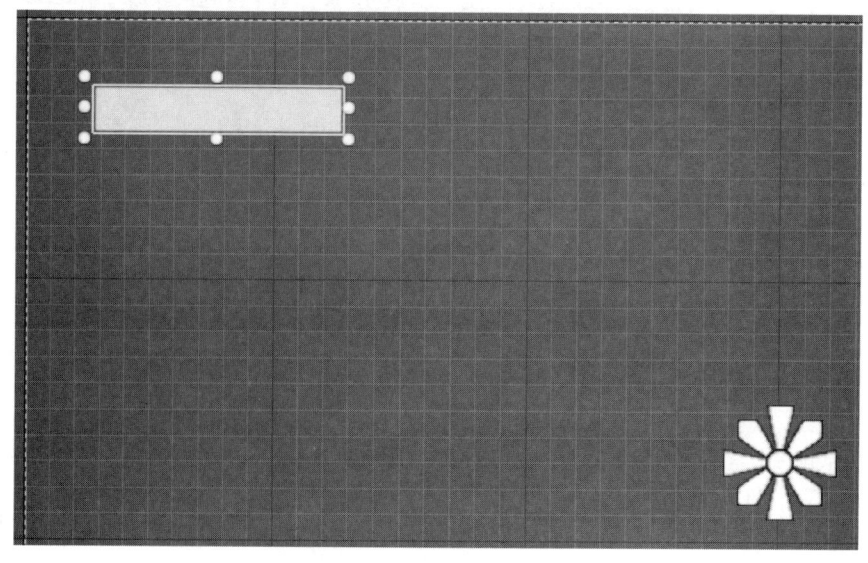

图 2-243 将锚点设置为中心

也可以从预设拉伸方案中进行选择,分别如图 2-244 至图 2-246 所示。

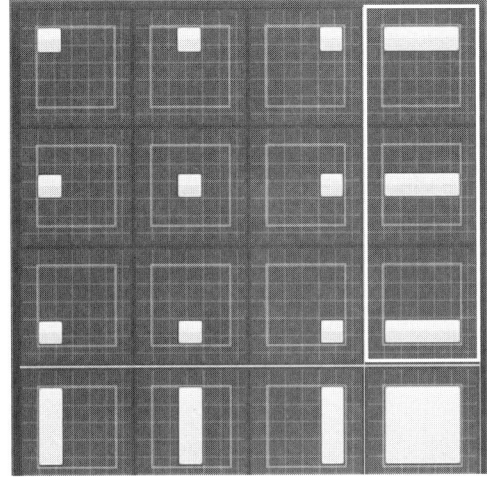

图 2-244 水平拉伸

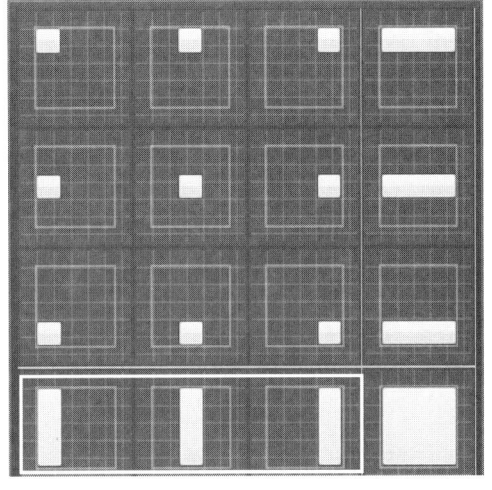

图 2-245 垂直拉伸

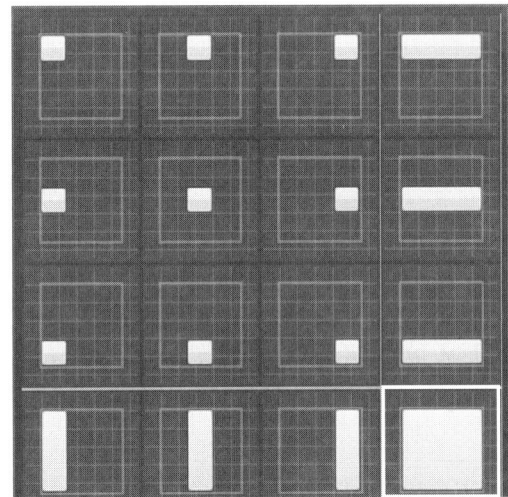

图 2-246 双向拉伸

第九节 控件及交互组件

考核知识点及能力要求：
- 了解虚拟现实引擎工具中的控件类型。
- 掌握虚拟现实引擎工具中控件及交互组件的使用方法。

一、控件

控件蓝图编辑器中的选用板（Palette）窗口下存在多种类别的控件，每个类别中都包含不同的控件类型，可以将这些控件类型拖放到视觉效果设计器中。通过混合和搭配这些控件类型，可以在设计器（Designer）选项卡上设计UI布局，通过每个控件的细节（Details）面板中的设置，以及图表（Graph）选项卡为控件添加功能。

下面列出了选用板（Palette）窗口下的所有控件类型。

（一）常用控件

常用控件如图2-247所示。

常用控件说明见表2-41。其中最经常使用的控件也包含在内。

（二）附加控件

附加控件如图2-248所示。

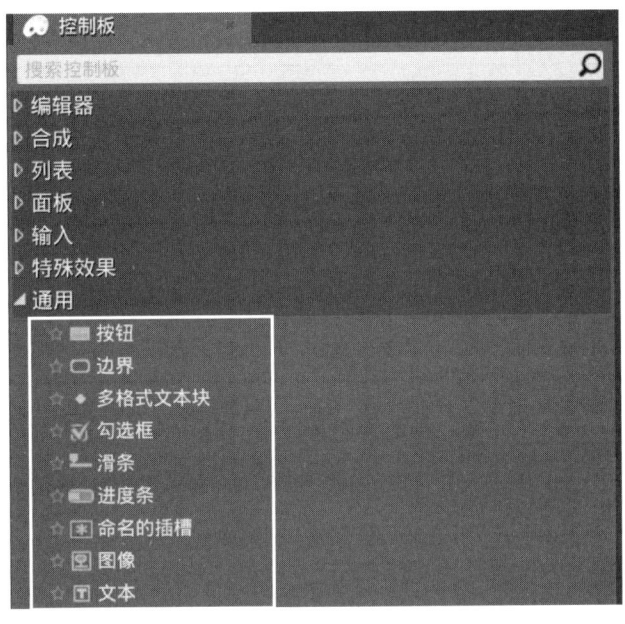

图 2-247 常用控件

表 2-41 常用控件说明

选项	说明
边界（Border）	边界是容器控件，可以包含一个子控件，提供使用边界图像和可调节的填补将其包围起来的机会
按钮（Button）	按钮是单子项、可点击的原始控件，其可实现基本交互。可将任何其他控件放入按钮控件中，以在 UI 中创建一个更复杂且有趣的可点击元素
勾选框（Check Box）	借助勾选框控件，可以显示"未选中""选中"和"不确定"三种切换状态。可以使用勾选框控件来制作经典勾选框、切换按钮或单选按钮
图像（Image）	借助图像控件，可在 UI 中显示 Slate 笔刷、纹理、Sprite 或材质 可在 Slate 中批量处理属于同一纹理图谱的 Sprite，前提是渲染时它们都在同一图层上。这意味着如果将 Paper2DSprite 用作笔刷（Brush）输入，绘制调用预算很紧的平台将可以更高效地渲染 UMG 和 Slate 控件
命名的插槽（NamedSlot）	此控件用于为用户控件显示可使用任何其他控件来填充的外部槽，对创建自定义控件功能而言，此控件非常有用

续表

选项	说明
进度条（Progress Bar）	进度条控件是可以逐渐填充的简单条形，可以重新设计样式以适应各种用途，如经验值、生命值、分数等
滑条（Slider）	简单的控件及显示具有手柄的滑条，控制值在 0 ~ 1
文本（Text）	在屏幕上显示文本的基本方法，可以用于选项或其他 UI 元素的文本说明
多格式文本块（Text Box）	允许用户输入自定义文本，且仅允许输入单行文本

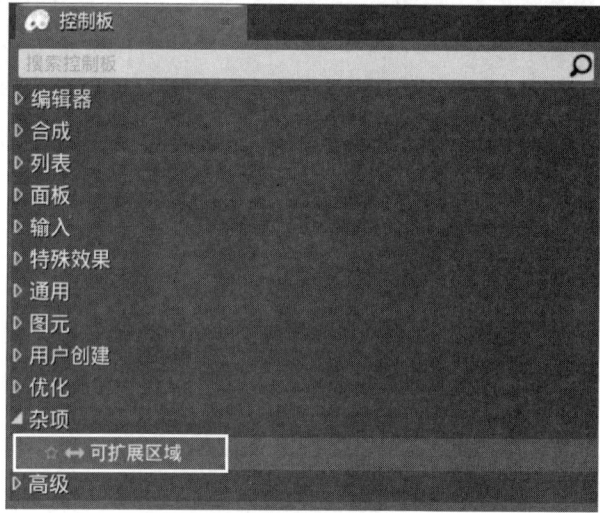

图 2-248 附加控件

此部分中包含的控件是其他控件的补充，见表 2-42。

表 2-42　　　　　　　　　　　　附加控件说明

选项	说明
可扩展区域（Expandable Area）	借助它可以折叠或展开容器中的子控件

（三）输入控件

输入控件如图 2-249 所示。

此部分包含下面列出的与如何允许用户进行输入有关的 3 个选项，见表 2-43。

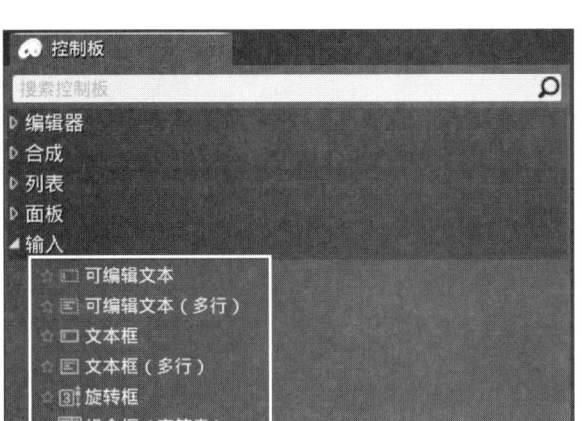

图 2-249　输入控件

表 2-43　输入控件列表

选项	说明
组合框（字符串） [Combo Box（String）]	借助组合框（字符串），可以向用户显示包含选项列表的下拉菜单，以供他们从中选择一个选项
数字显示框（Spin Box）	数字输入框允许直接输入数字或允许用户单击并滚动数字
文本框（多行） [Text Box（Multi-Line）]	与文本框（Text Box）相似，但允许用户输入多行文本而非单行文本

（四）优化控件

优化控件如图 2-250 所示。

此部分包含的控件主要用于优化 UI，从而实现性能提升，见表 2-44。

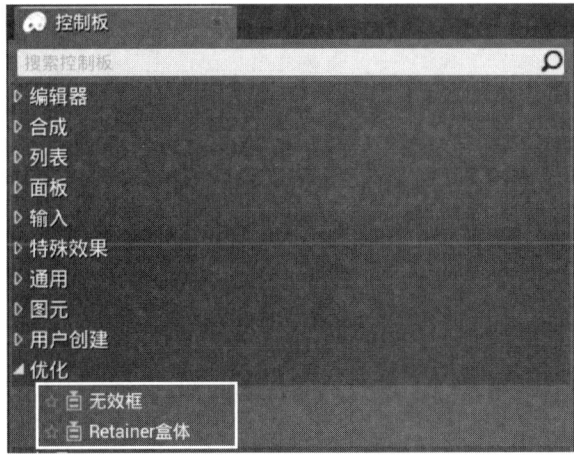

图 2-250　优化控件

表 2-44　　　　　　　　　　　　　　优化控件列表

选项	说明
无效框 （Invalidation Box）	被"无效化方框"围绕的控件的子控件的几何体会被缓存，以便加快 Slate 的渲染速度。任何被无效化方框缓存的控件都不会进行预处理（pre-passed）、更新或绘制。总的来说，如果想优化项目，可以将特定控件放置在无效化方框中，这样可以提升性能（特别是处理移动端项目或复杂 UI 界面时）。如果控件只是偶尔变动，就可以将它们放置在无效化方框中进行缓存，这样就不会在绘制、更新或预通道（pre pass）中处理它们
限位框 （Retainer Box）	先将子控件渲染到渲染目标，然后再将该渲染目标渲染到屏幕。使用该选项，可以控制频率和相位，以使 UI 的实际渲染频率低于主游戏的渲染频率。其附带好处是允许在绘制控件之后将材质应用给渲染目标，以应用简单的后期处理

（五）面板控件

面板控件如图 2-251 所示。

面板（Panel）类别中包含用于控制布局和放置其他控件的有用控件，见表 2-45。

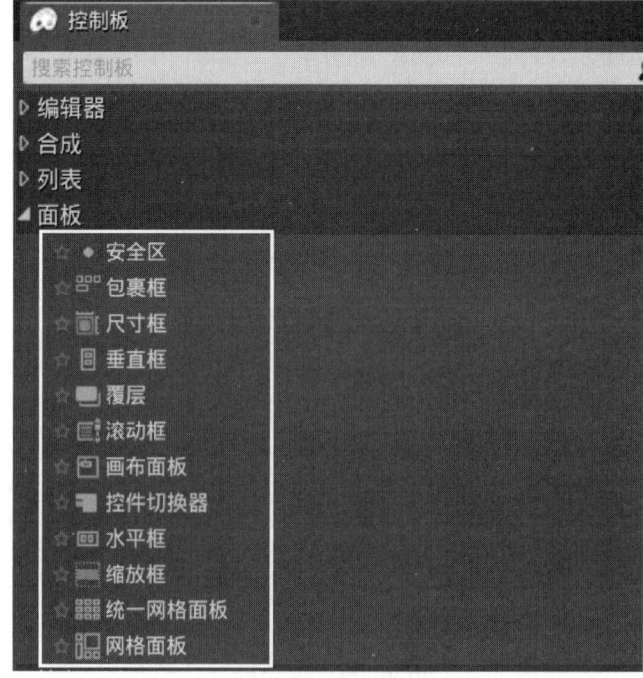

图 2-251　面板控件

表 2–45　　　　　　　　　　面板控件列表

选项	说明
画布面板 （Canvas Panel）	画布面板是一种对开发人员友好型的面板，其允许在任意位置布局、固定控件，并将这些控件与画布的其他子项按 Z 序排序。虽然 Z 序可以手动更改，但控件按列出顺序渲染，首选方法是在列表中对它们正确排序，而不是依靠 Z 序排序。画布面板是非常适用于手动布局的控件，但如果想要系统地生成控件并放置在容器中，则用处不大，除非需要绝对布局
网格面板 （Grid Panel）	在所有子控件之间平均分割可用空间的面板
水平框 （Horizontal Box）	用于将子控件水平排布成一行
覆层 （Overlay）	允许控件上下堆叠并对每层内容采用简易流动布局的面板
安全区 （Safe Zone）	拉取平台安全区信息并添加填充
缩放框 （Scale Box）	允许用户按所需大小放置内容并将其缩放为符合框内所分配区域的约束尺寸的控件。如果需要对背景图像进行缩放以填充某个区域，但又不希望因为高宽比的不同而产生失真，或者需要将某些文本自动调整放入某个区域，那么该控件可满足你的需求
滚动框 （Scroll Box）	一组可任意滚动的控件，当需要在一个列表中显示 10 ～ 100 个控件时非常有用。但该控件不支持虚拟化
尺寸框 （Size Box）	用于指定所需尺寸。部分控件呈报的所需尺寸并非实际需要的尺寸，可使用尺寸框包围它们，然后尺寸框就会将它们强制限制为特定尺寸
均匀网格面板 （Uniform Grid Panel）	在所有子控件之间平均分割可用空间的面板
纵向框 （Vertical Box）	纵向框控件是布局面板，用于自动纵向排布子控件。当需要将控件上下堆叠并使控件保持纵向对齐时，此控件就非常有用
控件切换器 （Widget Switcher）	控件切换器类似于选项卡控件，因此，在没有选项卡的情况下，用户就可以自行创建并与此控件组合以获得类似于选项卡的效果。但一次最多只显示一个控件
自动换行框 （WrapBox）	该控件会将子控件从左到右排列，且超出其宽度时会将其余子控件放到下一行

（六）Primitive 控件

Primitive 控件如图 2-252 所示。

包含在 Primitive 类别中的控件提供了向用户传达信息或允许他们选择其他方法，见表 2-46。

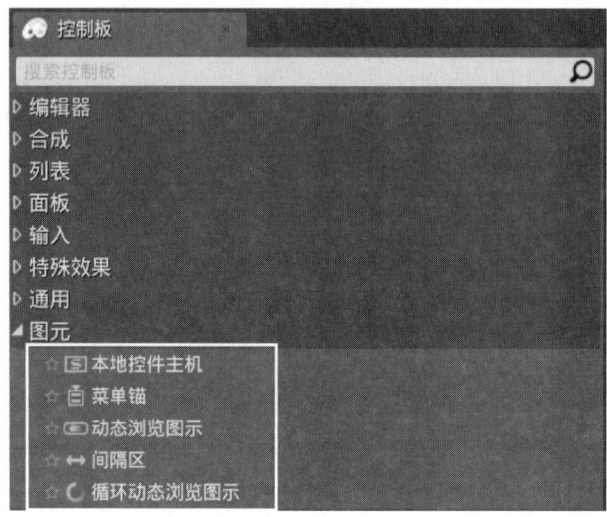

图 2-252　Primitive 控件

表 2-46　　　　　　　　　　　　Primitive 控件列表

选项	说明
循环动态浏览图示 （Circular Throbber）	循环展示图像的动态浏览图示控件
可编辑文本 （Editable Text）	文本字段，允许用户输入，没有框背景。该控件仅支持单行可编辑文本
可编辑文本（多行） （Editable Text（Multi-Line））	与可编辑文本相似，但支持多行文本而非单行文本
菜单锚 （MenuAnchor）	此控件用于指定一个位置，弹出菜单将从此处调出并被锚定在此处
原生控件宿主 （Native Widget Host）	容器控件，可包含一个子 Slate 控件。当只需要在某个 UMG 控件中嵌套一个原生控件时，应使用该控件
隔离控件 （Spacer）	隔离控件提供与其他控件之间的自定义填充。隔离控件并不进行视觉呈现，在游戏中不可见
动态浏览图示 （Throbber）	动画式的动态浏览图示控件，在一行中显示几个缩放的圆圈（如可以用来表示正在进行加载）

（七）特殊效果控件

特殊效果控件如图 2-253 所示。

本部分中的控件用于生成基于 UI 的特殊效果，见表 2-47。

图 2-253　特殊效果控件

表 2-47　特殊效果控件说明

选项	说明
背景模糊 （BackgroundBlur）	背景模糊控件包含一个子控件，能用可调填充将其包围，并将后期处理高斯模糊应用到控件下方的全部内容

（八）未分类控件

未分类控件如图 2-254 所示。

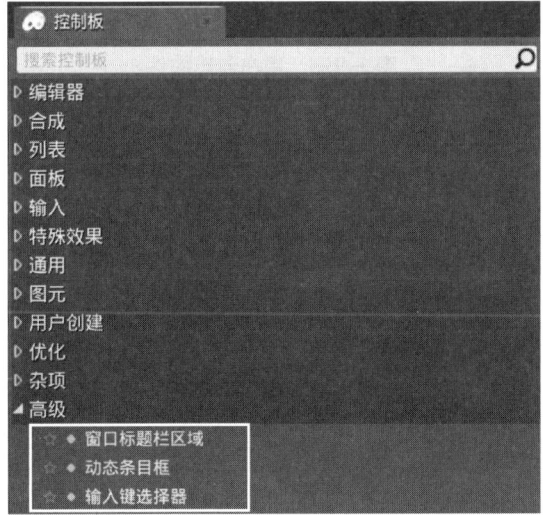

图 2-254　未分类控件

此部分中的控件是特例，无法归入其他类别，见表 2-48。

表 2-48　　　　　　　　　　　　未分类控件列表

选项	说明
输入键选择器 （Input Key Selector）	用于选择单个键或具有修饰符的单个键的控件
窗口标题栏区域 （Window Title Bar Area）	用于定义允许用户在桌面平台上拖动窗口的 UI 区域的面板

（九）用户创建控件

用户创建控件如图 2-255 所示。

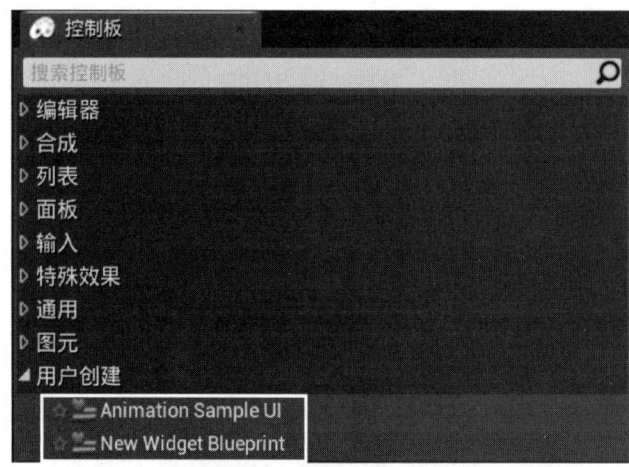

图 2-255　用户创建控件

用户创建（User Created）控件是用户创建的、可放在另一个控件蓝图中的控件蓝图。非常适用于创建 UI 元素 "部件" 作为个体控件蓝图，然后将它们添加到一起，构造整体 UI 布局。

例如，可以创建包含用户生命值的显示信息的用户生命值（Player Health）控件、记录用户收集到的物品栏（Inventory）控件、允许用户按下按钮以执行不同操作的操作栏（Action Bar）控件或任意数量的其他类型的控件，然后将它们组合在一起，放入一个 Game HUD 控件，在其中根据需要切换这些个体部件的开 / 关状态，而不是在一个控件蓝图中构造这些对象。

二、显示 UMG

创建控件蓝图并设计好布局之后，若要令其显示在游戏内，需要在另一个蓝图中（如关卡蓝图或角色蓝图）使用创建控件（Create Widget）和添加到视口（Add to Viewport）节点调用它，如图 2-256 所示。

图 2-256　显示 UMG

在上述示例中，创建控件节点调用类（Class）部分下指定的控件蓝图，返回值（Return Value）生成的结果［拥有用户（Owning Player）为用户控制器（Player Controller），被应用于默认播放器控制器中的空白结果］添加到视口函数用于在屏幕上绘制控件蓝图。这里指定 Example Widget 变量（该变量包含所创建的控件）为添加的目标。

此外，返回值被分配给一个名为"Example Widget"的变量，稍后可以由此变量访问控件蓝图，而无须重新创建控件，必要时还可以利用此变量来移除控件。

另外，从父项中移除（Remove from Parent）节点并指定目标控件蓝图，可将控件从显示中移除，如图 2-257 所示。

图 2-257　移除控件

（一）设置输入模式和显示光标

有些情况可能想要用户与 UI 进行交互，有些情况则想要用户完全忽视 UI。而有些节点则可以用来决定用户与 UI 交互的方式，这些节点都可设置输入模式的类型，如图 2-258 所示。

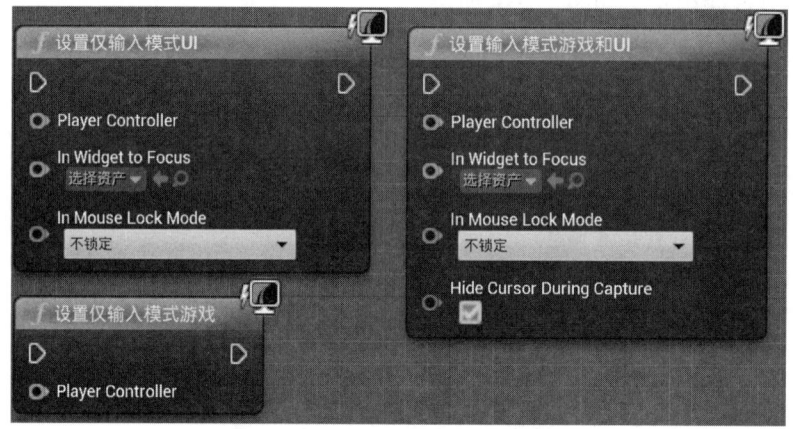

图 2-258　设置输入模式和显示光标

上图中的设置输入模式游戏和 UI（Set Input Mode Game and UI）节点，使用户可以通过输入来操纵游戏和 UI，如控制屏幕上角色的同时可以点击任意按钮或 UI 元素。

上图中的设置仅输入模式游戏（Set Input Mode Game Only）节点针对游戏启用输入的同时而忽视 UI 元素，适用于非交互性 UI 元素，如体力、点数或时间显示等。

上图中的设置仅输入模式 UI（Set Input Mode UI Only）适用于极端情况的节点，在只想允许 UI 导航并且不允许游戏输入的情况下使用。这将完全禁用掉所有的游戏控制，UI 将成为所有输入的对象，应谨慎使用该节点。

为了配合上述节点，可能想要启用 / 禁用鼠标光标的显示。为此，可以使用设置显示鼠标光标（Set Show Mouse Cursor）节点。将获取用户控制器（Get Player Controller）节点拖离，然后使用设置显示鼠标光标节点并将其设置为 True 或 False 以显示或隐藏鼠标光标，如图 2-259 所示。

（二）向控件添加控件

可以通过创建父 – 子关系将控件添加到其他控件中，其中第二个控件嵌套在第一个控件下。为此，只需将子控件附加到父控件，而无须使用添加到视口函数，如图 2-260 所示。

图 2-259　切换鼠标光标的显示 / 隐藏

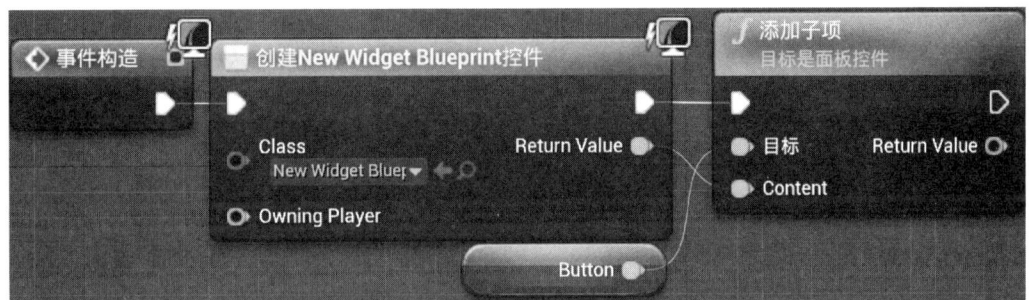

图 2-260　为控件添加子控件

上面的示例显示了如何使用添加子控件功能将一个名为"Button"的按钮控件附加到名为"New Widget Blueprint"的新控件。

添加子项（Add Child）节点用于在面板中将一个控件变为另一个控件的子 / 父控件，而添加到视口则将控件像新窗口一样添加到根窗口中。若要移除子控件，需要获取父控件并调用移除子项（Remove Child）。

三、控件交互组件

控件交互组件如图 2-261 所示。

如使用控件组件显示以 3D 形式存在于游戏世界中的 UI，还需要用户与此控件进行交互，可通过控件交互（Widget Interaction）组件来实现交互。

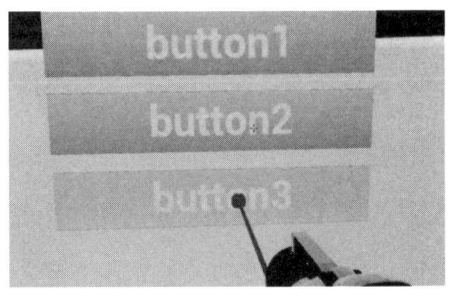

图 2-261　控件交互组件

控件交互组件执行光线投射,以确定其是否命中世界场景中的控件组件。如命中,可设置规则确定与其交互的方式。交互可通过模拟定义的按键来执行,如可通过鼠标左键点击一个按钮,告知其他形式的输入模拟——一次鼠标左键点击控制器按钮、运动控制器扳机键等。

(一)添加控件交互组件

通常需要将控件交互组件添加到用户 Pawn 或组件窗口的角色类,如图 2-262 所示。

另外,将其添加并附加到角色手持的一把枪上时,枪指向的方向就是控件交互组件的朝向。

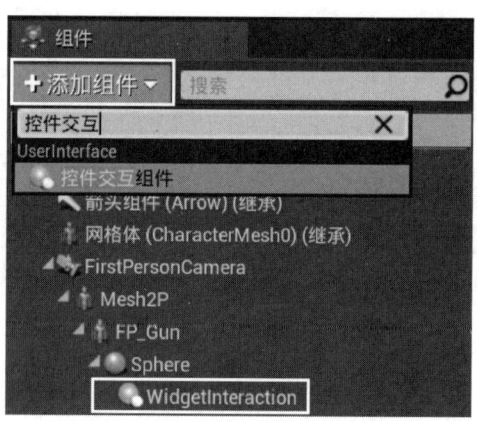

图 2-262　添加控件交互组件

(二)控件交互属性参考

添加控件交互组件后,可调整细节面板中的数个属性来定义其功能。除常见的组件属性外(如 Transform、Rendering 或 Sockets),以下属性为控件交互组件专用。控件交互属性参考见表 2-49。

(三)控件交互蓝图节点参考

控件交互组件可模拟不同类型的输入方法(如按下、松开或按下+松开),在蓝图快捷菜单的交互(Interaction)部分可找到这部分内容。同时,还可获得其他信息,如控件交互组件注册的"命中"位置,或世界场景中的控件组件当前是否被悬停,如图 2-263 所示。控件交互蓝图节点参考见表 2-50。

另外,控件交互组件的属性也能以 getter 形式被获取,或通过 setter 节点进行设置。

表 2–49　　　　　　　　　　　　　控件交互属性参考表

选项	描述
交互	
Virtual User Index	代表虚拟用户索引。控件交互组件通过虚拟用户索引产生作用，此索引将单独捕捉并处理聚焦状态。每个虚拟用户应由一个不同的索引所代表，以确保它们保持单独的捕捉和聚焦状态。每个控件交互组件上线后，其将告知虚拟用户索引的 Slate，其已被指定且可作为真实 Slate 用户发送时间
Pointer Index	每个用户的模拟虚拟控制器或虚拟指端应使用不同的指针索引
Interaction Distance	组件能够和控件组件形成交互的距离（以游戏单位计）
Interaction Source	确定从何处开始投射并开始追踪（世界场景、鼠标、屏幕中心或自定义）。如将此设为自定义，则需要调用 Set Custom Hit Result（ ）并提供自定义命中测试（在需要的任意位置执行）的结果
Enable Hit Testing	确定交互组件是否应该执行命中测试（自动或自定义）并尝试模拟悬停。如需要模拟键盘而虚拟键盘和虚拟指针设备为分离状态，应将此选项关闭并将另一个交互组件用于指针设备
调试	
Show Debug	显示调试线和命中球体，以便调试交互
Debug Color	确定 Show Debug 启用时调试线的颜色
事件	
On Hovered Widget Changed	悬停控件组件改变时调用 Slate 层的交互组件函数，因此其无法针对命中结果下的控件进行报告

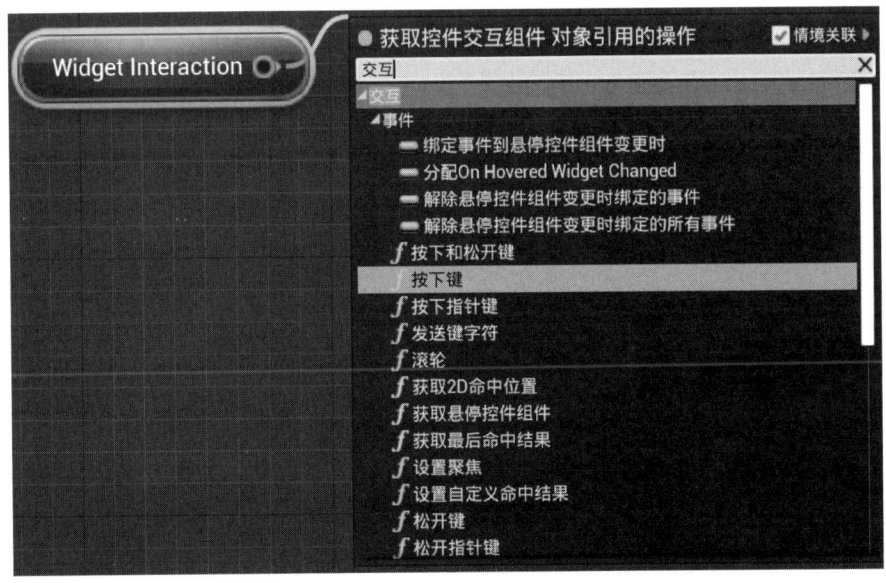

图 2–263　控件交互蓝图节点

表 2-50　　　　　　　　　　　　控件交互蓝图节点参考表

节点	描述
获取悬停控件组件 （Get Hovered Widget Component）	获取当前悬停的控件组件
获取最后命中结果 （Get Last Hit Result）	获取组件生成的上一个命中结果。设置后将返回自定义命中结果
按下和松开键 （Press and Release Key）	按下和松开虚拟键盘键
按下键 （Press Key）	按下虚拟键盘键。不要将此项用于 a–z IA–Z，因为 Slate 中的可编辑文本框之类的资源将在 On Key Char 被调用后发出通知，说明特定字符正发送到控件。在这些情况下应使用 Send Key Char 代替
松开键 （Release Key）	松开键盘上已松开的键

思考题

1. 小数类型和浮点类型都可以代表小数，它们之间有什么区别？

2. 在 switch 语句中，每个语句标号所含关键字 case 后面的表达式必须是什么？

3. 在 while 循环语句中，一定要有修改循环条件的语句，否则可能会造成什么后果？

4. 试述画布和锚点的意义与作用。

5. 切换关卡的命令是什么？

6. 简述射线检测的主要用途。

第三章
虚拟现实显示设备应用

虚拟现实显示设备是虚拟现实系统对外输出显示的载体，是一种计算机接口设备，其把合成的虚拟世界图像展现给予虚拟世界进行交互的一个或多个用户，目的是使体验者在虚拟环境中有身临其境的感觉。虚拟现实应用开发者要根据系统要求将开发的系统发布到对应的显示备用中，以便于用户体验。

本章介绍了将虚拟显示系统打包发布到虚拟现实显示设备的操作步骤，并介绍了虚拟现实系统运行环境的搭建，如何使系统能够在虚拟现实显示设备上运行。

- **职业功能：** 开发虚拟现实应用。
- **工作内容：** 开发应用程序。
- **专业能力要求：** 能接入常见的虚拟现实显示设备；能将虚拟现实系统发布到虚拟现实显示设备上正常运行。
- **相关知识要求：** 虚拟现实显示设备应用的开发知识。

第一节 打包项目

考核知识点及能力要求：

- 掌握针对不同虚拟现实显示设备的打包设置。
- 掌握虚拟现实系统在虚拟现实引擎工具中的打包流程。

通过不同的虚拟现实引擎工具开发的项目，需要经过打包之后才能正常发布到对应的设备上运行，不同的引擎工具的打包流程及打包设置基本一致。打包过程会涉及以下3个步骤：首先，所有项目特定的源代码会被编译；其次，代码编译完成后，所有所需的内容都会被转化（所谓的"烘焙"）成目标平台可以使用的格式；最后，编译后的代码和经过烘焙的内容将被打包成一组可发布的文件，如安装程序或者可执行程序。

本节以某型通用引擎为例展开讲解，必须先对使用该引擎开发的虚拟现实应用项目进行正确打包，之后才能将其发布给用户。打包能确保所有代码和内容都为最新且使用正确格式，以便在预期的目标平台上运行。

在菜单栏的文件（File）菜单中，有一个名为打包项目（Package Project）的选项。该选项包含一个子菜单，其中列出了所有引擎能支持的平台，现在可以为这些平台打包项目，如选择为Android设备打包，此时就会看到多个选项。另外，打包前，还可以设置一些高级（Advanced）选项。

一、设置应用的默认场景

打包应用项目前,需要设置应用的默认场景,打包好的应用会在启动时最先加载这个场景。假如没有设置场景,并且使用的是空白项目,那么打包好的应用在启动时只会显示一片漆黑。假如使用了某个模板场景,如第一人称(First Person)模板或第三人称(Third Person)模板,那么就会加载启动该模板场景。

若要设置默认场景(Game Default Map),应在编辑器的主菜单栏中点击编辑(Edit)-> 项目设置(Project Settings)-> 地图和模式(Maps & Modes)。而游戏默认地图即为该应用项目的默认场景,如图3-1所示。

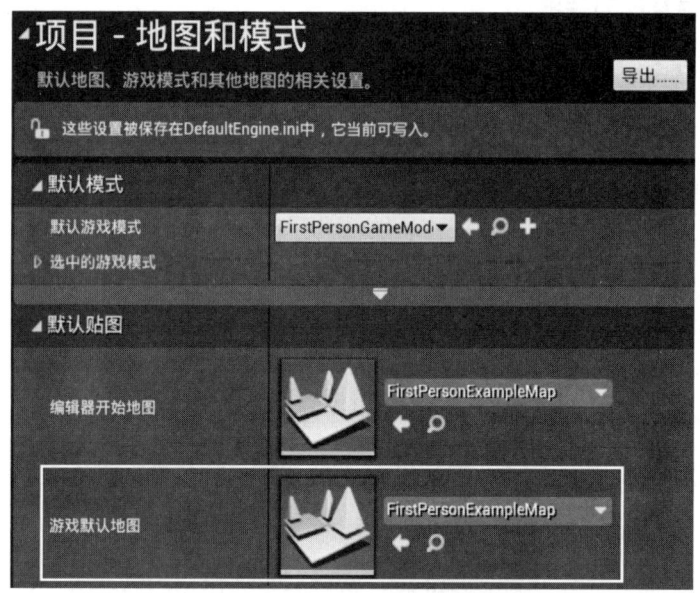

图3-1 默认地图设置

二、创建打包文件

若要为特定平台打包项目,应在编辑器的主菜单栏中点击文件(File)-> 打包项目(Package Project)-> [平台名称(Platform Name)]。创建打包文件,如图3-2所示。此时会看到一个提示关于选择目标路径的对话框,如果成功完成打包,则此目录将保存该打包项目。

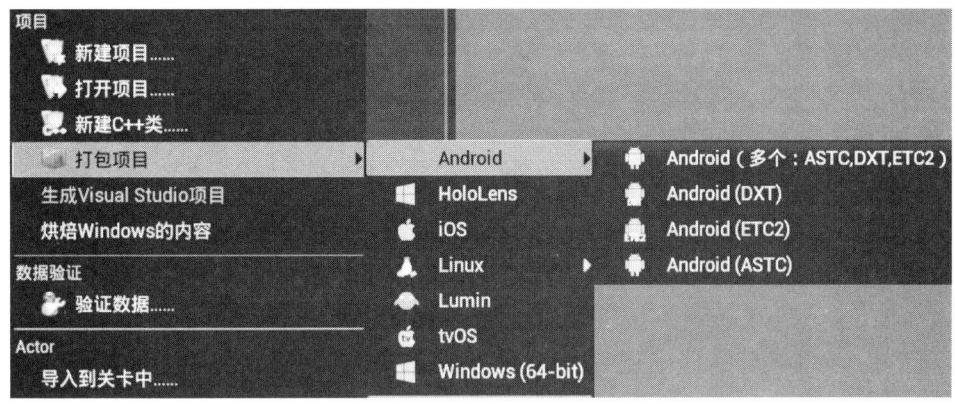

图 3-2 创建打包文件

确认完目标路径后，就可以为所选平台打包项目了。由于打包非常耗时，所以整个过程会在后台执行，但可以继续使用编辑器。同时编辑器右下角会显示一个状态指示器来提示打包进度，如图 3-3 所示。

图 3-3 打包进度

状态指示器还有一个"取消（Cancel）"按钮用来停止打包过程。此外，"显示日志（Show Log）"链接可以用来显示额外的输出日志信息，若想找出打包的失败原因，或者捕捉可能揭示潜在漏洞的警告信息，这些日志会非常有用，如图 3-4 所示。

```
UATHelper: Packaging (Windows (64-bit)): ********** STAGE COMMAND COMPLETED **********
UATHelper: Packaging (Windows (64-bit)): ********** PACKAGE COMMAND STARTED **********
UATHelper: Packaging (Windows (64-bit)): ********** PACKAGE COMMAND COMPLETED **********
UATHelper: Packaging (Windows (64-bit)): ********** ARCHIVE COMMAND STARTED **********
UATHelper: Packaging (Windows (64-bit)): Archiving to G:/UnrealProject/MyProject
UATHelper: Packaging (Windows (64-bit)): ********** ARCHIVE COMMAND COMPLETED **********
UATHelper: Packaging (Windows (64-bit)): BUILD SUCCESSFUL
UATHelper: Packaging (Windows (64-bit)): AutomationTool exiting with ExitCode=0 (Success)
```

图 3-4 打包日志

另外，一些最重要的日志消息，如错误和警告消息，都会输出到常规的消息日志（Message Log）窗口中，如图 3-5 所示。

如果这些窗口没有显示，只需点击窗口（Window）-> 开发者工具（Developer Tool）-> 输出日志（Output Log）/ 消息日志（Message Log）来启用它们，如图 3-6 所示。

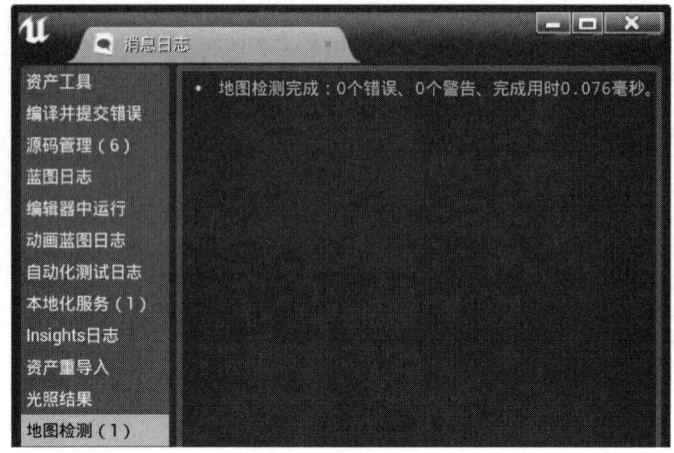

图 3-5 消息日志

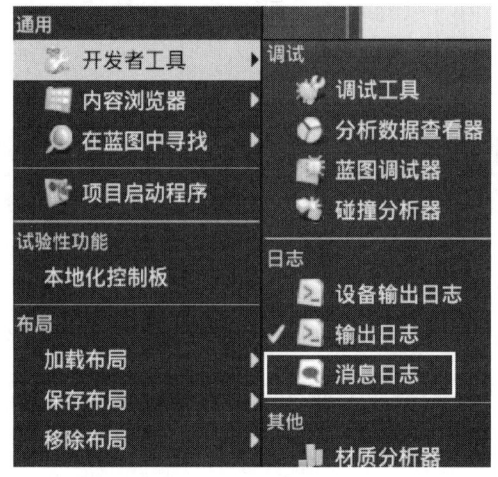

图 3-6 Message Log 打开方式

三、发布

假如想将 iOS 或 Android 应用发布到 AppStore 或 Google Play Store 上，就要用发布（Distribution）模式创建打包文件。点击打包（Packaging）菜单中的打包设置（Packaging Settings）选项，然后勾选发布（Distribution）复选框。

如果是 iOS，则需要在 Apple 的开发人员网站上创建发布证书（Distribution Certificate）和移动设备配置（Mobile Provision）。应以安装开发证书的方式安装发布证书，并以"Distro_"为前缀命名发布配置，紧接着命名另一个配置，因此，将同时拥有"Distro_

My Project .mobile provision"和"My Project .mobile provision"。

如果是 Android，则需要创建一个密钥来签署 .apk 文件，并使用名为 Signing Config. xml 的文件向编译工具传递一些信息。该文件位于该引擎的安装目录（Engine/Build/Android/Java/）中。假如编辑了该文件，其就会影响所有项目。然而，可以将该文件复制到项目的 Build/Android/ 目录（无 Java/ 子目录），这样其就只会影响该项目。也可以在该文件的内部找到关于如何生成密钥和填写文件的说明。

四、高级设置

在主菜单栏中点击文件（File）-> 打包项目（Package Project）-> 打包设置…（Packaging Settings…），或者点击编辑（Edit）-> 项目设置（Project Settings）-> 打包（Packaging），编辑器就会显示一些和打包有关的高级配置选项，如图 3-7 所示。

图 3-7　打包设置

打包设置参考表见表 3-1。

表 3-1　　　　　　　　　　　　打包设置参考表

选项	说明
编译配置 （Build Configuration）	编译代码类项目时使用的编译配置。若要调试代码项目，应选择"调试游戏（Debug Game）"。对于大多数具有最低限度的调试支持但性能更佳的其他开发，应选择开发（Development）。对于不含调试信息且不含调试导向性功能（如绘制调试形状或打印屏幕上的调试消息）的最终发布版本，应选择发布（Shipping） 注意，纯蓝图项目没有用于创建 Debug Game 编译的选项
暂存目录 （Staging Directory）	包含游戏打包后的版本的目录。当在目标目录选择中选择另一个目录时，其将自动更新
完整重编译 （Full Rebuild）	是否应编译所有代码。如果禁用，则只编译修改过的代码，这样可以加快打包过程。对于发布版本，应该始终执行完整重编译，以确保没有任何内容丢失或过时。此选项默认为启用
使用 Pak 文件 （Use Pak File）	是否将项目的资产打包为单个文件或单个包。如果启用，所有资产将被放入单个 .pak 文件，而非复制所有单个文件（默认为启用）。如果项目使用大量资产文件，使用 Pak 文件则可以使发布变得更简单，因为其减少了需要传输的文件数量。此选项默认为禁用
生成文件块 （Generate Chunks）	是否生成可用于流送安装的 .pak 文件块
编译 HTTP 文件块安装数据（Build Http Chunk Install Data）	是否为 HTTP 块安装文件生成数据。此配置允许在运行时安装将在 Web 服务器上托管的该数据
Http 数据块安装数据目录（Http Chunk Install Data Directory）	其表示数据在编译后的目标安装目录
Http 数据块安装数据版本（Http Chunk Install Data Version）	其表示 HTTP 数据块安装数据的版本名称
包含先决条件安装文件（Include Prerequisites Installer）	其指定打包游戏是否包含先决条件的安装文件，如可重新发布的 OS 组件

五、签名和加密

随着该引擎 4.22 版本的发布，为桌面平台（Windows、Mac 和 Linux）集成了行业标准 OpenSSL 库。

通常为了防止数据被提取或篡改，当以发货产品的形式分发时，.Pak 文件可以签名或加密。若要激活、停用或调整项目上的密码设置，应转到项目设置（Project Settings）菜单，并找到加密（Crypto）部分，如图 3-8 所示。

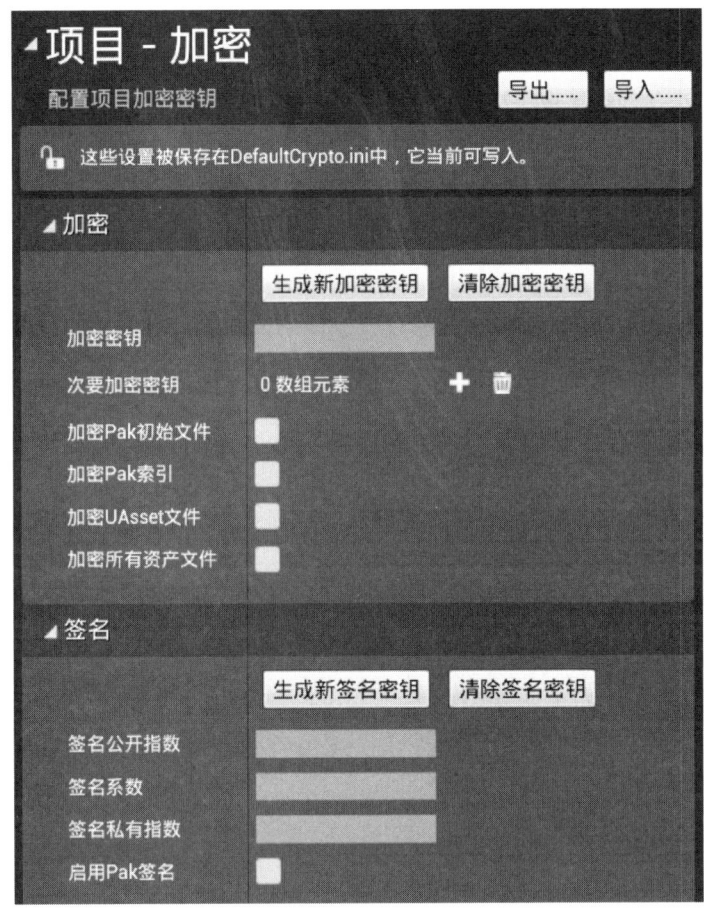

图 3-8　打包签名设置

项目设置（Project Settings）可以设置或清除用于签名或加密的密钥，菜单中的密码选项见表 3-2。

表 3-2　　　　　　　　　　　　　签名属性参考表

选项	说明
加密 Pak INI 文件（Encrypt Pak INI Files）	对项目的 .pak 文件中所有 .ini 文件进行加密，这样将以极小的运行成本防止被轻松挖掘或篡改产品的配置数据
加密 Pak 索引（Encrypt Pak Index）	加密 .pak 文件索引，以极小的运行成本防止 Unreal Pak 被打开、查看和解压缩产品的 .pak 文件

281

续表

选项	说明
加密 UAsset 文件（Encrypt UAsset Files）	加密 .pak 文件中的 .uasset 文件。这些文件包含关于内部资产的标头信息，但不包含实际资产数据本身。加密这些数据为数据提供了额外的安全性，但是增加了少量运行时的成本和数据熵，这样会增加补丁的大小
加密资产（Encrypt Assets）	完全加密 .pak 中的所有资产 注意，此设置会对运行时文件 I/O 性能产生可度量的影响，并增加最终打包数据中的熵，从而降低分发补丁系统的效率
启用 Pak 签名（Enable Pak Signing）	激活或禁用 .pak 文件签名

六、内容烘焙

开发人员在迭代新的或修改过的项目内容时，可点击文件（File）->烘焙内容（Cook Content）->[平台名称（Plat form Name）]，即可为特定目标平台烘焙内容，而无须打包，如图 3-9 所示。

优化加载时间：较短的加载时间对于开放世界场景而言至关重要，而且对任何类型的虚拟现实应用来说都非常重要。以下是缩短虚拟现实应用项目加载时间的一些推荐做法。

使用事件驱动加载器（Event Driven Loader，EDL）和异步加载线程（Asynchronous Loading Thread，ALT）。

在默认情况下，异步加载线程（Asynchronous Loading Thread，ALT）是关闭的，但是可以在引擎（Engine）->流送（Streaming）部分下的项目设置（Project Settings）菜单中打开。对于修改过的引擎，可能需要进行一些调整，但一般来说，ALT 应该会将加载速度提高一倍，包括具有"预先"加载时间的游戏和持续流送数据的游戏。ALT 的工作方式是

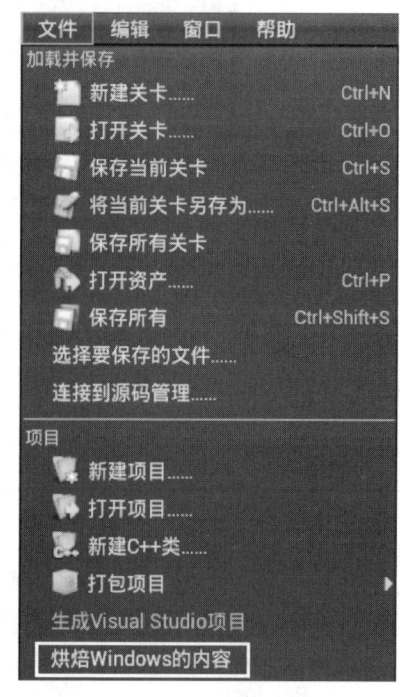

图 3-9 内容烘焙的打开方式

在两个独立的线程上同时运行序列化和加载代码，因此，其增加了一项要求，即游戏代码中的"UObject"类构造函数、"Post Init Properties"函数和"Serialize"函数必须具有线程安全性。而激活 ALT 后，ALT 则会将加载速度提高一倍。

在默认情况下可以激活事件驱动加载程序（Event Driven Loader，EDL），但是在"引擎（Engine）–>流送（Streaming）"部分下的"项目设置（Project Settings）"菜单中却是禁用的。对于大多数项目来说，EDL 会将加载时间减半。而且，EDL 是稳定的，可以向后移植到旧版本的虚幻引擎，也可以针对修改过或自定义的引擎版本进行调整，如图 3-10 所示。

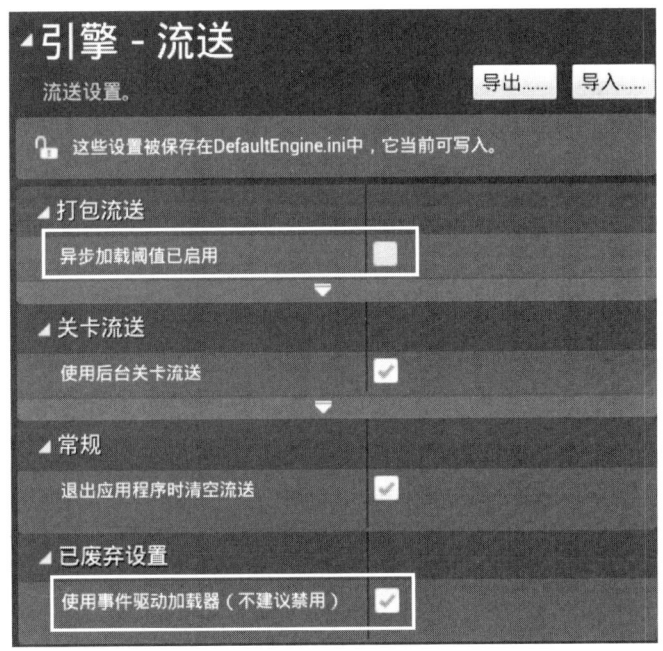

图 3-10　内容烘焙

七、压缩 .pak 文件

要在项目中使用 .pak 文件压缩，应打开"项目设置（Project Settings）"并在项目（Project）中找到"打包（Packaging）"部分。在此部分，打开"打包（Packaging）"标题的高级部分，并选中出现的标有"创建压缩烘焙包（Create Compressed Cooked Packages）"的复选框，选中红色框以启用 .pak 文件中的压缩，如图 3-11 所示。

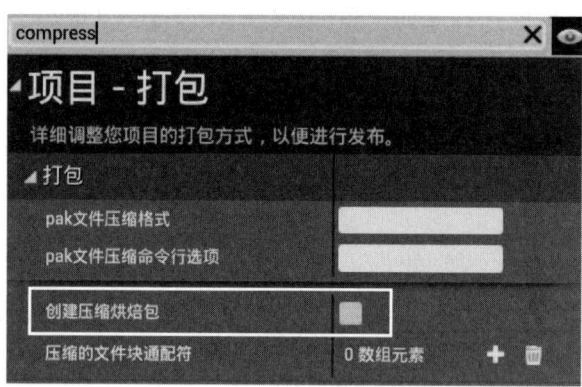

图 3-11　压缩 .pak 文件

大多数平台不提供自动压缩，因为压缩 .pak 文件将减少加载时间，但有一些特殊情况则需要考虑，详情见表 3-3。

表 3-3　　　　　　　　　　　压缩 .pak 文件

平台	建议
SonyPlayStation4	压缩会自动应用于每个 PlayStation4 标题，因此压缩 .pak 文件是多余的，不但会导致加载时间变长，而且不会使文件变小，因此不建议为 PlayStation4 版本压缩 .pak 文件
Nintendo Switch	由于需要时间让处理器解压数据，Switch 上的 .pak 压缩文件有时会加载得更慢，但有时从压缩文件加载会更快。对于 Switch 标题，建议测试每个标题的加载时间，然后根据具体情况再做决定
Microsoft X Box One	在 X Box One 平台上，压缩对于实现尽可能快的加载时间至关重要
Steam	Steam 在用户下载文件时压缩文件，所以初始下载时间不会受到游戏正在压缩的 .pak 文件的影响。然而，Steam 的差分补丁系统在未压缩文件时会运行得更好。压缩的 .pak 文件可以节省在客户系统中的空间，但是打补丁时却需要更长的时间来下载
Oculus	不启用 .pak 文件的压缩，Oculus 补丁系统将无法正确处理压缩后的 .pak 文件。此外，压缩 .pak 文件也不会使文件变小

八、对 .pak 文件排序

井井有条的 .pak 文件对于减少加载时间至关重要。为了以最佳方式对 .pak 文件进行排序，该引擎提供了一组工具来发现所需数据资产的顺序，并编译更快加载的包。从概念上讲，此过程类似于基于配置文件的优化。可按照该方法对 .pak 文件进行排序。

使用命令行选项 –file open log 编译并运行打包虚拟现实应用，将导致引擎记录打开文件的顺序。

测试虚拟现实应用所有的主要方面，如加载每个关卡、每个可操作角色、每个可交互的物体、每个可交互界面等。加载所有内容后，将退出应用。

在部署的文件中，将有一个名为"Game Open Order.log"的文件，其中包含优化 .pak 文件顺序所需的信息。例如，在 Windows 各版本上，将在"WindowsNoEditor/（YourGame）/Build/WindowsNoEditor/FileOpenOrder/"中找到该文件，并将该文件复制到开发目录"/Build/Windows No Editor/File Open Order/"路径。

日志文件就绪后，重新编译 .pak 文件。该 .pak 文件和未来生成的所有 .pak 文件都将使用日志文件中规定的文件顺序。

在生产环境中，日志文件应该检入源码控制，并定期更新 –file open log 的运行结果，且应包括虚拟现实应用准备发布时的最后一次运行。

第二节　在虚拟现实设备上运行

考核知识点及能力要求：

- 掌握虚拟现实系统运行环境的安装部署。
- 掌握虚拟现实显示设备的接入方法。
- 掌握虚拟现实系统在虚拟现实显示设备上运行的方法。

继续以上一节中通过某型通用引擎打包流程为例得到的可执行程序进行本节内容的讲解。

一、Steam VR 初始设置

下面将介绍如何设置 Steam VR，以便其可以与某型通用引擎一起使用。

对于每个 Steam VR 开发工具包，Valve 都提供了详细说明，并且展示了如何正确设置所有内容。如果开发者在此之前还没有阅读此文档，进行下一步操作前应查找并阅读此文档。

确保头戴式显示器（HMD）、Steam 控制器、接线盒和 Lighthouse 基站均已按照 Valve 提供的说明拆包、通电、连接和设置。

如果还没有这样操作，应确保在 PC 设备上下载并安装 Steam 客户端。

安装 Steam VR 工具，先用鼠标点击 Steam 库（Library）选项，并从显示的搜索栏中搜索 Steam VR，然后选择工具（Tools）选项里的 Steam VR 打开并且安装，分别如图 3-12 和图 3-13 所示。

还可以单击位于 Steam 客户端右上角的 VR 图标并按照提供的操作说明来安装 Steam VR，如图 3-14 所示。

图 3-12　安装 Steam VR（1）

双击工具（Tools）菜单中的 Steam VR 选项，将启动 Steam VR 工具，如图 3-15 所示。

当 Steam VR 显示所有设备为绿色时，表示一切都正常运行。如果某个设备显示为灰色，则表示此设备存在问题。如果将鼠标悬停在显示为灰色的设备上，Steam VR 将告诉其有什么问题。

此外，必须先设置 Steam VR 交互区域，方可将 Steam VR 与该引擎一起使用。为此，可用右键单击 Steam VR 窗口，选择运行空间设置（Run Room Setup），并按照屏幕上的指示设置 Steam VR 交互区域，如图 3-16 所示。

操作完成后，即表示已设置好 Steam VR，并可以与该引擎一起使用。

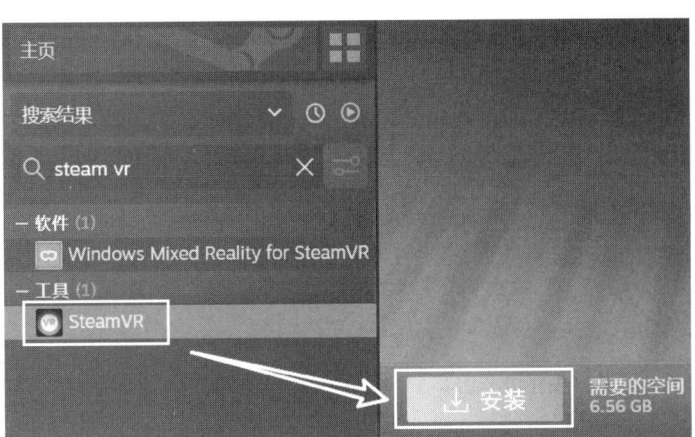

图 3-13　安装 Steam VR（2）

图 3-14　安装 Steam VR（3）

图 3-15　Steam VR 工具

图 3-16　Steam VR 空间设置

二、设置引擎工具以配合 Steam VR 一起使用

下面将介绍如何设置一个新的基于某型通用引擎开发的虚拟现实应用项目与 Steam VR 一起使用。

如果尚未进行此操作，应确保运行 Steam VR 空间设置（Room Setup）建立和校准

VR 跟踪区域。否则，可能会导致 Steam VR 和该引擎不能正常地进行配合工作。

使用游戏（Games）-> 空白（Blank）模板新建一个项目，并使用以下设置：启用蓝图（Blueprint）；启用可缩放的 3D 或 2D（Scalable3Dor2D）；启用移动 / 平板设备（Mobile/Tablet）；启用不含初学者内容（No Starter Content）。

加载项目后，单击运行（Play）按钮旁边的小三角形，然后从显示的菜单中选择虚拟现实预览（VR Preview）选项，如图 3-17 所示。

当虚拟现实预览（VR Preview）启动时，戴上 HMD，应该能看到显示的基本关卡，并能够朝任何方向旋转开发者的头部，如图 3-18 所示。

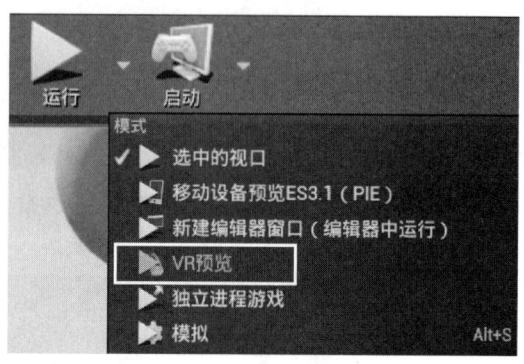

图 3-17　UE4 编辑器 VR 运行

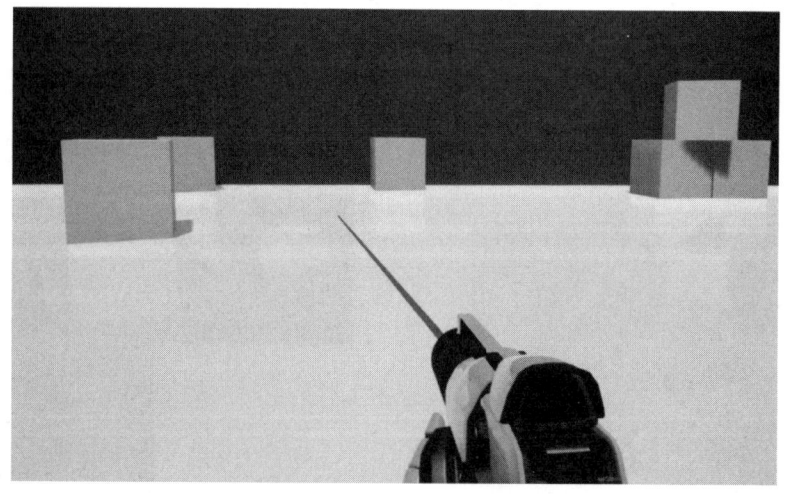

图 3-18　VR 运行效果

思考题

1. 试述虚拟现实显示设备的应用及远景。
2. 常见的 PC 端虚拟现实显示设备有哪些？

3. 针对教材中的某型通用引擎，简述面向连接在主机上的虚拟现实显示设备的项目打包流程。

4. 如果要对打包之后的版本进行跟踪和调试，应该如何操作？

5. 针对教材中的某型通用引擎，如何压缩打包文件？

第四章
代码调试和版本管理

在复杂的虚拟现实系统开发过程中，由于系统庞大，参与人员较多，导致系统在开发过程中不易管理、版本混乱。同时在开发过程中也会遇到各种各样的技术问题，而代码调试和版本管理则为开发者带来了便捷。虚拟现实应用开发者应能够运用代码调试工具调试系统，解决系统出现的问题，同时也要能够运用版本管理工具对系统在开发过程中的版本进行控制，从而提升系统的开发效率。

本章介绍如何使用代码调试工具对系统进行调试的方式和步骤，同时介绍开发过程中出现的一些错误的处理方式。最后介绍了几种软件版本管理工具的安装和使用。

- **职业功能：** 开发虚拟现实应用。
- **工作内容：** 开发应用程序。
- **专业能力要求：** 能使用编程、调试工具调试代码；能使用软件编号管理更新软件的版本。
- **相关知识要求：** 计算机软件编程调试基础知识；软件版本管理的相关知识。

第一节　代码调试工具

考核知识点及能力要求：

- 了解代码调试模式的种类。
- 掌握不同模式下的代码调试方法。

执行应用程序可以采用两种方式：调试模式和非调试模式。在 Visual Studio 中执行应用程序时，默认在调试模式下执行。例如，按下 F5 键或单击工具栏中的绿色开始按钮时，就是在调试模式下执行应用程序。若要在非调试模式下执行应用程序，应选择调试|非调试启动，或按下 Ctrl+F5 组合键。Visual Studio 允许在两种配置下生成应用程序：调试（默认）和发布。另外，使用标准工具栏中的解决方案配置下拉框可在这两种配置之间进行切换。

在调试配置下生成应用程序，并在调试模式下运行程序时，并不仅是运行编写好的代码。调试程序包含应用程序的符号信息，所以集成开发环境知道执行每行代码时发生了什么。符号信息意味着跟踪未编译代码中使用的变量名，这样它们就可以匹配已编译的机器码应用程序中现有的值，而机器码程序不包含便于人们阅读的信息。此类信息包含在 .pdb 文件中，这些文件位于计算机的 Debug 目录下。

发布配置会优化应用程序代码，所以不能执行以上这些操作。但发布版本运行速度较快。完成应用程序的开发后，一般应给用户提供发布版本，因为发布版本不需要调试版本所包含的符号信息。

本节将介绍调试技巧，以及如何利用它们找出并修改未按预期方式执行的代码，而这个过程便是调试。一般情况下，可以先中断程序的执行，再进行调试；或者注上标记，以便以后加以分析。在 Visual Studio 术语中，应用程序可以处于运行状态，也可以处于中断模式，即暂停正常的执行。下面将最先介绍非中断模式（运行期间或正常执行）技术。

一、非中断（正常）模式下的调试

本书经常使用的一个命令是 WriteLine( ) 函数，其可以把文本输出到控制台。在开发应用程序时，该函数可以获得操作的额外反馈，例如：

```
WriteLine("MyFunc ( ) Function is about to be called. ");
MyFunc("Do something. ");
WriteLine("MyFunc ( ) Function execution completed. ");
```

这段代码说明了如何获取 MyFunc( ) 函数的额外信息，虽然这样操作完全正确，但控制台的输出结果却较为混乱。不过，在开发其他类型的应用程序时，如桌面应用程序，就没有用于输出信息的控制台。此时，可将文本输出到另一个位置——集成开发环境中的输出窗口。同时，错误列表窗口也可以在这个位置上显示。

输出窗口在进行调试时非常有用。要显示该窗口，可以选择视口 | 输出。在该窗口中可以查看与代码的编译和执行相关的信息，包括在编译过程中遇到的错误等，同时还可将自定义的诊断信息直接写到该窗口中，该窗口如图 4-1 所示。

图 4-1　Output 窗口展示

另外,还可以创建一个日志文件,在运行应用程序时,会把信息添加到该日志文件中。把信息写入日志文件所用的技巧与把文本写到输出窗口中所用的技巧相同,但还需要理解如何从 C# 应用程序中访问文件系统。

(一)输出调试信息

在运行期间把文本写入输出窗口非常简单,只要用所需的调用替代 WriteLine() 调用,就可以把文本写到所希望的位置。此时可以使用如下两个命令。

(1) Debug.WriteLine()。

(2) Trace.WriteLine()。

这两个命令函数的用法虽然几乎完全相同,但却有一个重要区别:第一个命令仅在调试模式下运行,而第二个命令还可用于发布程序。实际上,Debug.WriteLine() 命令甚至不能编译到可发布的程序中,因为在发布版本中,该命令会消失,不过其编译好的代码文件却比较小。

这两个命令函数的用法与 WriteLine() 是不同的,因为其唯一的字符串参数用于输出消息,而不需要使用 {X} 语法插入变量值。这就意味着必须使用 + 串联运算符等方式在字符串中插入变量值。另外,其还可以有第二个字符串参数(可选),用于显示输出文本的类别。因此,如果应用程序的不同地方输出了类似的消息,马上就可以确定输出窗口中显示的是哪些输出信息。

这些函数的一般输出如下所示。

```
<category>: <message>
```

例如,下面的语句把"MyFunc"作为可选的类别参数:

```
Debug.WriteLin("added 1 to i","MyFunc");
```

其结果为:

```
MyFunc:Added 1 to i;
```

下面的示例将按上述方式输出调试信息。

【例 4-1】

把文本写入输出窗口：Ch04Ex01\Program.cs。

第一步：在 G：\C#Project\Chapter04 目录中创建一个新的控制台应用程序 Ch04Ex01。

第二步：修改代码，如下所示。

```csharp
using System;
using System.Collections.Generic;
using System.Text;
using System.Threading.Tasks;
using System.Diagnostics;
using static System.Console;
using static System.Convert;
namespace Ch04Ex01
{
    class Program
    {
        static void Main(string[ ] args)
        {
            int[ ] testArray = { 4, 7, 4, 2, 7, 3, 7, 8, 3, 9, 1, 9};
            int maxVal = Maxima(testArray, out int[ ] maxValIndices);
            WriteLine($"maximum value {maxVal} found at element indices:");
            foreach (int index in maxValIndices)
            {
                WriteLine(index);
            }
            ReadKey( );
        }
```

```csharp
static int Maxima(int[ ] integers, out int[ ] indices)
{
    Debug.WriteLine("Maximum value search started.");
    indices = new int[1];
    int maxVal = integers[0];
    indices[0] = 0;
    int count = 1;
    Debug.WriteLine(string.Format($"Maximum value initialized to {maxVal}, at element index 0."));
    for (int i = 1; i < integers.Length; i++)
    {
        Debug.WriteLine(string.Format($"Now looking at element at index{i}."));
        if (integers[i] > maxVal)
        {
            maxVal = integers[i];
            count = 1;
            indices = new int[1];
            indices[0] = i;
            Debug.WriteLine(string.Format($"New maximum found. New value is {maxVal}, at " + $"element index{i}."));
        }
        else
        {
            if (integers[i] == maxVal)
            {
```

```
                    count++;
                    int[ ] oldIndices = indices;
                    indices = new int[count];
                    oldIndices.CopyTo(indices, 0);
                    indices[count - 1] = i;
                    Debug.WriteLine(string.Format($"Duplicate maximum found at element index{i}."));
                }
            }
        }
        Trace.WriteLine(string.Format($"Maximum value {maxVal} found with{count} occurrences."));
        Debug.WriteLine("Maximum value search completed.");
        return maxVal;
    }
}
}
```

第三步：在调试模式下执行代码，结果如图4-2所示。

图4-2 输出调试信息示例的运行结果

第四步：中断应用程序的执行，查看输出窗口中的内容（在调试模式下），如下所示（有删减）。

```
...
Maximum value search started.
```

```
Maximum value initialized to 4, at element index( ).
Now looking at element at index 1.
Now maximum found. New value is 7, at element index 1.
Now looking at element at index 2.
Now looking at element at index 3.
Now looking at element at index4.
Duplicate maximum found at element index 4.
Now looking at element at index 5.
Now looking at element at index 6.
Duplicate maximum found at element index6.
Now looking at element at index 7.
New maximum found. New value is 8, at element index 7.
Now looking at element at index 8.
Now looking at element at index 9.
New maximum found. New value is 9, at element index 9.
Now looking at element at index 10.
Now looking at element at index 11.
Duplicate maximum found at element index11.
Maximum value 9 found, with 2 occurrences.
Maximum value search completed.
The thread ####has exited with code 0(0x0).
```

第五步：使用标准工具栏上的下拉菜单，切换到 Release 模式，如图 4-3 所示。

第六步：再次运行程序，这次在 Release 模式下运行，并在执行终止时再次查看输出窗口，结果如下所示（有删减）：

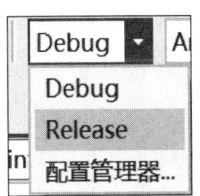

图 4-3　切换编译模式

```
...
Maximum value 9 found, with 2 occurrences.
The thread ####has exited with code 0(0x0).
```

示例说明：该应用程序是使用一个函数计算整数数组中的最大值。同时，该版本也返回一个索引数组，并表示最大值在数组中的位置，以便调用代码处理这些元素。

首先在代码开头使用了一个额外的 using 指令：

```
using System.Diagnostics;
```

这样就简化了前面讨论的关于函数的访问，因为它们包含在 System.Diagnostics 名称空间中，若没有 using 语句，下面的代码就需要进一步限定，并重新编写这行语句。

```
Debug.WriteLine("BeginningC#");
```

Main()中的代码仅初始化一个测试用的整数数组 testArray，并声明了另一个整数数组 maxValIndices，以存储 Maxima() 的索引输出结果。然后调用函数，函数返回后，代码就会输出结果。Maxima() 稍复杂一些，但用到的代码大部分在前面已经看到过。在数组中进行搜索的方式与 MaxVal() 函数的类似，但要用一条记录来存储最大值的索引。

特别需要注意用来跟踪索引的函数（不是输出调试信息的那些代码行），Maxima() 并没有返回一个足以存储源数组中每个索引的数组（需要与源数组有相同的维数），而是返回一个正好能容纳搜索到的索引的数组。这可通过在搜索过程中连续重建不同长度的数组来实现。

开始搜索时，假定源数组（integers）中的第一个元素就是最大值，而且数组中只有一个最大值。因此可以为 maxVal() 函数的返回值，即搜索到的最大值和 indices（out 参数数组存储搜索到的最大值的索引）设置值。maxVal 被赋予 integers 中第一个元素的值，indices 被赋予一个 0 值，即数组中第一个元素的索引。在变量 count 中存储搜索到的最大值的个数，以便跟踪 indices 数组。

函数的主体是一个循环，其迭代 integers 数组中的各个值，但却忽略了第一个值，因为其已经处理过该值。每个值都应与 maxVal 的当前值进行比较，如果 maxVal 更大，就忽略该值。如果当前处理的值比 maxVal 大，就修改 maxVal 和 indices，以反映这种情况。如果当前处理的值与 maxVal 相等，就递增 count，并用一个新数组替代 indices。该新数组比旧 indices 数组多一个元素，其包含搜索到的新索引。

最后一个功能的代码如下所示。

```
if (integers[i] == maxVal)
{
    count++;
    int[ ] oldIndices = indices;
    indices = new int [count];
    oldIndices.CopyTo(indices,0);
    indices[count - 1] = i;
    Debug.WriteLine(string.Format($"Duplicate maximum found at element index{i}."));
}
```

这段代码把旧 indices 数组备份到 if 代码块的 oldIndices 局部整型数组中，并使用 <array>.CopyTo ( ) 函数把 oldIndices 中的值复制到新的 indices 数组中。该函数的参数是一个目标数组和一个用于复制第一个元素的索引，并把所有的值都粘贴到目标数组中。

在代码中，各个文本部分都使用 Debug.WriteLine ( ) 和 Trace.WriteLine ( ) 函数进行输出，而这些函数又都使用 string.Format ( ) 函数把变量值嵌套在字符串中，其方式与 WriteLine ( ) 的相同。这样操作比使用 + 串联运算符更高效。在 Debug 模式下运行应用程序时，其最终结果是一条完整记录，记录了在循环中计算出结果所采取的步骤。在 Release 模式下，因为没有调用 Debug.WriteLine ( ) 函数，所以仅能看到计算的最终结果。

(二)跟踪点

将信息输出到输出窗口也可以使用跟踪点(tracepoint)。这是 Visual Studio 的一个功能,但其作用与使用 Debug.WriteLine() 的相同。其实际上是输出调试信息且不修改代码的一种方式。为了演示跟踪点,可用跟踪点替代上一个示例中的调试命令。添加跟踪点的过程如下:

(1)把光标放在要插入跟踪点的代码行上,跟踪点会在执行这行代码前被处理。

(2)单击行号左边的侧边栏,会出现一个红色的圆。将鼠标指针悬停在这个红色的圆上,选择设置菜单项。

(3)选中 Actions 复选框,在 Log a message 部分的 Message 文本框中键入要输出的字符串。如果要输出变量值,应把变量名放在花括号中。

(4)单击 OK 按钮,在包含跟踪点代码行左边的红色圆会变成一个红色菱形,该行突出显示的代码也会由红色变为白色。

看下添加跟踪点的对话框标题和需要的菜单选项,显然,跟踪点是断点的一种形式(可以暂停应用程序的执行,就像断点一样),而断点则一般用于更高级的调试目的。

Ch04Ex01TracePoints 中第 31 行所需的跟踪点如图 4-4 所示。可在删除已有的 Debug.WriteLine() 语句后,对代码行编号。

图 4-4 跟踪点窗口展示

还有一个窗口可用于快速查看应用程序的跟踪点。而要显示该窗口，可以从 Visual Studio 菜单中选择调试 | 窗口 | 断点。注意，该窗口显示断点的通用窗口（如前所述，跟踪点是断点的一种形式）。另外，可以定制显示的内容，从该窗口的 Columns 下拉框中添加 WhenHit 列，并显示与跟踪点关系更密切的信息。而 WhenHit 列的详细配置，以及添加到 Ch04Ex01TracePoints 中的所有跟踪点，如图 4-5 所示。

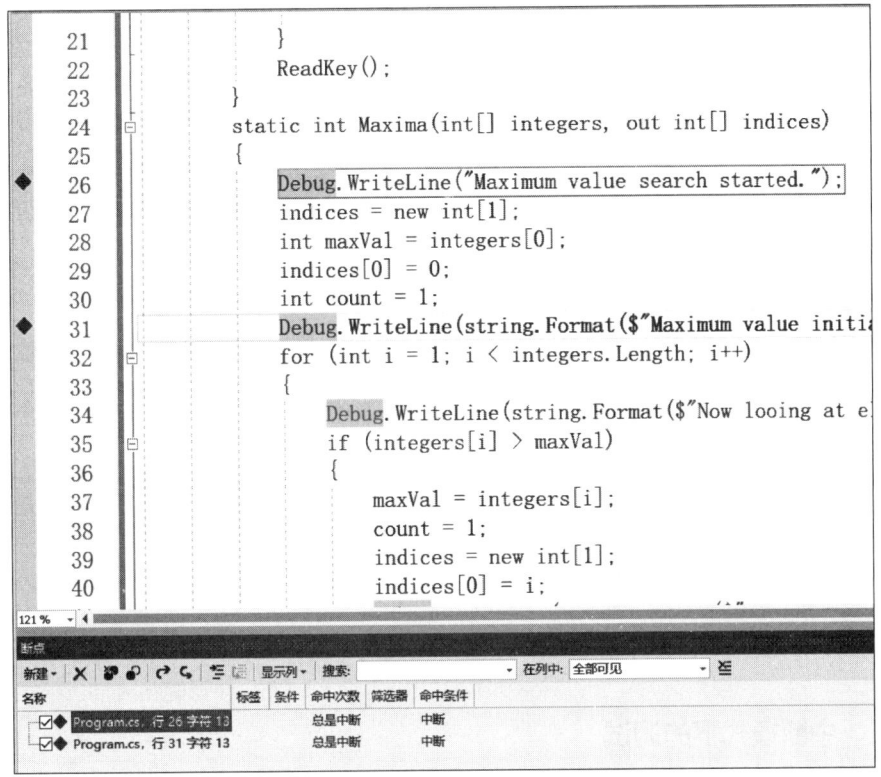

图 4-5　跟踪点快速查看的窗口展示

在调试模式下执行该应用程序，会得到与前面完全相同的结果。在代码窗口中右击跟踪点，或者利用断点窗口，可以删除或临时禁用跟踪点。在断点窗口中，跟踪点左边的复选框指示是否启用跟踪点。禁用的跟踪点表示未被选中，在代码窗口中显示为菱形框，而不是实心菱形。

（三）诊断输出与跟踪点

前面介绍了两种输出相同信息的方法，下面分析它们的优缺点。首先，跟踪点与 Trace 命令并不等价，也就是说，不能使用跟踪点在发布版本中输出信息。这是因为跟踪点并没有包含在应用程序中。跟踪点由 Visual Studio 处理，在应用程序的已编译版本中，跟踪点是不存在的。只有应用程序在 Visual Studio 调试器中运行时，跟踪点才起作用。

跟踪点的主要缺点也是其主要优点，即它们存储在 Visual Studio 中，因此，可以在需要时便捷地添加到应用程序中，而且非常容易移除。如果输出非常复杂的字符串信息，且不需要跟踪点时，只需要单击表示其显示的大体位置的红色菱形，就可以删除跟踪点。

跟踪点的另一个优点是允许添加额外信息，如 $FUNCTION 会把当前的函数名添加到输出信息中。虽然该信息也可以用 Debug 和 Trace 命令来编写，但操作起来却较难。

总之，输出调试信息有两种方法，下面将分别介绍。

（1）诊断输出：一直需要从应用程序中输出调试结果时使用该方法，尤其是在输出的字符串比较复杂，涉及几个变量或许多信息的情况下，使用该方法比较合适。另外，如果要在执行发布版本的应用程序的过程中进行输出，Trace 命令经常是唯一的选择。

（2）跟踪点：调试应用程序时，如果希望快速输出重要信息，以便消除语义错误，应使用跟踪点。

二、中断模式下的调试

本章描述的剩余调试技术将在中断模式下工作，可以通过下述方式进入该模式，且这些方式都会以某种方式暂停程序的执行。

（一）进入中断模式

进入中断模式的最简单方式是在运行应用程序时，单击 IDE 中的 Pause 按钮。Pause 按钮在 Debug 工具栏上，故应把该工具栏添加到 Visual Studio 默认显示的工具栏中。可右击工具栏区域，然后选择 Debug，该工具栏如图 4-6 所示。

按钮恢复工具栏展示如图 4-7 所示。在该工具栏上，前 3 个按钮可以手动控制中断，并显示为灰色，表示在程序没有运行时，它们不能工作。

图 4-6　Debug 工具栏展示

现在运行一个应用程序，可以使用之前显示为灰色的 3 个按钮。使用它们可以达到下述目的：

图 4-7　按钮恢复工具栏展示

（1）暂停应用程序的执行，进入中断模式。

（2）完全停止应用程序的执行（不进入中断模式，而是退出应用程序）。

（3）重新启动应用程序。

暂停应用程序是进入中断模式最简单的方式，但却不能更好控制程序运行停止的位置。我们可能会停在应用程序正常暂停的地方，如要求用户输入信息。另外，在长时间操作或循环过程中也可以进入中断模式，但停止位置是随机的。因此，在一般情况下，最好使用断点。断点是源代码中自动进入中断模式的标记。它们可以配置为：

（1）遇到断点时，立即进入中断模式。

（2）遇到断点时，如果布尔表达式的值为 true，就进入中断模式。

（3）遇到某断点一定的次数后，将进入中断模式。

（4）在遇到断点时，如果自上次遇到断点以来变量的值发生了变化，就进入中断模式。

若要添加简单断点，当遇到该断点所在的代码行时就中断执行，可以单击该代码行左边的灰色区域。另外可以选择调试|切断断点菜单项，或者按下 F9 键，将断点放在有焦点的代码行上。

断点在代码行的旁边显示为一个红色圆圈，而该行代码也突出显示，如图 4-8 所示。

使用断点窗口（前面介绍过启用该窗口的方法）还可以查看文件中的断点信息。在断点窗口中，可以禁用断点、删除断点、编辑断点的属性，还可以为断点添加标签，这是对所选定的断点进行分组的一种便捷方式。注意，删除描述信息左边的记号后，禁用的断点要用未填充的红色圆圈表示。另外，可以在 Labels 列中查看标签，并按标签过滤断点窗口中的项。

```
13    static void Main(string[] args)
14    {
15        int[] testArray = { 4, 7, 4, 2, 7, 3, 7, 8, 3, 9, 1, 9 };
16        int maxVal = Maxima(testArray, out int[] maxValIndices);
17        WriteLine($"maximum value {maxVal} found at element indices:");
18        foreach (int index in maxValIndices)
19        {
20            WriteLine(index);
21        }
22        ReadKey();
23    }
```

图 4-8　代码行断点添加展示

该窗口中显示的 Condition 和 Hit Count 列是最有用的两个列。右击断点，并选择 Conditions...Expanding 下拉框，通过显示的如下选项就可以编辑它们：

（1）Conditional Expression。

（2）Hit Count。

（3）Filter。

选择 Conditions... 将弹出一个对话框。在该对话框中可以键入任意布尔表达式，该表达式可以包含在断点位置仍在作用域内的任何变量。例如，可配置一个断点，输入表达式 maxVal>4，选择 Is true 选项，在遇到该断点且 maxVal 的值大于 4 时，就会触发该断点。另外，还可以检查该表达式是否有变化，因为只有发生变化，才会触发断点（如果在遇到断点时，maxVal 的值由 2 改为 6，就会触发该断点）。

选择 Hit Count 将弹出另一个对话框。在该对话框中可以指定在遇到断点多少次后才会触发该断点。该对话框中的下拉列表提供了如下选项：

（1）总是中断（默认值）。

（2）在 Hit Count 等于多少次时中断。

（3）在 Hit Count 是某个数的倍数时中断。

（4）在 Hit Count 大于或等于多少次时中断。

所选的选项与在选项旁边的文本框中输入的值共同确定断点的行为。该计数在比较长的循环中会起到很大的作用，例如，在执行了前 5 000 次循环后需要中断。如果不这么做，中断并重启 5 000 次将会很痛苦。

进入中断模式的其他方式：进入中断模式还有两种方式，一种方式是在抛出一个未处理的异常时选择进入该模式。该方式在后面讨论到错误处理时再做论述。另一种方式是在生成一条判定语句（Assertion）时中断。

判定语句是以用户定义的消息中断应用程序的指令。它们常用于应用程序的开发过程，作为测试程序能否平滑运行的一种方式。例如，在应用程序的某一处要求给定的变量值小于 10，此时就可以使用一条判定语句，确定其是否为 true，如果不是，就中断程序的执行。当遇到判定语句时，可以选择 Abort，终止应用程序的执行；也可以选择 Retry，进入中断模式；还可以选择 Ignore，让应用程序像往常一样继续执行。

与前面的调试输出函数一样，判定函数也有两个版本：

（1）Debug.Assert( )。

（2）Trace.Assert( )。

其中 Debug 版本仅用于编译调试程序，而 Trace 版本则仅用于编译发布程序。

这两个函数均带 3 个参数，其中第一个参数是一个布尔值，其值为 false 时会触发判定语句。第二、第三个参数是两个字符串，分别把信息写到弹出的对话框和 Output 窗口中。示例需要调用一个函数，如下所示：

> Debug.Assert(myVar<10,"myVar is 10 or greater.","Assertion occurred in Main ( )."));

判定语句通常在应用程序的早期使用比较有效，可以分发应用程序的一个发布程序，其中包含 Trace.Assert ( ) 函数，以了解应用程序的运行情况。如果触发了判定语句，用户就会收到通知，把这些消息传递给开发人员。这样，即使开发人员不知道错误是如何发生的，也可以改正这个错误。

例如，在第一个字符串中提供有关错误的简短描述，在第二个字符串中提供下一步该如何操作的指示：

> Trace.Assert(myVar < 10, "Variable out of bounds. ",
>   "please contact vendor with the error code KCW001. ");

如果触发这条判定语句，用户将看到一个对话框，如图4-9所示。

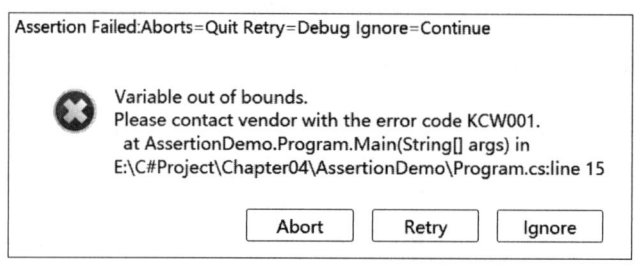

图4-9　判定语句触发窗口展示

如果用户给开发人员发送了有关该错误的屏幕图，开发人员就可以很快找出问题所在。

下一个论述的主题是应用程序中断，以及进入中断模式后可以做什么。在一般情况下，进入中断模式的目的是找出代码中的错误（或确信程序工作正常）。因此，一旦进入中断模式后，就可以使用各种技巧分析代码，并分析应用程序在暂停时的状态。

（二）监视变量的内容

监视变量的内容是Visual Studio帮助开发者让工作变得简单的一个例子。查看变量值最简单的方式是在中断模式下，用鼠标指向源代码中的变量名，此时将会出现一个工具提示，并显示该变量的信息，其中便包括该变量的当前值。

还可高亮显示整个表达式，以相同方式得到该表达式的结果。对于比较复杂的值（如数组），甚至可以扩展工具提示中的值，以查看各个数组的元素项。

另外，可将这些工具提示窗口固定到代码视图中，这对于用户查看特别感兴趣的变量很有帮助。固定的工具提示会一直显示，所以即使在停止并重启调试后，仍然可以看到它们，甚至可以在固定的工具提示中添加注释，并移动工具提示窗口，查看变量的最后一个值，即使应用程序并没有运行也可同样如此。

注意，运行应用程序时，IDE中各个窗口的布局均发生了变化。在默认情况下，运行期间会发生如下变化：

（1）属性窗口和其他一些窗口会消失，其中可能包括解决方案浏览器窗口。

（2）会打开工具诊断窗口，显示摘要、事件、内存使用率和 CPU 使用率。

（3）错误列表窗口会被 IDE 窗口底部的两个新窗口替代。

（4）新窗口中会出现几个新的选项卡。

新的屏幕布局如图 4-10 所示。这样的显示可能与读者的显示情况不完全相同，一些选项卡和窗口可能不完全匹配。但是，这些窗口的功能（后面将讨论）是相同的，该显示完全可以通过视口和调试|窗口菜单来定制（在中断模式下），也可以通过在屏幕上拖动窗口，重新设定它们的位置。

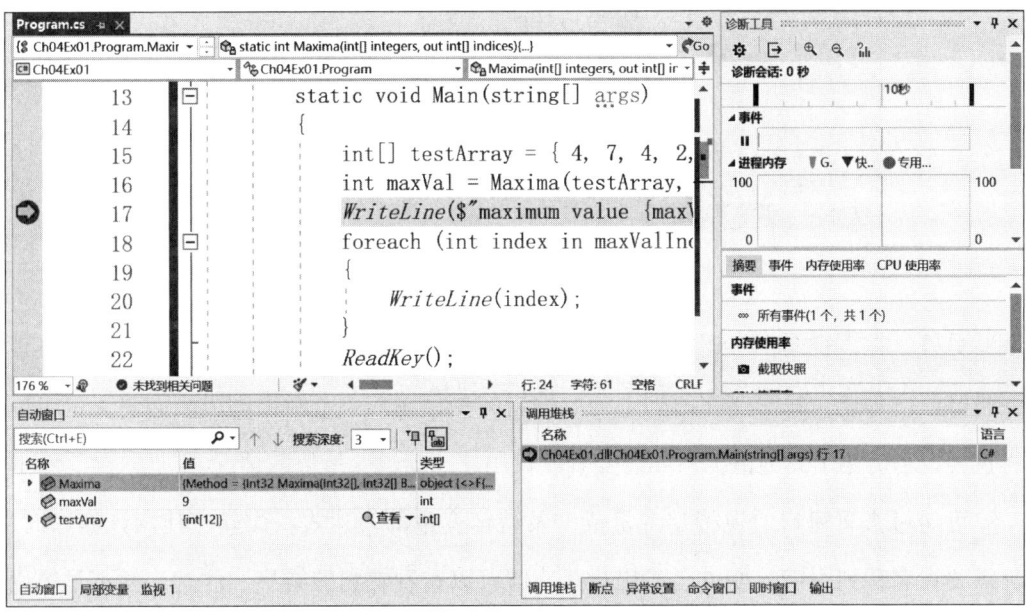

图 4-10　新屏幕布局窗口展示

左下角的新窗口在调试时非常有用，其允许在中断模式下，密切监视应用程序的变量值。其包含 3 个选项卡，如下所示：

（1）Autos——当前和前面的语句使用的变量（Ctrl+D，A）。

（2）Locals——作用域内的所有变量（Ctrl+D，L）。

（3）Watch N——可定制的变量和表达式显示（其中 N 为 1 到 4 的值，在 Debug|Windows|Watch 上）。

这些选项卡的工作方式或多或少都有些类似，并根据它们的特定功能添加了各种附加特性。通常情况下，每个选项卡都包含一个变量列表，其中包括变量的名称、值和类型等信息。更复杂的变量（如数组）可以使用变量名左边的 + 和 –（展开/折叠）符号进一步查看。它们的内容可以树状视图的方式显示。例如，在前面的示例中，在代码中放置一个断点，得到了 Locals 选项卡，如图 4-11 所示。其中显示了数组变量 testArray 的展开视图。

图 4-11　Locals 选项窗口展示

另外，在该视图中，还可以编辑变量的内容。其有效地绕过了前面代码中的其他变量赋值。为此，只需要在值列中为要编辑的变量输入一个新值即可。同时，也可以将这种技巧应用于其他情况，如需要修改代码才能编辑变量值的情况。

可通过查看窗口监视特定变量或涉及特定变量的表达式。而且，使用该窗口时，只需要在名称列中键入变量名或表达式，就可以查看它们的结果。注意，并不是应用程序中的所有变量在任何时候都在作用域内，并在查看窗口中对变量做出标记。例如，下面将介绍一个查看窗口，其中包含了几个示例变量和表达式，在遇到 Maxima ( ) 函数末尾前面的一个断点时，会显示该查看窗口，如图 4-12 所示。

（三）单步执行代码

前面介绍了如何在中断模式下查看应用程序的运行情况，下面将讨论如何在中断模式下使用 IDE 单步执行代码，并查看代码的准确执行结果。Visual Studio 进入中断模式后，在代码视图的左边，马上要执行的代码旁边会出现一个黄色箭头光标（如果使用断点进入中断模式，该光标最初应显示在断点的红色圆圈中），如图 4-13 所示。

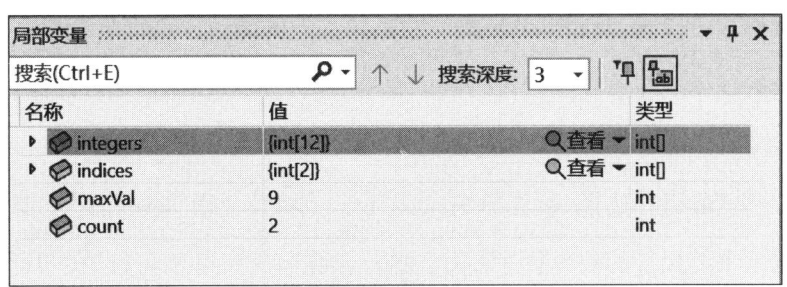

图 4-12 查看窗口展示

```
13   static void Main(string[] args)
14   {
15       int[] testArray = { 4, 7, 4, 2, 7, 3, 7, 8, 3, 9, 1, 9 };
16       int maxVal = Maxima(testArray, out int[] maxValIndices);
17       WriteLine($"maximum value {maxVal} found at element indices:");
18       foreach (int index in maxValIndices)
19       {
20           WriteLine(index);
21       }
22       ReadKey();
23   }
```

图 4-13 中断模式下使用 IDE 单步执行代码展示

上图显示了在进入中断模式时程序所执行到的位置。在该位置，可以选择逐行执行。为此，可使用前面章节提到的 Debug 工具栏中的其他按钮，如图 4-14 所示。

其中第 6、第 7、第 8 个图标分别控制了中断模式下的程序流，它们依次是：

图 4-14 Debug 工具栏窗口展示

（1）Step Into——执行并移动到下一条要执行的语句上。

（2）Step Over——执行并移动到下条要执行的语句上，但不进入嵌套的代码块，包括函数。

（3）Sip Out——执行到代码块的末尾处，在执行完该语句块后，重新进入中断模式。

如果要查看应用程序执行的每个操作，可以使用 Step Into 按顺序执行指令，包括在函数中的执行，如上面示例中的 Maxima( )。当光标到达第 16 行，调用 Maxima( )时，若单击该图标，会使光标移到 Maxima( ) 函数内部的第一行代码上。而如果光标移到第 16 行时单击 Step Over，就会使光标移动到第 17 行，不进入 Maxima( ) 中的代

311

码（但仍执行该段代码）。如果单步执行到不感兴趣的函数，可以单击 Step Out，返回调用该函数的代码。在单步执行代码时，变量的值可能会发生变化。注意观察上一节讨论的查看窗口，可以看到变量值的变化情况。

可以右击代码行并选择 Set Next Staterment，或将黄色箭头拖到不同的代码行，也可以更改接下来要执行的代码行。不过，这样操作有时也是不可行的，如当跳过变量初始化时。但是，当跳过存在问题的代码行来查看发生的情况时，或向后移动箭头来重复执行代码时，这种方法又是非常有用的。

在存在语义错误的代码中，上述技巧也许是最有效的。例如，可以单步执行代码，当执行到有错误的代码时，错误会像正常运行程序那样发生。或者可以修改执行代码，让语句多次执行。而且在该过程中，可以监视数据，看看什么地方会出错。

（四）即时窗口和命令窗口

通过命令和即时窗口（在调试窗口菜单下），可以在运行应用程序的过程中执行命令。通过命令窗口可以手动执行 Visual Studio 操作（如菜单和工具栏操作），即时窗口可以执行与当前正在执行的源代码不同的额外代码，以及计算表达式。

Visual Studio 中的这些窗口在内部是链接在一起的，甚至可以在它们之间进行切换：输入命令"即时"，可以从命令窗口切换到即时窗口；输入"cmd"，可以从即时窗口切换到命令窗口。

因为命令窗口仅适用于复杂的操作，所以下面将详细讨论即时窗口。即时窗口最简单的用法是计算表达式，这有点像查看窗口中的一次性使用。为此，只需要键入一个表达式，并按回车键即可，接着就会显示请求的信息，如图 4-15 所示。

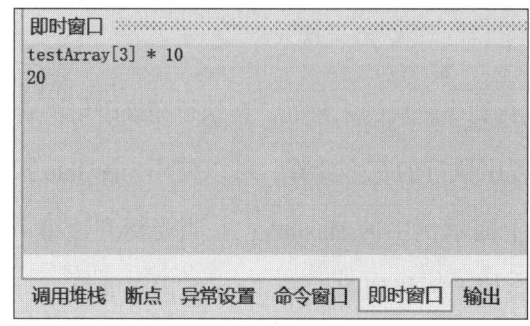

图 4-15　即时窗口展示

可在这里修改变量的内容如图 4-16 所示。

在大多数情况下，使用前面介绍的变量监视窗口更容易得到相同的效果，但该技巧对于调整变量值和测试表达式则更方便。

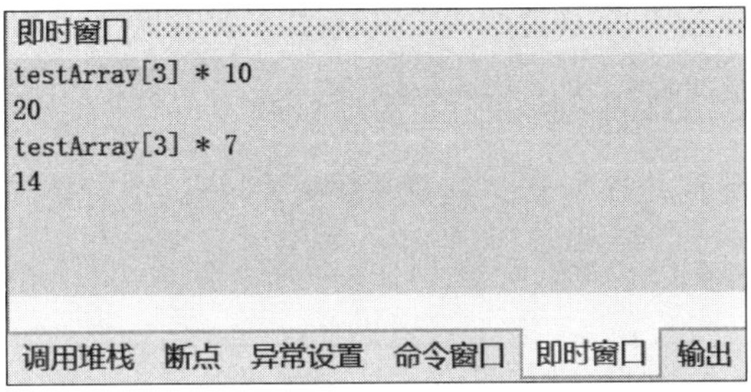

图 4-16 修改变量内容的展示

第二节 错 误 处 理

考核知识点及能力要求：

- 了解异常产生的原因和种类。
- 掌握异常错误处理的方法。
- 掌握配置异常的方法。

本节的第一部分将讨论如何在应用程序的开发过程中查找和改正错误，并使这些错误不会在发布的代码中出现。有时，开发者虽然知道可能会有错误发生，但却不能百分之百地确定。所以，此时最好能预料到错误的发生，并编写出能够处理这些错误的代码，而不必中断程序的执行。

而错误处理就应用于该目的,本节将介绍异常和处理异常的一些方式。异常是运行期间在代码中产生的错误,或者由代码调用的函数产生的错误。此处"错误"的定义要比以前的更含糊,因为异常可能是在函数等结构中产生的。例如,如果函数的一个字符串参数不是以 a 开头,就会产生一个异常。严格来讲,从该函数外部看这并不是一个错误,但调用该函数的代码会把它看成错误。

在本书前面已经提到几次异常,最简单的示例是试图定位一个超出范围的数组元素,例如:

```
int [ ] myArray = {1, 2, 3, 4 };
int myElem = myArray[4];
```

这样操作会产生如下异常信息,并中断应用程序的执行。

```
Index was outside the bounds of the array.
```

异常在名称空间中定义,大多数异常的名称都清晰地说明了它们的用途。在该示例中,产生的异常称为 System.IndexOutOfRangeException,说明提供的 myArray 数组索引不在允许使用的索引范围内。另外,只有在异常未处理时,该信息才会显示出来,应用程序也才会中断执行。接下来将讨论如何处理异常。

一、try...catch...finally

C# 语言包含结构化异常处理(Structured Exception Handling,SEH)的语法。用 3 个关键字可以标记出能处理异常的代码和指令,如果发生异常,就可使用这些指令处理异常。用于该目的的 3 个关键字是 try、catch 和 finally,它们都有关联的代码块,且必须在连续的代码行中使用。其基本结构如下:

```
try
{
    ...
}
```

```
catch (<exceptionType> e)when (filterIsTrue)
{
    <await methodName(e);>
    ...
}
finally
{
    <await methodName;>
    ...
}
```

可在 catch 或 finally 块内使用 C#6 中引入的 await。await 关键字用于支持先进的异步编程技术，以避免瓶颈，且可以提高应用程序的总体性能和响应能力。不过，利用 async 和 await 关键字进行异步编程的相关内容在本书中不做讨论。

也可以只有 try 块和 finally 块，或者有一个 try 块和多个 catch 块。如果有一个或多个 catch 块，finally 块就是可选的，否则就是必需的。这些代码块的用法如下：

（1）try——包含抛出异常的代码（在谈到异常时，C# 语言用"抛出"术语表示"生成"或"导致"）。

（2）catch——包含抛出异常时要执行的代码。catch 块可使用 <exceptionType>，设置为只响应特定的异常类型（如 System.IndexOutOfRangexception），以便提供多个 catch 块。另外，可以完全省略该参数，以让通用的 catch 块响应所有异常。同时 C#6 引入了一个概念"异常过滤"，通过在异常类型表达式后添加 when 关键字来实现。如果出现该异常类型，且过滤表达式是 true，就执行 catch 块中的代码。

（3）finally——包含始终会执行的代码，如果没有产生异常，则在 try 块之后执行，如果处理了异常，就在 catch 块后执行，或者在未处理的异常"上移到调用堆栈"之前执行。

"上移到调用堆栈"表示，SEH 允许嵌套 try...catch...finally 块，不但可以直接嵌套，也可以在 try 块包含的函数调用中嵌套。例如，如果在被调用的函数中没有 catch 块能处理某个异常，就由调用代码中的 catch 块处理。如果始终没有匹配的 catch 块，就终止应用程序。finally 块在此之前处理正是其存在的意义，同时，也可在 try...catch...finally 结构的外部放置代码。

另外，在 try 块的代码中出现异常后，依次发生的事件如图 4-17 所示。

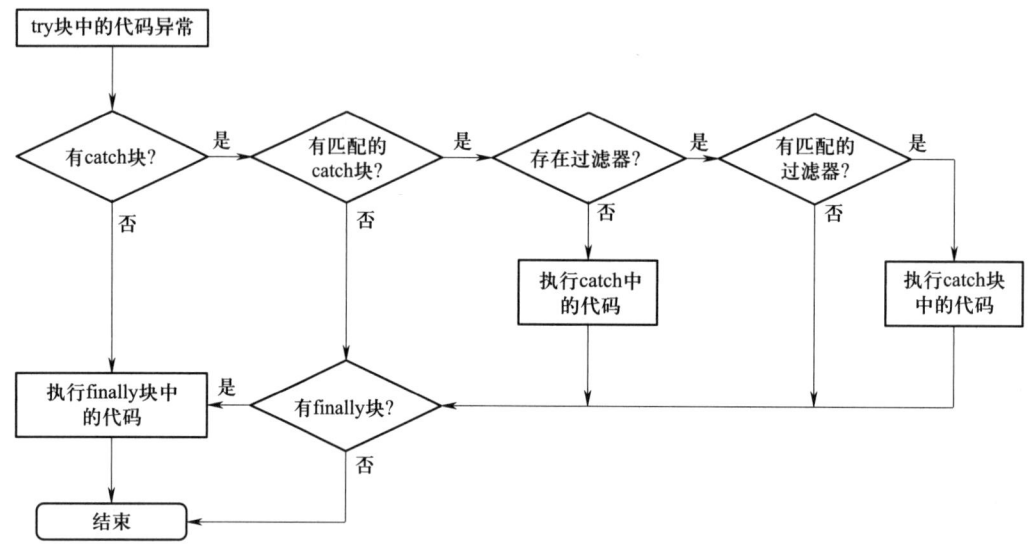

图 4-17　try、catch、finally 结构图展示

（1）try 块在发生异常的地方中断程序的执行。

（2）如果有 catch 块，就检查该块是否匹配已抛出的异常类型。如果没有 catch 块，就执行 finally 块（如果没有 catch 块，就一定要有 finally 块）。

（3）如果有 catch 块，但其与已发生的异常类型不匹配，就检查是否有其他 catch 块。

下面将用一个示例来说明异常处理，且该示例以多种方式抛出和处理异常，以便读者了解其机制。

【例 4-2】

试一试异常处理：Ch04Ex02\Program.cs。

第一步：在 E：\C#Project\Chapter04 目录中创建一个新的控制台应用程序 Ch04Ex02。

第二步：修改代码，如下所示（这里显示的行号注释有助于将代码与后面讨论的内容联系起来）。

```csharp
class Program
    {
        static string[ ] eTypes = { "none", "simple", "index", "nested index", "filter" };
        static void Main(string[ ] args)
        {
            foreach (string eType in eTypes)
            {
                try
                {
                    WriteLine("Main( ) try block reached.");    //Line 21
                    WriteLine($"ThrowException(\"{eType}\")called.");
                    ThrowException(eType);
                    WriteLine("Main( )try block continues.");   //Line 24
                }
                catch (System.IndexOutOfRangeException e) when (eType == "filter")
                {
                    BackgroundColor = ConsoleColor.Red;
                    WriteLine("Main( ) FILTERED System.IndexOutOf RangeException"
                        +$"catch block reached.Message:\n\"{e.Message}\" ");
                    ResetColor( );
                }
                catch (System.IndexOutOfRangeException e)       //Line 33
                {
```

```
                    WriteLine("Main( ) System.IndexOutOfRangeException" +
                            $"catch block reached.Message:\n\"{e.
                            Message}\" ");
            }
            catch                                                   //Line 38
            {
                    WriteLine("Main( ) general catch block reacched.");
            }
            finally
            {
                    WriteLine("Main( )finally block reached.");
            }
            WriteLine( );
    }
    ReadKey( );
}
static void ThrowException(string exceptionType)
{
    WriteLine($"ThrowException(\"{exceptionType}\")reached.");
    switch (exceptionType)
    {
        case "none":
                WriteLine("Not throwing an exception.");
                break;                                              //Line57
        case "simple":
```

```csharp
            WriteLine("Throwing System.Exception");
            throw new System.Exception( );            //Line60
        case "index":
            WriteLine("Throwing System.IndexOutOfRangeException.");
            eTypes[5] = "error";                       //Line 63
            break;
        case "nested index":
            try                                        //Line 66
            {
                WriteLine("ThrowException(\"nested index\")" +"try block
                    reached.");
                WriteLine("ThrowException(\"index\")called.");
                ThrowException("index");               //Line 71
            }
            catch                                      //Line 73
            {
                WriteLine("ThrowException(\"nested index\")general"
                    +"catch block reached.");
                throw;
            }
            finally
            {
                WriteLine("ThrowException(\"nested index\")finally" +
                    "block reached.");
            }
```

```
                break;
            case "filter":
                try                                               //Line 86
                {
                    WriteLine("ThrowException(\"filter\")" + "try block reached");
                    WriteLine("ThrowException(\"index\")called.");
                    ThrowException("index");                      //Line 91
                }
                catch                                             //Line 93
                {
                        WriteLine("ThrowException(\"filter\")general" +
                                 "catch block reached.");
                        throw;
                }
                break;
        }
    }
}
```

注意，试着将上面代码清单中第 76 行和第 96 行的 throw 语句注释掉，以更好地演示 C#6 中引入的异常过滤功能。

第三步：运行应用程序，结果如图 4-18 所示。

抛出异常：该应用程序在 Main（）中有一个 try 块，其调用函数 ThrowException（）。该函数会根据调用时使用的参数抛出异常。

（1）ThrowException（"none"）——不抛出异常。

（2）ThrowException（"simple"）——生成一般异常。

（3）ThrowException（"index"）——生成 System.IndexOutOfRangeException 异常。

（4）ThrowException（"nested index"）——包含其自己的 try 块，其中的代码调用 ThrowException（"index"），生成 System.IndexOutOfRangeException 异常。

（5）ThrowException（"filter"）——包含自己的 try 块，try 块包含的代码调用 ThrowExceptioa（"index"），生成 System.IndexOutOfRangeException 异常，其中异常过滤器是 true。

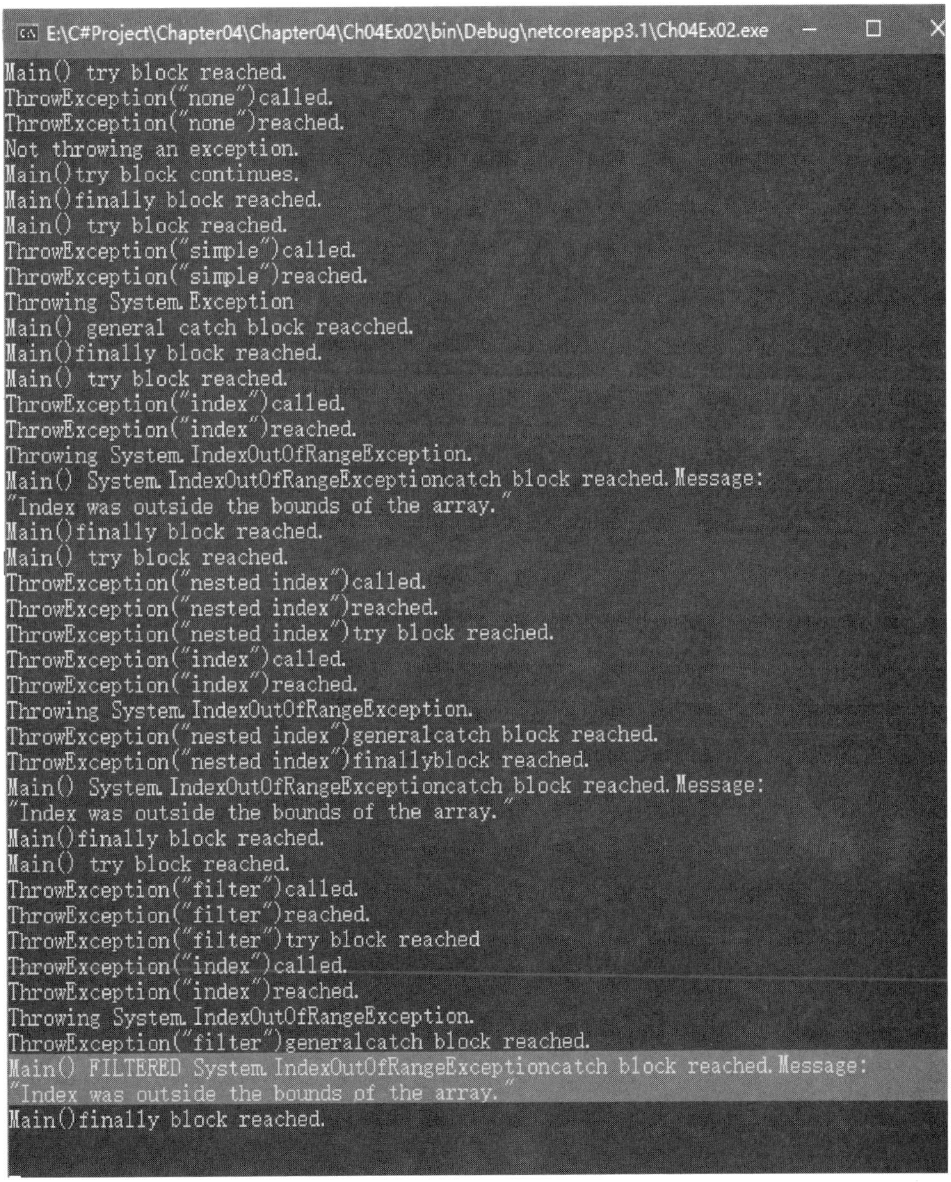

图 4-18　try、catch、finally 语句示例的运行结果

其中的每个 string 参数都存储在全局数组 eTypes 中,并在 Main() 函数中迭代,用每个可能的参数调用 ThrowException()。在迭代过程中,会把各种信息写到控制台,以说明发生了什么情况。该段代码可以使用本章前面介绍的代码单步执行技巧。在执行代码的过程中,一次执行一行代码可以确切地了解代码的执行进度。可在代码的第 21 行添加一个新断点(用默认的属性),该行代码如下。

> WriteLine("Main ( )try block reached.");

在调试模式下运行应用程序,程序将立即进入中断模式,此时光标停在第 21 行上。如果选择变量监视窗口中的 Locals 选项卡,就会看到 eType 当前是"none"。使用 Step Into 按钮处理第 22 行和第 23 行,查看第一行文本是否已经写到控制台。接着使用 Step Into 按钮单步执行第 23 行的 ThrowException() 函数。

执行到 Throw Exception() 函数后,Locals 窗口会发生变化。eType 和 args 超出了作用域[因为它们是 Main() 的局部变量],此处看到的是 exceptionType 局部参数,它当然是"none"。继续单击 Step Into,到达 switch 语句,检查 exceptionType 的值,执行代码,把字符串 Not throwing an exception 写到屏幕上。在执行第 57 行上的 break 语句时,将退出函数,继续处理 Main() 中的第 24 行代码。因为没有抛出异常,所以继续执行 try 块。

接着处理 finally 块,再单击 Step Into 几次,执行完 finally 块和 foreach 的第一次循环。下次执行到第 23 行时,使用另一个参数"simple"调用 ThrowException()。

继续使用 Step Into 单步执行 ThrowException(),最终会执行到第 60 行。

> throw new System.Exception ( );

这里使用 C# 的 throw 关键字生成一个异常,需要为该关键字提供新初始化的异常并作为其参数,抛出一个异常,这里使用 System 名称空间中的另一个异常 System.Exception。

使用 Step Into 执行这条语句时,将从第 38 行开始执行一般的 catch 块。因为与第 26 行开始的 catch 块都不匹配,所以执行一般的 catch 块。单步执行这段代码,然后执行 finally 块,最后返回到另一个循环周期,该循环在第 23 行用一个新参数调用

ThrowException()，这次的参数是"index"。

这次的 ThrowException() 在第 63 行生成一个异常。

```
eType[5] = "error";
```

eTypes 是一个全局数组，所以可以在这里访问它，但是却试图访问数组中的第 6 个元素（其索引从 0 开始计数），这样就会生成一个 System.IndexOutOfRangeException 异常。

这次的 Main() 中有多个匹配的 catch 块，其中第 26 行的一个 catch 块有一个异常过滤器表达式（eType="filter"），第 33 行的另一个 catch 块没有异常过滤器表达式。存储在 eType 中的值当前是"index"，因此异常过滤器表达式是 false，并跳过这个 catch 块。

单步执行到下一个 catch 块，从第 33 行开始。该块中调用的 WiriteLine() 使用 e.Message，输出存储在异常中的消息，并通过 catch 块的参数访问异常。然后再次单步执行 finally 块，而不是第二个 catch 块。返回循环，再次调用第 23 行的 ThrowException()。

在执行到 ThrowException() 中的 switch 结构时，将进入一个新的 try 块，并从第 67 行开始。在执行到第 71 行时，将遇到 ThrowException() 的一个嵌套调用，这次使用"index"参数。可以使用 Step Over 按钮跳过其中的代码行，因为前面已经单步执行过。与前面一样，该调用生成一个 System.IndexOutOfRangeException 异常。但该异常在 ThrowException() 中的嵌套 try...catch...finally 结构中处理。只是该结构没有明确匹配这种异常的 catch 块，所以执行一般的 catch 块（从第 73 行开始）。

维续单步执行代码，当到达 ThrowException() 中的 switch 结构时，将进入一个新的 try 块，并从第 86 行开始。到达第 91 行时，和以前一样，执行一个嵌套调用 ThrowException()。但是，这次处理 Main() 中 System.IndexOutOfRangeException 异常的 catch 块会检查过滤表达式（eType=="filter"），其结果是 true，所以执行该 catch 块，而不是处理 SystemIndexOutOfRangeException 中没有异常过滤器的 catch 块。

与前面的异常处理一样，现在将单步执行该 catch 块，以及关联的 finally 块，最后返回函数调用的末尾处。不过，它们有一个重要的区别：抛出的异常是由

ThrowException ( ) 中的代码处理的，也就是说，异常并没有留给 Main ( ) 处理，所以会直接进入 finally 块，然后应用程序中断执行。

二、表达式

在前面的示例中，throw 仅用在对已经发生的操作进行编码的代码语句中。其实在表达式中也可以使用 throw，如下所示：

fried ?? throw new ArgumentNullException（paramName: nameof（friend），message: "null"）

上面的代码段中使用了双问号（??），其称为空值合并操作符（null-coalescing operator），并检查所赋的值是否为 null。若为 null，则抛出 ArgumentNullException 函数；否则将该值赋给变量。

三、列出和配置异常

.NET Framework 包含了许多类型的异常，可以在代码中自由抛出和处理这些异常。IDE 提供了一个对话框，可以检查和编辑可用的异常。使用调试 | 窗口 | 异常设置菜单项（或按下 Ctrl+D，E）可打开该对话框，如图 4-19 所示。

图 4-19　异常设置窗口展示

该对话框是按照类别和 .NET 库名称空间列出的异常。展开 Common Language Runtime Exceptions 的加号，就可以看到 System 名称空间中的异常，该列表也包括上面使用的 System.IndexOutOfRangeException 异常。每个异常都可以使用异常类型旁边的复选框来配置。使用（break when）Thrown 时，即使是对于已处理的异常，也会进入调试器。

第三节 软件版本管理

考核知识点及能力要求：
- 了解软件版本管理配置方法。
- 掌握常用软件版本管理工具的安装和使用。

一、软件配置管理的应用

软件在开发过程中会产生大量的产品，包括文档、代码源和数据等，且这些产品之间还存在一定的关系。另外，同一软件产品也会发生变更，从而产生许多版本。因此，软件开发小组如果不能有效了解产品的变更和不同形式的版本，将会很难组装这些软件产品。

（一）配置管理（Configuration Management）

配置管理（Configuration Management，CM）是通过对软件生命周期不同的时间点上的软件配置进行标识，并对这些被标识的软件配置项的更改进行系统控制，从而达到软件产品完整性和可塑性的过程。随着计算机和软件的不断发展，配置管理（CM）可用于控制复杂系统的过程，而软件配置管理（Software Configuration Management，SCM）则用于控制软件开发的过程。

另外，SCM 不同于普通的 CM 主要有以下两点：

（1）软件比硬件更容易和更快速地更改。

（2）SCM更具有被自动化的潜力。

IEEE-STD-610对配置管理的定义：其是一套应用技术上和管理上的指导方法，用于识别和记录配置项的功能特征和物理特征、控制特征的变更、记录变更状态、验证特定需求等。

ANSI/IEEE 1042对软件配置管理的定义：软件配置管理是管理计算机程序产品进展的一门学科，包括在开发的初始阶段和产品的所有维护阶段。

（二）软件配置管理的优点

实施软件配置管理具有如下几个好处：

（1）对项目中的文档及代码等变化能够实施有效管理，$β_1$P对软件的资产进行管理。

（2）能够快速重现某个文件的历史版本。随时可以回访任意一个历史版本，如图4-20所示。

软件就像汽车一样是配置起来的，可将各个源代码文件的正确版本配置在一起，并编译产生正确的可运行程序。而且，有些软件组件可能参与不止一个软件产品的配置构成。另外，若干软件组件的特定版本会配置构成特定的软件产品。

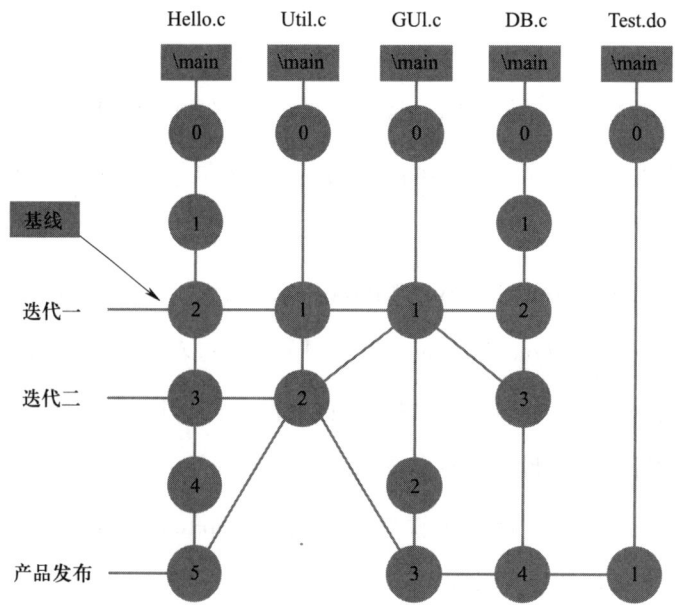

图4-20 随时可以回访任意一个历史版本

（3）能够重新编译某个历史版本，使维护工作变得容易。

软件配置管理就像攀岩时系的保险绳，即使失手摔落，也不会从半山坠入谷底。软件开发亦是如此，适当保存历史版本，若遇到丢失的情况会紧急退回到上一个安全的地方。

（4）能够在异地多团队开发，使并行开发成为现实。

（5）实施统一的配置管理流程可加速项目的进程，提高工作者流动时的工作效率。

（三）配置管理计划

SCM 的定义为：SCM 制定包括计划、识别、控制、状态记录、审计五大任务的基本活动。SCM 计划说明要在产品或者项目生命周期过程中执行的所有配置和变更控制来管理活动，如详细的活动时间表、指定的职责和需要的资源（包括人员、工具和计算机设备等）。在软件产品开发中，SCM 计划的目的在于定义或者参考执行配置和变更控制管理方式的步骤和活动，如图 4-21 所示。

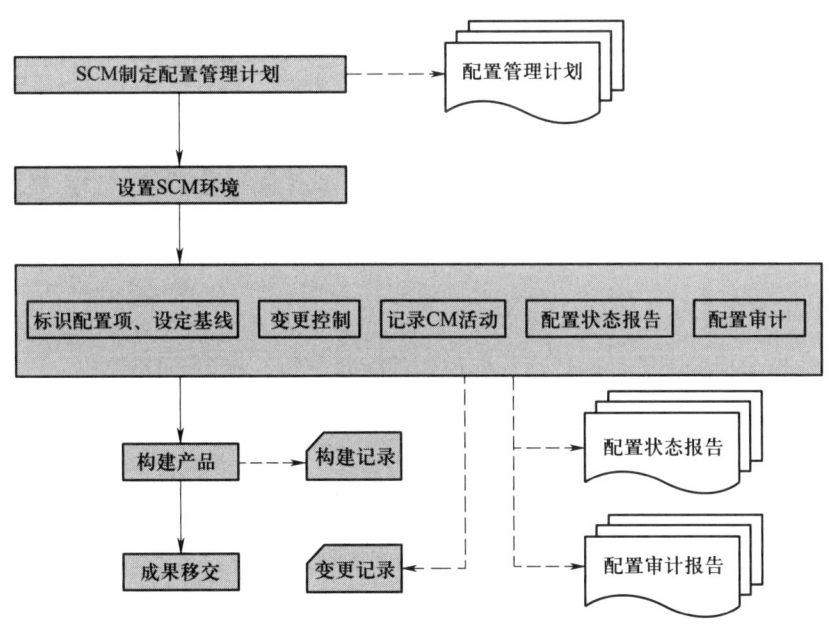

图 4-21 SCM 的基本活动

SCM 模板如下：

1. 引言

（1）目的。

（2）术语与缩略语。

（3）参考资料。

2. 管理

（1）机构。

（2）任务。

（3）职责。

（4）接口控制。

（5）里程碑。

（6）适用的标准、条例和约定。

3. 配置管理活动

（1）配置标识。

（2）配置控制。

（3）配置状态登录与报告。

（4）配置审计。

4. 技术、方法与工具

5. 对供货单位的控制

6. 记录的收集、维护和保存

（四）配置标识

配置标识包括标识软件配置项、标识软件配置基线、标识受控库。

1. 标识软件配置项

标识软件配置项一般是系统规格说明书、软件需求规格说明书、设计规格说明书、源代码、测试规格说明书等软件研发过程中产生的工作。

对于文档类的配置项，一般采用编号命名文件的方式进行标识，代码如下：

```
EEILIB.2.RA.1.1.00
```

其中：

EEILIB 代表项目名称或者编号；

2 代表系统编号；

RA 代表文档类型（需要分析）；

序号 1 表示本文文档在同类型中的排序；

版本号和修订号分别为 1 和 00。

2. 标识软件配置基线

基线是软件生存期开发阶段末尾的特定点。软件配置基线的标识分为如下三点：

（1）文档基线标识。

（2）代码基线标识。

（3）产品基线标识。

根据公司制定的 SCM 策略，标识流程可能会有所不同。文档基线标识如图 4–22 所示。

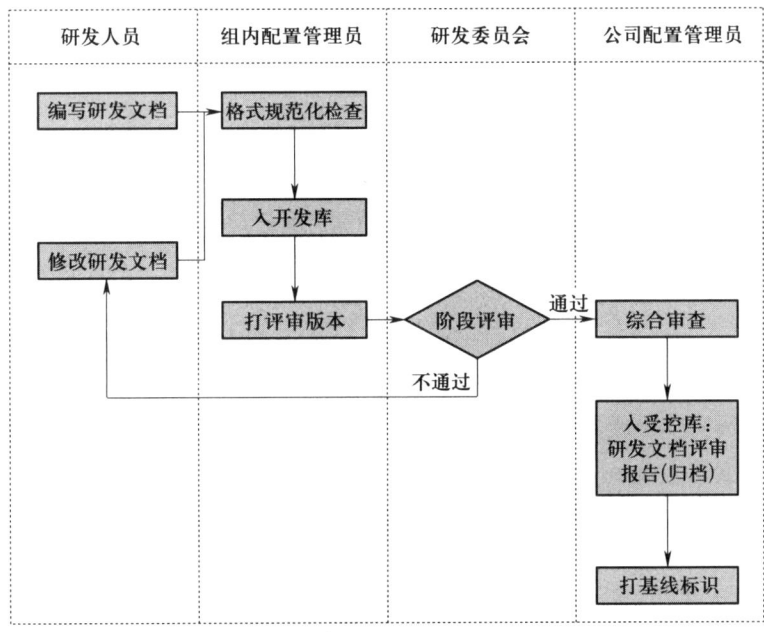

图 4–22 文档基线标识

3. 标识受控库

软件配置管理库一般分为开发库、受控库和产品库。

（1）开发库：用于存放开发过程中需要保留的各种信息，供开发人员个人专用。

（2）受控库：在软件开发的某个阶段工作结束时，将工作产品存入或将有关的信息存入。

（3）产品库：在开发的软件产品完成系统测试之后，作为最终产品存入库内，等待交付用户或现场安装。

在标识受控库时标识一般包括以下内容：

（1）存放位置。

（2）每个库的存储介质。

（3）同源库的数目及并行内容的维护机制。

（4）软件配置项的内容。

（5）软件配置项状态的内容。

（6）进入软件配置项的条件，包括与受控库内容兼容的最小状态。

（7）预防蓄意或意外损害和退化的措施，以及有效恢复程序。

（8）检索软件配置项的条件，并说明使用的不同，如既不复制也不删除软件配置项、复制软件配置项、删除软件配置项等。

（9）具有不同访问权限的人员或小组访问受控库的控制措施。访问权限包括向受控库输入软件配置项，查找受控库中包含的软件配置项清单和内容，评价、复制和删除受控库中的软件配置项。

（五）变更控制

对于已标识清楚的配置项，应该严格实行变更控制，包括检入和检出控制、更改控制、版本控制和存取控制。文档基线变更流程如图4-23所示。

（六）配置状态记录和报告

SCM过程应记录每一个新的和已更改的软件配置项的标识及状态。在软件配置项纳入配置控制时，SCM过程应在每次改进时对版本和状态进行维护。SCM过程应跟踪、记录并报告更改的申请状态和批准的实现状态，并检查是否更改，且仅更改所批准的更改。配置状态报告主要包括以下内容：

（1）基础信息：配置库名称、管理工具名称、配置管理员等。

（2）配置项记录：配置项名称、正式发布日期、版本变化历史、作者等。

（3）基线记录：基线名称、版本、创建日期、包含的配置项等。

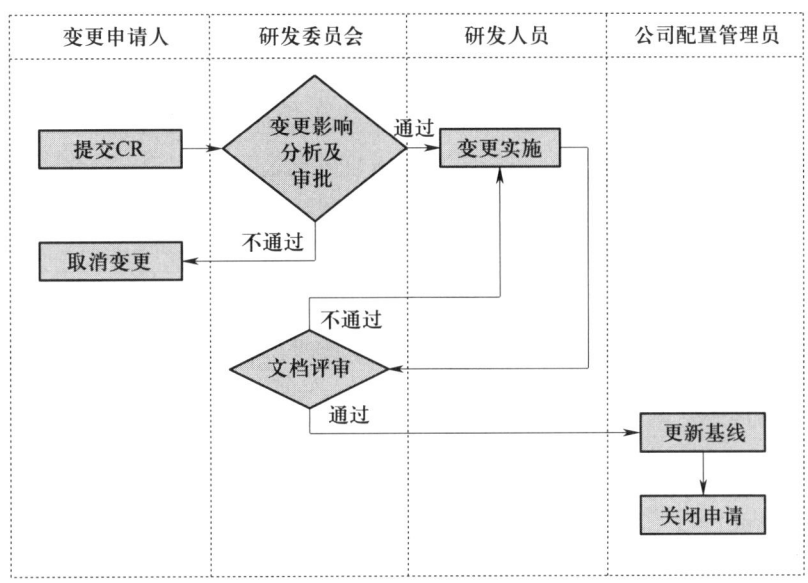

图 4-23　文档基线变更流程

（4）配置库备份记录：批次、备份日期、备份内容、说明、备份到何处、责任人等。

（5）配置项交付（发布）记录：批次、交付日期、交付内容、说明、CCB批示、接受人等。

（6）配置库重要操作日志：日期、人员、事件（配置管理员记录自己和他人对配置库的重要操作，如删除文件等）。

（七）配置审计

配置审计主要包括以下内容：

（1）检查配置控制手续是否齐全。

（2）变更是否完成。

（3）验证当前基线对前一基线的可追踪性。

（4）确认各SCI是否均正确反映需求。

（5）确保介质的有效性，尤其是要确保文实相符，并定期复制、备份、归档，以防止介质被意外破坏。

（八）配置管理的自动化

SCM若缺乏自动化就会难以进行，而工具的作用则使SCM的各项活动自动化，并且能提高开发效率。另外，SCM 提供了稳定的开发环境，并维护配置项，存储它们的历史、支持产品构建和更改的同步协调，从而帮助开发者进行每天的工作。

大部分软件企业的 SCM 活动都是围绕源代码控制和管理来进行的，而大部分 SCM 的改进首先要改进的是源代码更变的管理，但是 SCM 不仅仅是源代码管理。实际上，一个典型的软件配置管理工具应提供以下服务：

（1）管理库的各项组成部分：版本控制。

（2）支持软件工程师：工作空间管理、同步管理、系统构建。

（3）流程控制和支持。

配置项的存储和更改是工具的基本任务，而 SCM 工具应该可以自动捕捉和更新配置项的所有技术信息。同时，变更管理也是被大部分 SCM 工具支持的一个 SCM 活动。其中更改请求的信息会直接发送到所有相关的人员（如 CCB），然后他们就可以直接通过邮件或其他消息系统发送同意或不同意。那些所有与更改过程相关的信息，如谁发起更改、谁执行更改、怎样更改等都能记录下来，并作为状态审计，从而更加有效地管理整个项目。

配置审计是用于验证产品完整性的一个活动，而 SCM 工具可以自动化大部分审计，因为它们可以产生需要的信息供验证使用，如所有变更的历史、包含具体工作完成情况的日志等。

（九）进度控制与软件测试

从 SCM 的定义可以看出，配置管理的目的是帮助控制产品的整个生产过程，包括进度和版本控制。可见，进度和版本控制对软件测试而言非常重要，甚至可以说，若缺乏 SCM 的软件测试将会出现混乱。

因为测试无论在哪种开发模式下都是相对滞后的过程。如果进度控制得不够恰当，就很可能会压缩测试时间，最终导致测试不充分，从而遗漏很多缺陷。

版本控制是测试有序进行的基础，若版本构建的频率过高，就会导致测试人员疲于奔命，以致没有足够的时间充分测试一个版本；若版本构建的频率过低，且长时间没有提交给测试人员测试，就会导致缺陷积压过多，以致有些 Bug 太晚才被发现，从而加大后续的修改难度。

（十）变更控制与软件测试

版本控制还包含变更控制的概念，而正确的变更流程可以让测试在第一时间检测到更改的范围，从而制定出相应的回归测试策略。不规范的变更、随意变更会导致测试人员不能把握好回归测试的重点，以致出现很多漏测的情况。

另外，变更控制对功能自动化测试也会有影响。举个真实的案例，一位开发人员随意重构了一下界面，虽然只是修改了一些控件的命名，结果却导致测试人员的自动化测试脚本大面积失效，以致需要重新录制和调整。

（十一）配置管理与软件测试

如果没有遵循一定的配置管理流程进行软件测试活动，可能会导致严重后果。假设开发人员修正了一个 Bug，然后与测试人员进行讨论，测试人员在开发人员的机器上重新进行测试，发现 Bug 没有再出现并且已经修复。此时如果测试人员关闭缺陷，则可能导致缺陷在用户那边再次出现。原因可能仅仅是开发人员把该 Bug 修改的代码漏签到了配置管理数据库中。但是测试人员有没有责任呢？当然有，因为测试人员也没有按照规范的配置管理流程执行测试，测试人员应该从配置库获取源代码编译后再测试，只有看到新的结构版本不再出现那个 Bug，才能把缺陷库中的 Bug 关闭，其流程如图 4-24 所示。

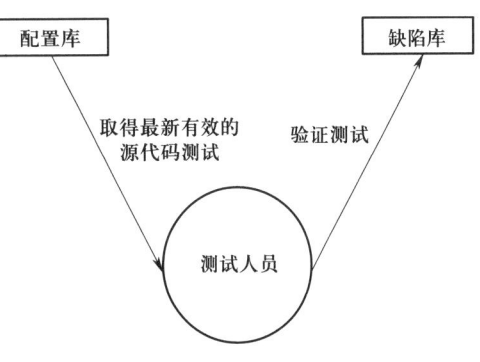

图 4-24　缺陷验证和关闭的流程

二、VSS（Visual SourceSafe）的安装和使用

常用的配置管理工具有 VSS、SVN、ClearCase 等。根据调查数据可知，目前大部分公司使用的配置管理工具以 SVN 为主，不过也有一些互联网公司在使用 Git。

（一）VSS（Visual SourceSafe）简介

Visual SourceSafe 简称 VSS，是一种源代码控制系统，其提供了完善的版本和配置管理功能，以及安全保护和跟踪检查功能。VSS 通过将有关项目文档存入数据库进行项目研发管理工作，用户则可以根据需求随时快速、有效地共享文件。文件一旦被添加进 VSS，其每次改动都会被记录下来，因此用户可以恢复文件的早期版本，项目组的其他成员也可以看到有关文档的最新版本，即使修改也会被 VSS 记录下来。可见，对组织管理项目来说 VSS 可以起到更简易、直观的作用。

另外，VSS 可以与 Visual C++ 等开发环境集成在一起，以提供方便易用、面向项目的版本控制功能，而且 VSS 面向项目的特性还能更有效地管理工作组应用程序开发进行中的日常任务。

（二）VSS 的安装

VSS 服务端的安装方法有两种，一种是在安装 Visual Studio 时选择 VSS 进行安装，另一种是单独安装。

（三）创建 VSS 数据库

安装完 VSS 后，可为整个项目创建一个 VSS 数据库（在 VSS 服务器安装时，系统已经创建了一个默认数据库），打开所有程序 –> 选择"Microsoft Visual SourceSafe"选项，打开"VisualSourceSafe6.0 Admin"，在管理员界面中选择菜单"Tools" –> "Create Database"选项进行 VSS 数据库的创建。

（四）创建 VSS 项目（Project）

在新创建的 VSS 数据库中创建 VSS 项目 Project。打开 Microsoft Visual SourceSafe6.0，选择刚才创建的数据库，双击它或单击"Open"按钮打开该数据库。

一个项目是一组相关的文档或者是一组文件的集合，在 VSS 中，任何层次结构都可以用来存储和组织项目。在 VSS 数据库中，可以创建一个或者多个项目。单击"File"菜单中的命令"Create Project..."，创建一个项目，还可以选择此项目并在其下面建立子项目。

（五）VSS 备份

VSS 备份的方法有多种，包括直接复制 VSS 文件夹的方式、通过 VSS Admin 的导入/导出功能进行备份的方式等。

1. 直接复制

在配置库所在的服务器上，将配置库所在的文件夹直接复制一份。当需要恢复时直接复制到配置库所在的目录即可。

2. 通过导入 / 导出备份

备份配置库的步骤如下：

（1）登录 Visual SourceSafe 6.0 Admin，单击"tools-archive projects..."命令弹出对话框。

（2）在 Archive 菜单下选择"Archive projects"选项，选择要备份的项目，单击"OK"按钮。

（3）单击"下一步"按钮，单击上面的"add"按钮时可以添加项目，再单击"下一步"按钮，选择备份位置，文件名可自定义；接着再单击"下一步"按钮，单击"完成"按钮，然后进行备份；最后会形成一个扩展名为 *.ssa 的备份档案文件。

恢复配置库的步骤如下：

（1）在"Archive"菜单下选择"Restore projects"选项，单击"Browse"按钮，选择要恢复的项目。

（2）单击"下一步"按钮，选择要恢复的位置，再单击"下一步"按钮，单击"完成"按钮，然后进行恢复。

3. 定时自动备份

可以编写一个批处理文件来实现自动备份操作，该批处理文件中用到 WinRAR 对数据库文件进行压缩处理。使用 WinRAR 进行压缩的命令如下：

```
D:\Tools\WinRAR\rar a -r -o+ D:\VSS_Bak.rar D:\VSSDB
```

其中，"D: Tools\WinRAR\rar"是 WinRAR 工具所在的路径，"D:\VSS_Bak.rar"是压缩文件要存放的位置，"D: VSSDB"是要压缩的 VSS 数据库所在的位置。而将批处理文件添加到系统的任务计划中就可以实现定时自动备份 VSS 数据库。编写批处理脚本 vss_backup.bat 如下：

```
@echo off
for /f "tokens=1,2,3 delims=-" %%i in('date /t')do D:\Tools\WinRAR\rar a -r -o+
                    D:\VSS_BAK_%%i%%j%%k. rar D:\VSSDB
```

三、SVN（Subversion）的安装和使用

另外一个常用的配置管理工具是 Subversion，简称 SVN，其是开源的版本控制系统，支持本地局域网访问或通过网络访问数据库和文件系统存储库。SVN 不但提供了常见的比较、修补、标记、提交、回复和分支功能，而且增加了追踪移动和删除的功能。此外，其支持非 ASCII 文本和二进制数据。而所有这一切都使 SVN 不仅对传统的编程任务非常有用，同时也适于 Web 开发、图书创作和其他在传统方式下未采纳版本控制功能的领域。

（一）SVN 的基本原理

SVN 是一种集中分享信息的系统，其储存所有的数据，核心是版本库。版本库按照文件树形式储存数据，包括文件和目录。任意数量的客户端都可以连接到版本库读写这些文件。通过写，其他人可以看到这些信息；通过读数据，也可以看到其他人的修改。

SVN 可以通过多种方式进行访问，如本地磁盘访问，或各种各样的网络协议，但同一个版本库的地址永远都是一个 URL，"版本库访问 URL"描述了不同的 URL 模式对应的访问方法，见表 4–1。

表 4–1　　　　　　　　　　不同的 URL 模式对应的访问方法

模式	访问方法
file:///	直接版本库访问（本地磁盘）
http://	通过配置 Subversion 的 Apache 服务器的 WebDAV 协议访问
https://	与 http:// 类似，但是包括 SSL 加密
svn://	通过 svnserve 服务自定义的协议访问
Svn+ssh://	与 svn:// 类似，但通过 SSH 封装

不同于其他版本的控制系统，SVN 的修订号是针对整个目录树的，而不是单个文件。每个 SVN 的修订号都代表了提交一次后版本库中整个目录树的特定状态，另一种理解则是修订号 N 代表版本库已经经过了 N 次提交。因此，当开发者在使用 SVN 时，如果谈及"foo.c 的修订号 5"时，其实际的意思是"在修订号为 5 时的 foo.c"。因此，

修订号 N 和 M 并不表示一个文件一定是不同的。其他版本控制工具，如 CVS，则采用每一个文件一个修订号的做法。

（二）SVN 的下载与安装

SVN 的下载地址为 https://www.runoob.com/svn/svn-install.html。点击下载地址链接并进行下载，该网址包含详细的下载安装教程，按照提示操作即可。

（三）创建资源库

安装完 SVN 的服务器端和客户端之后，还需要创建 SVN 库，创建方法是进入命令行（cmd），执行 svnadmin 的 create 命令，如图 4-25 所示。代码如下：

```
svnadmin create d:/ repos
```

图 4-25　创建 d:/ repos 库

svnadmin 的 create 命令将在指定的目录创建 SVN 资源库。svnadmin 是 SVN 服务器管理工具，通过"svnadmin -？"可以查看可用的命令，如图 4-26 所示。

（四）运行 SVN 服务

创建 SVN 库后，可用"svnserve"命令启动 SVN 服务，并加载指定的 SVN 库，代码如下：

```
svnserve -d -r d:/repos
```

其中，参数 d 表示以后台模式运行 SVN 服务，参数 r 用于指定服务根目录（SVN 库所在的根目录）。svnserve 命令的可用参数及其作用可用"svnserve -help"列出，如图 4-27 所示。

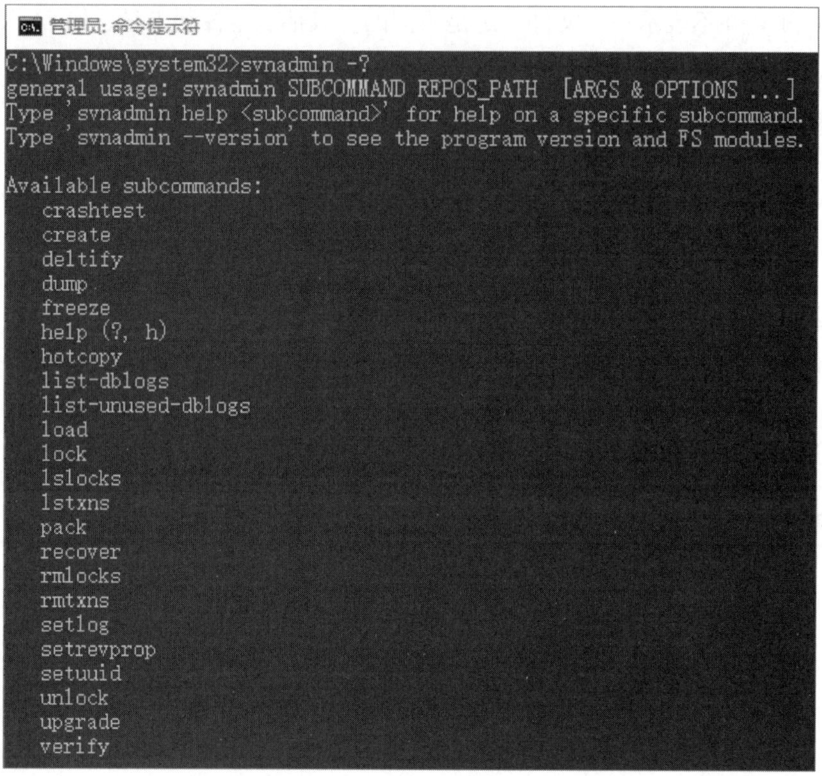

图 4-26 SVN "svnadmin -？" 的使用

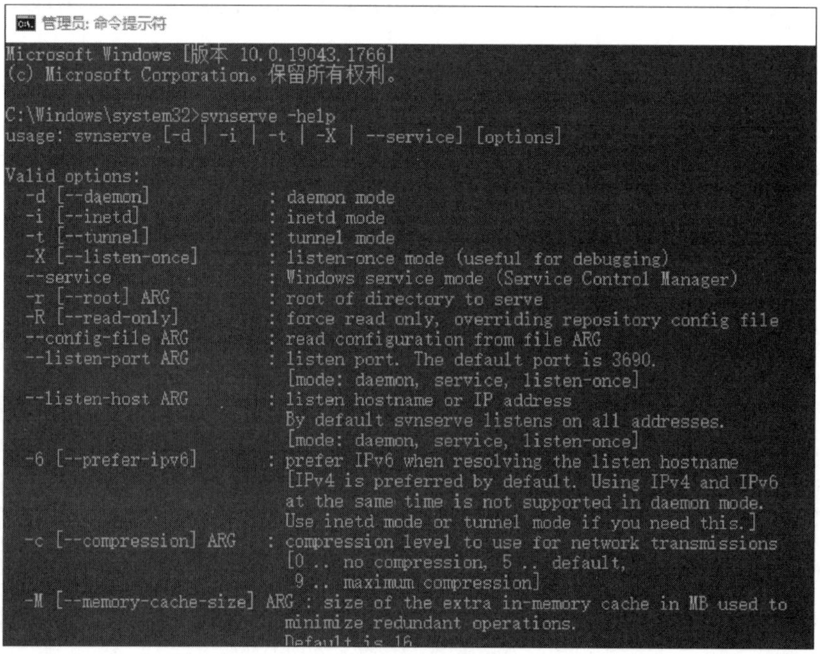

图 4-27 svnserve 命令的使用

（五）用户授权

进入 d：/repos 目录下的 conf 目录，打开 svnserve.conf 文件，如图 4-28 所示。去掉 anon-access = read 前面的 # 注释，最好把 anon-access = read 前的空格也去掉，然后把 anon-access = read 改为 anon-access = none，这表明没有用户名与密码的不能读写。同样把 auth-access = write 和 password-db = passwd 的注释（包括前面的空格）去掉，如图 4-29 所示。

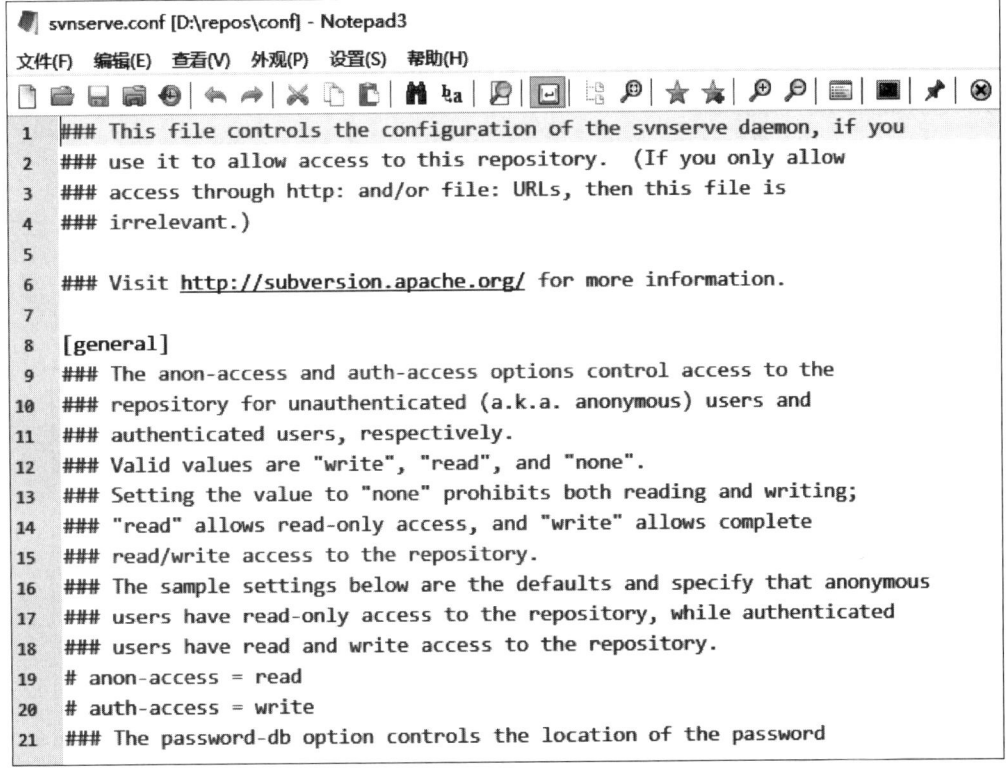

图 4-28　svnserve.conf 文件

接下来可以对用户的密码进行设置。打开 conf/passwd 文件，如图 4-30 所示。在文件末尾按照"用户名=密码"的格式添加用户和对应的密码，这样进行匿名访问和读写就会获得权限。举例代码如下。

```
bassluo=123456
```

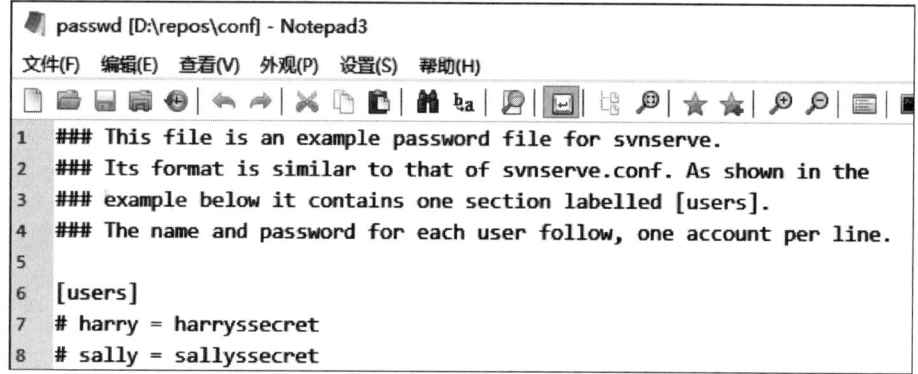

图 4-29　修改之后的文件

图 4-30　conf\passwd 文件的用户和密码添加

（六）导入项目

往 SVN 库导入项目文件的操作可以通过客户端 TortoiseSVN 来完成。

首先，在待导入的目录上单击鼠标右键，选择"TortoiseSVN"->"Import（导入）..."选项，然后在 URL 里输入 svn：//localhost/repos 即可。

当然，也可以在 SVN 命令行中执行如下命令。

```
cd E:\svn_test
svn import svn://localhost
```

如果出现设置环境变量的提示，如图 4-31 所示，则需要先设置环境变量 SVN_EDITOR，如图 4-32 所示。可按照图中的步骤完成设置，设置好环境变量后，再执行 import 操作即可。

图 4-31　提示设置环境变量

a）

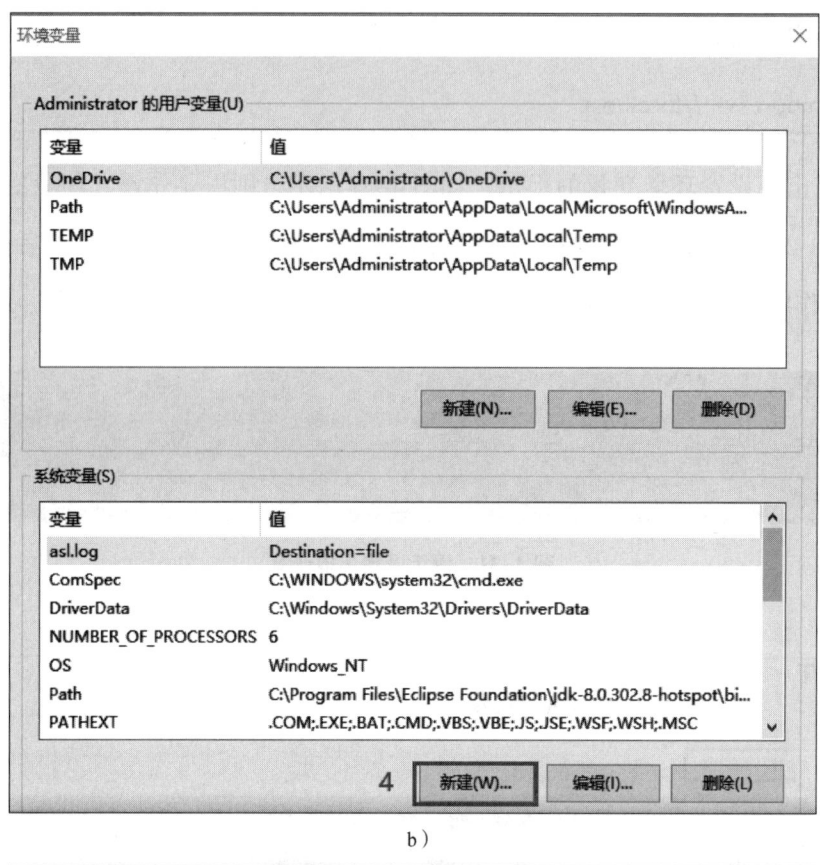

图4-32 设置环境变量的步骤

(七)检出项目

用鼠标右键单击一个新的目录(待存放项目的目录),SVN Check Out(检出),然后在URL里输入svn://localhost/repos即可。完成后,该新目录的左下角会有一个绿色的勾。如果在命令行中操作,就需要使用"svn checkout"命令,代码如下。

```
svn checkout svn://localhost/repos/project2
```

（八）用 add 命令添加文件

向 SVN 库添加一个文件，可以使用如下命令。

```
svn add 1.txt
```

（九）用 commit 命令提交文件

添加文件后，执行提交文件的更改用"svn commit"命令，使用 F 参数指定提交时需要写入 log 文件路径，代码如下。

```
svn commit 1.txt -F C:\log.txt
```

（十）用 update 命令更新文件

使用"svn update"命令更新本地文件的版本，执行命令后，会提示文件更新的修订版本。代码如下。

```
svn update 1.txt
```

（十一）将 SVN 服务注册为系统服务

如果 SVN 服务没有启动，那么使用 SVN 客户端签出文件时就会提示失败。

为了避免每次手动启动 SVN 服务器的麻烦，可以将 SVN 服务注册为 Windows 系统服务。建立服务后，需要在 Windows 服务管理中启动 SVN 服务。建立服务的命令如下（注意空格）。

```
sc create svnservice binPath=< 空格 >"D:\Subsersion\bin\svnserve –service –r f:\svnroot"depend=< 空格 >Tcpip start=< 空格 >auto
```

（十二）远程客户端访问

SVN 的远程客户端访问非常简单，可通过客户端程序 TortoiseSVN，在 URL 中输入 SVN 服务器的访问地址即可，如"svn：//192.168.1.151/repos"。

（十三）目录访问权限控制

SVN 支持对项目库中的每个目录进行权限控制，其控制方法是编辑 <SVN 库>\conf\svnserve.conf 文件，这样就实现了为指定用户组设置访问目录的权限，目录的设置格式为"[repos: /< 目录名 >]"。代码如下：

```
[general]
password-db = passwd
anon-access = none
auth-access = write
authz-db = authz
```

然后编辑 <SVN 库 >\conf\passwd 文件，代码如下：

```
[users]
User_name = your password
chen=123456
david = david
liyu = liyu
tester1 = tester1
tester2 = tester2
dev1 = dev1
dev2 = dev2
guest1 = guest1
guest2 = guest2
```

接下来编辑 <SVN 库 >\conf\authz 文件，代码如下：

```
[groups]
g_vip = chen
g_manager = david,liyu
g_tester = tester1,tester2
g_dev = dev1,dev2
```

```
g_guest = guest1,guest2
[repos:/]
@g_vip = rw
@g_manager = rw
@g_dev = rw
@g_tester = r
* =
[repos:/2]
@g_vip = rw
@g_manager = rw
@g_dev = r
@g_tester = r
* =
```

四、Git 的安装和使用

（一）Git 简介

Git 是目前世界上最先进的分布式版本控制系统，同时也是一个开源的分布式版本控制系统，能有效、高速地处理从小到大的项目版本管理。Git 相对于集中式版本控制系统的最大区别在于开发者可以将数据库提交到本地，且每个开发者机器上都是一个完整的数据库。

（二）安装 Git

msysgit 是 Windows 版的 Git，可下载链接：

https：//pc.qq.com/detail/13/detail_22693.html

点击下载，下载完成后按默认选项安装即可，如图 4-33 所示。

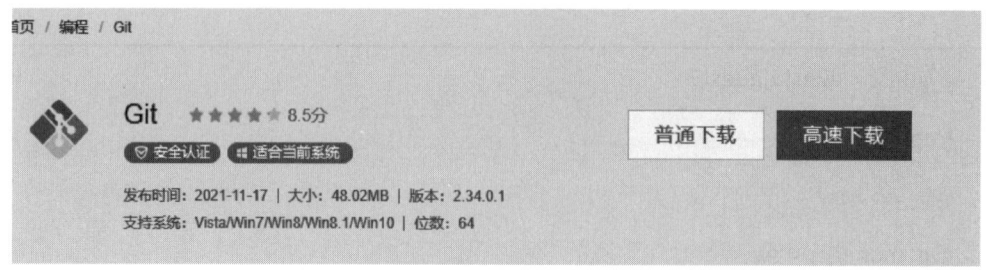

图 4-33　Git 安装下载

安装完成后，在开始菜单里找到"Git"->"Git Bash"，会跳出一个类似命令行窗口的东西，即说明 Git 安装成功！如图 4-34 所示。

最后一步设置，在命令行输入。

$ git config --global user.name "Your Name"

$ git config --global user.email "email@example.com"

输入完指令，如图 4-35 所示。

图 4-34　Git Bash 指令窗口弹出

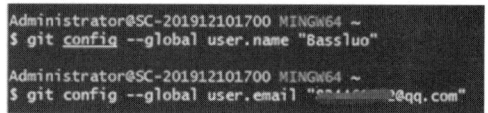

图 4-35　Git Bash 指令设置

（三）远程仓库

（1）GitHub 账号。GitHub 网站是提供 Git 仓库托管服务的，所以，只要注册一个 GitHub 账号，就可以免费获得 Git 远程仓库。可注册链接：https://github.com。

（2）创建 SSHKey。注册好 GitHub 账号后，由于本地 Git 仓库和 GitHub 仓库之间的传输是通过 SSH 加密的，所以需要一些设置。在用户主目录下，查看是否有 .ssh 目录。如果有，再看该目录下是否有 id_rsa 和 id_rsa.pub 这两个文件。如果已经存在，可直接跳到下一步。如果没有，打开 Shell（Windows 下打开 Git Bash），输入指令创建 SSH Key。

$ ssh-keygen -t rsa -C"youremail @ example.com"

代码呈现如图 4-36 所示。

图 4-36　Git Bash 代码

设置好后，可以在用户主目录里找到 .ssh 目录，里面有 id_rsa 和 id_rsa.pub 两个文件，如图 4-37 所示。其实，这两个就是 SSH Key 的密钥对，其中 id_rsa 是私钥，不能泄露出去，而 id_rsa.pub 是公钥，可以放心地告诉任何人。

图 4-37　私钥和公钥文件

（3）登录 GitHub，打开"Account settings"->"SSH Keys"页面。然后单击"Add New SSH Key"，填上任意 Title，在 Key 文本框里粘贴 id_rsa.pub 文件的内容。

id_rsa.pub 的文件内容需要通过 Git Bash 来获取，如果直接复制粘贴 .ssh 的文件会破坏格式，所以需要打开 Git Bash，命令行输入：

```
$ clip < ~ /.ssh/id_rsa.pub
```

按下 CTRL+C 复制，并粘贴到网站中 Key 的内容里。最后 SSH Key 显示添加成功。

GitHub 允许添加多个 Key。假定开发者有若干电脑，有时需要在公司提交，有时又需要在家里提交，而只要把每台电脑的 Key 都添加到 GitHub，就可以在每台电脑上往 GitHub 进行推送。

（四）分支管理

在 Git 版本库中创建分支的成本几乎为零，并可以很快地创建一个主分支，即 master 分支。另外，还可以创建一个属于自己的个人工作分支，以避免对主分支 master 造成干扰，从而方便与他人交流协作。

1. 创建分支

可以使用下面的命令创建分支。

```
$ git branch robin$ git checkout robin
```

2. 删除分支

要删除版本库中的某个分支，使用 git branch –d 命令即可。例如：

```
$ git branch -d branch-name
```

3. 查看项目的发展变化和比较差异

```
$ git show-branchgit diffgit whatchanged
```

4. 合并分支

在协同开发过程中，经常需要将自己或者其他人在一个分支上的工作合并到其他分支上去。若合并两个分支，可使用 git merge 命令，如将 robin 分支上的工作合并到 master 分支中。

```
$ git checkout master$ git merge -m "Merge from robin"robin
```

（五）标签管理

发布一个版本时，通常先在版本库中打一个标签，这样就确定了打标签时刻的版本。将来无论什么时候，若想取某个标签的版本，就是把那个打标签时刻的历史版本取出来。所以，标签也是版本库的一个快照。

Git 的标签虽然是版本库的快照，但是实际上其是指向某个 commit 的指针，所以创建和删除标签都是瞬间完成的。

在 Git 中打标签非常简单，首先，切换到需要打标签的分支上。

```
$ git branch
Dev
Master
$ git checkout master
Switched to branch 'master'
```

然后，敲命令 git tag<name> 就可以打一个新标签。

```
$ git tag v1.0
```

可以用命令 git tag 查看所有标签。

```
$ git tag
v1.0
```

如果标签打错了，也可以删除。

```
$ git tag -d v0.1
Deleted tag 'v0.1' (was e078af9)
```

因为创建的标签都只存储在本地，不会自动推送到远程，所以打错的标签可以在本地安全删除。

如果要推送某个标签到远程，就使用命令 git push origin<tagname>。

```
$ git push origin v1.0
Total 0 (delta 0), reused 0 (delta 0)
To git@github.com:michaelliao/learngit.git
*[new tag]          v1.0 -> v1.0
```

思考题

1. 试述如何理解并区分非中断模式调试和中断模式调试。

2. 试述 WriteLine()、Debug.WriteLine() 和 Trace.WriteLine() 之间的区别。

3. 在哪些情况下源代码会自动进入中断模式?

4. 试述 Debug.Assert() 和 Trace.Assert() 的区别和用法。

5. 利用结构图的形式描述一下 try...catch...finally 的工作原理,并且简单说明一下其作用。

6. 实施软件配置管理有什么作用?

7. Git 版本库中的分制管理具有哪些功能?

第五章
软件测试概述

软件测试是提升和完善系统的一种最有效的方式,通过软件测试可以检查系统是否按照最初设计的方式实现,同时还能够检查出系统是否存在逻辑上或者其他正常运行状态下所不能发现的问题,从而有利于更加全面地检查和完善系统。虚拟现实应用开发者要根据不同的系统搭建软件测试环境,并对软件进行测试,以此达到提升和完善系统的目的。

本章介绍软件测试的基础知识,以及软件测试的流程。同时介绍软件测试环境的搭建。

- **职业功能:** 开发虚拟现实应用。
- **工作内容:** 测试应用。
- **专业能力要求:** 能搭建虚拟现实系统测试环境。
- **相关知识要求:** 计算机软件测试的基础知识;虚拟现实系统测试环境的搭建方法。

第一节 软件测试基础

考核知识点及能力要求：
- 了解软件测试的原则和软件测试技术分类。
- 掌握软件的测试流程。

软件测试伴随着软件的产生而产生，在早期的软件开发过程中，软件规模都很小、复杂程度低，软件开发过程又混乱无序、相当随意，测试的含义也比较狭窄，开发人员仅将测试等同于"调试"，目的是纠正软件中已经知道的故障，通常由开发人员自己完成。而且，对测试的投入极少，测试介入也晚，通常要等到形成代码，产品已经基本完成时才进行测试。随着软件和IT行业的发展，软件逐渐趋向大型化、复杂化，软件质量越来越重要。此时，一些软件测试的基础理论和实用技术开始形成，且人们开始为软件开发设计了各种流程和管理方法，软件开发的方式也逐渐由混乱无序的开发过程过渡到结构化的开发过程。

虚拟现实应用系统测试是对系统功能和性能的测试，属于基本软件测试的范畴，故常规软件的测试流程和测试方法都能应用到虚拟现实应用系统软件的测试当中。因此，了解通用软件测试基础知识后便可以进行虚拟现实应用系统软件测试工作。

一、什么是软件测试

正如食品生产厂家在把产品销售给商家之前要进行合格检验一样，软件企业在把软件提交给客户之前也需要进行严格的测试。如果把所开发出来的软件看作一个企业生产出的产品,那么软件测试就相当于该企业的质量检测部分。简单地说,在编写完一段代码之后,检查其是否如自己所预期的那样运行,就属于一种软件测试工作。

(一)软件测试的定义

软件测试的研究至今已有50多年的历史,但对于什么是软件测试,还一直未能达成共识。根据侧重点的不同,主要有以下3种观点。

(1) IEEE将软件测试定义为"使用人工或自动手段运行或测定某个系统的过程,其目的在于检验其是否满足规定的需求或是弄清预期结果与实际结果之间的差别",该定义明确提出了软件测试以检验是否满足需求为目标。

(2) Myers则认为软件测试"是为了发现错误而执行程序的过程",明确提出了"寻找错误"是测试目的。

(3) 从软件质量保证的角度看,软件测试是一种重要的软件质量保证活动,其动机是通过一些经济、高效的方法,捕捉软件中的错误,从而达到保证软件内在质量的目的。

上述3种观点是从不同的角度理解测试,并将测试置于不同的环境下得出的结论。事实上,在公开出版的刊物中,有多种关于软件测试的定义,而根据这些定义则可以认为软件测试是一个在可控的环境中执行软件的过程,目的是验证软件是否按照预期运行。测试过程中的活动既包括"分析"软件,也包括"运行"软件,通常将与分析软件开发中各种产品相关的测试活动称为静态测试(Static Testing),包括代码审查、走查和桌面检查。相比之下,把与运行软件有关的测试活动称为动态测试(Dynamic Testing)。因此,不能简单地认为软件测试就是程序测试,且只有在程序编码结束后才能够进行的工作,事实上软件测试是一项贯穿于整个软件开发过程的工作。测试对象既包括源程序,也包括需求规格说明、概要设计说明、详细设计说明。因此,也有人认为软件测试就是在软件投入运行前,对软件需求分析、设计规格说明和编码的最终复审,是软件质量保证的关键步骤。测试对象包括寻找缺陷,但不包括跟踪漏洞及对其修复,测试的重要性在于,其必须保证所开发的软件达到设计时的需求,且免除由于软件自身的"缺陷"带来的"漏洞",并最大限度降低软件开发成本。

软件测试有两个基本职责,即验证和确认,它们的定义分别是:

(1)验证(Verification)保证开发过程中某一具体阶段的产品与前一阶段的需求一致。

(2)确认(Validation)保证最终得到的产品会满足系统需求。

初学者通常会混淆软件测试和调试,其实二者是不同的,并体现在以下几方面:

(1)调试是分析和定位软件 Bug 的过程,可以认为其是一种支持测试,但其不能完全代替测试的活动。

(2)调试的目的是使软件能够正确运行,而测试的目的是发现软件中存在的错误。

(3)调试的对象主要是源代码,而测试对象则是软件开发过程中各个阶段所产生的所有产品。

(二)软件测试生命周期

软件测试生命周期的模型如图 5-1 所示。该模型将测试生命周期分为 7 个阶段,前三个阶段是引入程序错误阶段,即开发过程中的需求规格说明、设计、编码阶段,此时极易引入错误或导致开发过程中其他阶段产生错误;然后是通过测试发现错误的阶段,该阶段需要通过使用一些适当的测试技术和方法来共同完成;后三个阶段是清除程序错误的阶段,其主要任务是进行缺陷分类、缺陷隔离和解决缺陷。不过,在修复旧缺陷时很可能会引入新的错误,从而导致原来能够正确执行的程序出现新的缺陷。

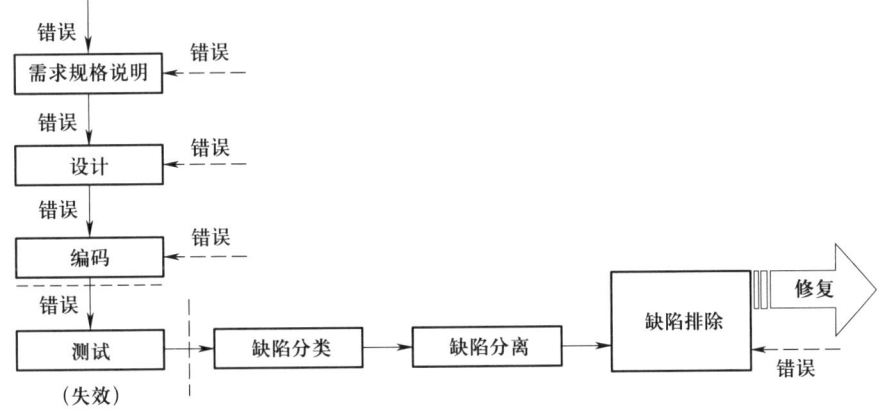

图 5-1　软件测试生命周期

可见,在软件测试生命周期的每个阶段都要完成一些确定的任务,而且执行每个阶段的任务时,都可以采用行之有效的结构分析设计技术和适当的辅助工具。同时,结束每个阶段的任务时都会进行严格的技术审查和管理复审,最后提交最终软件配置的一个或几个成分(文档或程序)。

(三)软件开发与测试模型

通常情况下,测试过程包括确定要测试什么(测试范围和条件),以及产品如何被测试(制作测试用例),建立测试环境,执行测试,最后再评估测试结果,检查是否达到已完成测试的标准,并报告进展情况等活动。由此可以看出,软件测试不仅仅是执行测试,而是一个包含很多复杂活动的过程,并且该过程会贯穿于整个软件开发的过程,如果把测试设计放在最后阶段,那么很可能会错过发现构架设计和业务逻辑设计中存在严重问题的时机,到时再修复这些缺陷将很不方便,因为缺陷已经扩散到系统中,以致很难寻找和修复,并且代价更高,那么该如何协调软件测试与开发活动之间的关系呢?在软件开发过程中,又应该什么时候进行测试呢?又如何更好地把软件开发和测试活动集成到一起呢?其实这些也是软件测试工作人员必须考虑的问题,因为只有这样才能提高软件测试工作的效率,提高软件产品质量,减少重复劳动,最大限度降低软件开发与测试的成本,下面将介绍几种典型的软件开发与测试模型,这些模型在不同程度上回答了前面所提出的问题。

1. 软件开发与测试 V 模型

V 模型如图 5-2 所示。

在传统开发过程中,仅仅把测试过程看作在需求分析、概要设计、详细设计及编码之后的一个阶段。如在瀑布模型中,认为测试只是在很多重要开发活动完成后的收尾工作,而不是主要过程。因此,V 模型对此进行了改进,不再把测试看作是事后弥补行为,而将其看作是一个同开发过程同样重要的过程。该模型最早由已故的 Paul Rook 在 20 世纪 80 年代后期提出,在英国国家计算中心文献中发布,在欧洲尤其是英国被普遍接受,并将其当作瀑布模型的替代品。

V 模型描述了一些不同的测试级别,并说明了这些级别所对应的生命周期中的不同阶段。其中,左边下降的部分是开发过程的各阶段,右边上升的部分是测试过程的各个阶段。注意，在不同的组织中对测试阶段的命名可能会有所不同。在模型图中的开发阶段一侧，先从定义业务需求开始，然后再把这些需求不断地转换到概要设计和详细设计中，最后开发程序代码。在测试执行阶段一侧，执行先从单元测试开始，然后是集成测试、确认测试和系统测试。

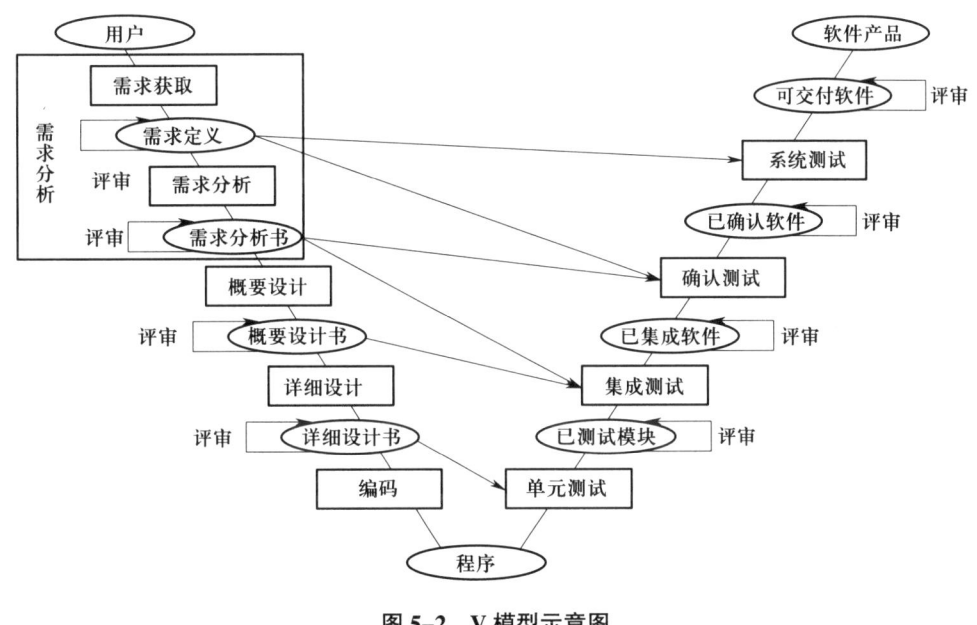

图 5-2　V 模型示意图

V 模型的价值主要在于其非常明确地标明了测试过程中存在的不同级别，并且清楚地描述了这些测试阶段和开发过程期间的对应关系。

（1）单元测试的主要目的是根据详细设计说明书来验证和确认每个单元模块是否符合预期的要求，并发现编码过程中可能存在的各种错误。

（2）集成测试的主要目的是根据概要设计来验证和确认各个模块是否已正确集成到一起，主要检查各单元与其他模块之间的接口上可能存在的错误。

（3）确认测试的主要目的是根据需求分析来验证和确认软件是否符合用户的预期要求。

（4）系统测试的主要目的是根据需求定义，验证和确认系统作为一个整体是否能够正常有效地运行，如判断系统是否达到了用户预期的性能。

另外，在不同的开发阶段，所引入的缺陷和错误类型是不同的，因此需要使用不同的测试技术和方法来发现这些缺陷。

根据V模型的要求，一旦有文档提供，就要及时确定测试条件，并编写测试用例，这些工作对每个级别的测试都有意义。当需求提交之后，就需要针对这些需求确定更高级别的测试用例；当概要设计编写完成后，就需要确定测试条件来查找该阶段的设计缺陷。因此如果能尽早提交测试文档，就可以有更多的检查和审阅时间，从而让测试者在项目中能尽早发现规格说明书中存在的问题。上述这些都说明测试的目的不仅是评定软件，而是能够尽早找出缺陷，从而达到提高项目质量的目的。同时，参与前期工作的测试者可以预先估计可能存在的问题和测试执行的难度，以减少总体的测试时间。

V模型常被错误地认为要求开发和测试保持一种线性的前后关系，需要有严格的指令表示上一阶段完全结束，才可正式开始下一个阶段，但是这样就无法支持迭代、自发性，以及变更调整。其实情况并不是这样的，各种模型只是简单地提醒我们，有必要定义一些如必须做什么（需求）——What，然后描述如何去做（设计）——How，最后实现（编码）——Do。

V模型所做的是强调每一个开发级别都有一个与之相关联的测试级别，并且建议测试应该在各级别之前进行设计。各模型并没有规定工作量大小，有经验的开发人员通常能够将项目分解为可操作的小阶段，如在迭代式开发中整个项目被分解为很多小片段，并且忽略各片段的实际大小。此时，模型的what—how—do顺序对于按时交付就具有重要意义，而且对于保证每一个阶段目标的实现也非常重要。

V模型适用于所有类型的开发过程，但却不一定适用于开发和测试过程的所有方面。不管是GUI还是批处理、大型机还是Web、Java还是Cobol，都需要单元测试、集成测试、系统测试和验收测试。但是，V模型本身并不会告诉测试者如何定义单元测试或集成测试的内容、如何才能使测试工作顺利进行、如何进行具体的测试设计，以及该输入什么样的数据，输出的结果是什么样才正确。

还有一些测试者认为："是否使用V模型要根据项目本身来定，有些项目需要应用V模型，而有些项目不需要。因此，V模型只在被需要的项目中采用。"而在实际工作中，这样做是不对的，应该尽可能应用模型中对项目有实用价值的方面，但不要为了使用模型而使用模型，否则便失去了使用模型的实际意义。

正因为 V 模型还存在一些不够完善的地方，因此随着软件测试技术的不断发展，由 V 模型演化出很多种软件开发与测试模型，下面将以图例的形式把另外几种比较典型的模型介绍给大家，这几种测试模型都在不同程度上弥补了 V 模型的不足之处。

2. 软件开发与测试 W 模型

由于原始问题的复杂性、软件的复杂性和抽象性、软件开发各个阶段工作的多样性，以及各层次人员之间工作的配合关系等因素，使得开发的每一个环节都可能产生错误。如果坚持各个阶段的技术评审，就能够尽早发现和预防错误。而软件开发与测试的 W 模型就形象地说明了软件测试与开发的这种同步性，如图 5-3 所示。

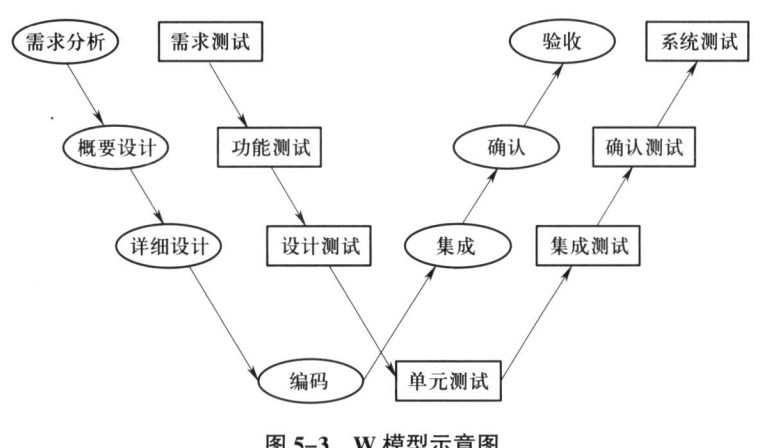

图 5-3　W 模型示意图

与 V 模型相比，在 W 模型中能够很容易看出测试伴随着整个软件开发周期，且测试的对象不仅仅是程序还包括需求和设计。该模型的优点在于每个软件开发活动结束后都可以执行相应的测试，如在需求分析结束后，就可以进行需求分析测试。

3. 软件开发与测试 H 模型

与前两种模型相比，H 模型充分体现了测试过程，并演示了在整个生产周期中，某个（测试）层次上的一次测试"微循环"（可以看作是一个流程在时间上的最小构成单位），如图 5-4 所示。该图中的"其他流程"可以是任意开发流程，如设计流程和编码流程；也可以是其他非开发流程，如 SQA 流程，甚至是测试流程自身。向上的双线箭头表示在某个时间点，由于"其他流程"的进展而（由于先后关系）引发或者（由于因果关系）触发了测试就绪点，此时，只要测试准备活动完成，就可以进行测试执行活动。

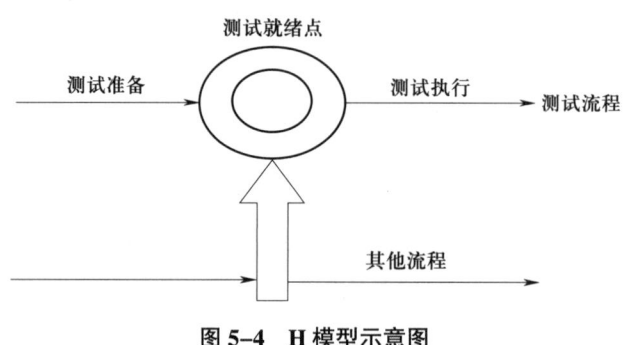

图 5-4　H 模型示意图

H 模型揭示了以下情况：

（1）软件测试不仅仅指测试的执行，还包括很多其他活动。

（2）软件测试是一个独立的流程，贯穿产品的整个开发周期，并与其他流程并发进行。

（3）软件测试要尽早准备，尽早执行。

（4）软件测试根据被测物的不同是分层次的，不同层次的测试活动可以按照某个次序先后进行，但也可能是反复的。

（四）与软件测试相关的术语

在软件测试发展过程中，还有一些大量相关的测试术语。为了使读者能够更好地理解软件测试，下面将对一些常见的测试术语进行简单介绍。

1. 错误（Error）

程序员在编写代码时会出错，人们把这种错误称为 Bug。随着开发过程的进行，错误会不断放大。例如，需求错误在设计期间会放大，编写代码时还会进一步放大。

2. 缺陷（Default）

缺陷是错误的结果，更精确地说是错误的表现。缺陷可以分为过错缺陷和遗漏缺陷。如果某些信息的表现方式不正确，就称为过错缺陷；如果没有输入正确信息，就是遗漏缺陷。在这两种缺陷中遗漏缺陷更难检测和弥补，但通过评审通常可以找出遗漏缺陷。

3. 失效（Failure）

在缺陷运行时，通常会发生失效的情况。一种是过错缺陷对应的失效，另一种是遗漏缺陷对应的失效。在这两种失效类型中，遗漏失效是最难处理的，主要依赖有效的评审，发现遗漏缺陷来避免遗漏失效的产生。

4. 测试（Test）

测试是一项采用测试用例执行软件的活动，这项活动中某个系统或组成的部分将在特定条件下运行，然后要观察并记录结果，以便对系统或组成部分进行评价。测试活动有两个目标，即找出失效、显示软件执行正确。另外，测试可能会由一个或多个测试用例组成。

5. 测试用例（Test Case）

测试用例是为特定的目的而设计的一组测试输入、执行条件和预期的结果。测试用例是执行的最小实体。

6. 回归测试（Regression Testing）

回归测试的目的是测试由于修正缺陷而更新的应用程序，以确保彻底弥补了上一个版本的缺陷，且没有引入新的软件缺陷。回归测试可以采用手动测试或自动测试来执行原来所报告的缺陷步骤和方法，以检验软件缺陷是否被修正。回归测试又可分为完全回归测试和部分回归测试。完全回归测试是把所有修正的缺陷进行验证。但由于测试时间紧张，需要验证的缺陷数量巨大，因此可以进行部分回归测试。

那么该如何使用二者呢？人们把测试用例按照测试优先级进行部分回归测试，并将高严重性的缺陷进行回归测试。

二、软件测试的目的

测试人员在做测试工作之前必须明确测试目的，才能够更好地完成测试工作。很多人认为软件测试的目的是验证程序，这种说法显然是错误的。

前面讲过不可能对任何较大的程序进行完全测试，那么在没测试到的数十种或数十亿种情况里就可能隐藏着错误,因此根本不能证明程序运行不会出现差错。

研究表明,发现并纠正程序中的错误的费用占整个开发费用的40%~80%。因此,软件公司投入大量的资金不仅仅是为了"验证程序能正确运行",而是因为程序无法正确运行,需要找出软件中存在的大量缺陷。但是无论采用哪一种开发方法,软件开发完成时都会遗留还没有发现的缺陷。那么,程序中到底能有多少缺陷?Belier(1990)在其评论中估计在交付测试的程序中,每100条可执行语句的平均错误数量是1~3个,虽然不同编程人员之间的差别很大,但无人能避免错误。

对公开缺陷的估计是每100条语句有1个,而个体缺陷在编程人员已经声明"零缺陷"时依然存在于程序中。Belier(1984)报告了他的个体缺陷率(在设计和编码时所犯的错误数量)为每条可执行语句中有1.5个,不但包含所有的错误,而且包括录入错误。可见,如果使用的编程语言允许每行一条可执行语句,按照上述比率,每写100行代码就会产生150处错误。

在程序交付测试前,大多数的编程人员都能找出并纠正超过99%的错误。而测试人员的工作就是找出那剩下的1%的错误。

可见,测试的目的是在软件发布前发现软件缺陷,从而提高软件质量。事实上,只有这样软件开发企业才能在激烈的市场竞争中立于不败之地。测试人员如果认为测试工作就是要找出问题,就会更加卖力地寻找问题。在心理学研究中有个经典的发现:人总是容易看到自己想看的东西。例如,校对人员在做校对工作时总是想看到拼写正确的单词,所以大脑就会自动更正拼写错误的单词。

如果找到缺陷能够得到表彰或奖赏,测试人员也许能够找到更多缺陷,甚至会有一些"误报"。相反如果测试人员为了避免开发人员抱怨其发现的问题,或为了避免因为"误报"而受到惩罚,会始终希望程序能正确运行,这将会漏掉软件中许多真正存在的问题。还有研究发现,即使是训练有素、认真、聪明的实验人员也会无意识地偏爱自己所做的测试,并避免做那些可能会给自己的理论带来麻烦的实验、错误分析和错误解释等,甚至会忽视那些能证明自己观点错误的实验结论。

如果测试人员能认识到测试任务就是证明程序存在问题,一定能将工作做得更棒,因此建议测试员对程序采取破坏性的态度,即想办法让其出问题,集中精力去寻找那些能证明其错误的测试用例。虽然这种态度有点苛刻，但却十分有必要。因为测试程序的目的是发现其问题，且发现的问题越多、越严重越好。如果由于时间不充足，无法运行完所有的测试用例，那么有效利用可用的时间就显得相当重要。另外，能够暴露问题的测试是成功的，不能暴露问题的测试就是在浪费时间。

总之，测试真正的目的是通过对软件出现错误的原因和分布进行归纳，发现并排除当前软件产品的缺陷，对在需求和设计过程中存在的问题查漏补缺，从而确保软件产品的质量。虽然测试时对程序采取的是破坏性的态度，但从长远角度来看，这样工作还是具有建设性意义的，因为发现缺陷、修改缺陷的过程会使软件变得更为强壮。因此现在也有人认为对软件进行测试不只是发现错误，也是评定软件质量的过程。如果某个软件经过了多次测试都没有发现错误，那么就必须慎重考虑这项测试计划是否能够继续执行。

G.Myers给出了关于测试的一些规则，也可以把这些规则看作是测试目标。

（1）软件测试是为了发现错误而执行程序的过程。

（2）测试是为了证明程序有错，而不是证明程序无错。

（3）一个好的测试用例在于其能发现至今未发现的错误。

（4）一个成功的测试是发现了至今未发现的错误的测试。

这里要强调的一点是，软件测试不只是软件测试人员的工作，也是软件开发人员和软件使用者的工作。在一个完整软件的测试过程中，需要软件测试者和软件开发人员，以及用户之间能够不断交流。因为软件中存在的错误，大多数是因为开发人员对系统需求不了解或者错误理解了设计意图而产生的。当然也有一部分错误是开发人员在编写代码时产生的。要解决这些问题，一方面需要加强交流，另一方面需要使用标准化的建模语言等手段来明确表达系统的设计意图。

三、软件测试的原则

（一）尽早且不断进行软件测试

各种统计数据显示，在软件开发过程中发现缺陷的时间越晚，修复其所花费的成本就越大，因此在需求分析阶段就应该有测试的介入，因为软件测试对象不仅仅是程序编码，应该对软件开发过程中产生的所有产品都进行测试。这就像造桥梁一样，在图纸上面设计好桥梁的结构之后，只有对图纸进行仔细审查后，才能进行施工。

IBM 的研究结果还表明，缺陷具有放大趋势。例如，在需求阶段漏过的一个错误，可能会因此引起 n 个设计错误。一般而言，不同阶段的 n 值是不同的。经验表明从概要设计到详细设计的错误放大系数大约为 1.5，从相似设计到编码阶段的错误放大系数大约为 3。缺陷放大模型如图 5-5 所示。

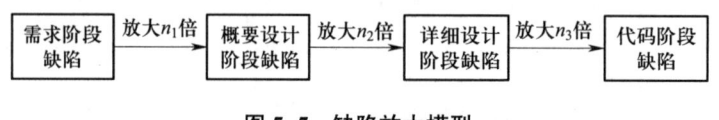

图 5-5 缺陷放大模型

由此可见，问题发现得越早，解决问题所付出的代价就越小，这是软件开发过程中的黄金法则。

那么，为什么需要持续不断地对软件进行测试呢？因为持续不断测试会让测试形成反复与递增，且每次增量完成以后部分测试会进入回归测试形式，而下一次测试时就开始覆盖前几次测试的范围，这样一来就会逐渐加大测试的覆盖面。另外，每次的测试区间可以使用各种测试行为和测试方法，并可根据投资量自由组合。总之，不断测试是从测试的完整性角度出发，且可以避免测试过程中出现疏漏。

（二）不可能完全的测试

人们普遍存在一种观念，认为可以对程序进行完全测试。许多管理者认为存在完全测试的可能性，因此会要求员工这样做，并在彼此间进行确认。

某些软件测试公司在产品销售说明中会保证他们能对软件进行完全测试。有时，测试覆盖率分析人员为了推销自己，也宣称自己能够分析是否已经对代码进行了完全测试，或者能够指出下一步还需要做什么测试就能够进行完全测试。

许多销售人员向客户强调他们的软件产品经过了完全测试，且彻底没有错误。一些测试人员也相信存在完全测试的秘诀，甚至为实现这种想法吃尽了苦头，忍受了数次失败和挫折，不过无论工作多么辛苦、计划多么周密、投入的时间多么长、人力和物力的资源多么大，却仍然无法做到充分测试，会有遗漏和缺陷。

对一个程序进行完全测试就意味着在测试结束之后，再也不会发现其他软件错误。其实这是不可能的，不过是测试人员的美好愿望而已，主要原因有以下4点：

1. 程序对所有可能输入的响应不可能都被进行测试

假设要测试完成两数相加的小程序，虽然该程序非常简单，但其测试输入的数量却相当大。下面就来探讨一下为什么会出现这样的现象。

（1）要对所有有效的输入进行测试

大多数的加法程序都能接受8位数或10位数，甚至更多，但根本无法对所有可能的输入都进行测试。

（2）要对所有无效的输入进行测试

简单来说要测试能从键盘上输入的所有东西，包括字母、控制字符、数字与字母的组合、过长的数、问号等。只要能敲得出来，就要检查程序怎么反应。

（3）对所有编辑过的输入进行测试

如果程序允许对数据进行编辑（改动），为了确保编辑操作一直能够正常进行，就要将每一个数、字母或其他任何东西，修改成其他任何数（或任何东西）的情况进行测试。然后，检验重复的编辑操作，即输入数据、改动、再改动。显然这样的操作可以无限循环进行，且在这个过程中还有可能发生下面的情况：

假设某人坐在一台智能终端前工作时，因故被打断，于是便心不在焉地敲键盘，单击数字键，然后单击Backspace键，再次单击数字键和Backspace键，重复多次，终端开始有所反应，消除了屏幕上显示的数字，但同时也将数据存储到自己的输入缓冲区。后来，当那人继续工作时，虽然只输入数字，然后按回车键，终端却把所有的输入都发送到主机，包括所有的数字、Backspace键，以及最后的输入。主机没想到终端会一次送来这么多的输入，于是其输入缓冲区溢出，系统崩溃。

事实上，很多系统会突然出现类似这样的问题，该问题由某些未曾预料的输入事件所引发。测试人员只有一直对输入编辑测试下去，才能够确保所测试的系统中不会存在类似的问题，但显然这是无法做到的。

(4) 对所有输入时机的变化情况进行测试

简单来说,要对在任意时间点上向程序中输入数据时产生的效果进行测试,而不是等到计算机显示出问号并开始闪动光标后才输入数据,要在其正显示其他东西、正在进行加法运算,或正在显示信息,或其他非常繁忙的时候输入数据,看其能否正确处理。在很多系统中,按下一个键,或按下一个特殊的键(如 Enter 键)都会产生中断。而这些中断就是在提示计算机应停下目前的工作去读取输入序列。在读取新的输入之后,计算机就能够在其中断的地方恢复工作。用户可以在任意时刻中断计算机(只是按一下键),即在程序中的任何位置中断计算机。为了充分测试程序在未预料的时间点响应输入是否正常,最好在每一行的代码处中断其运行,有时甚至要在同一行的多个位置进行中断。

因为要完全测试一个程序,就必须测试其对有效输入和无效输入的所有组合的反应。另外,必须在每一个能输入数据的时间点,以及程序在该时间点上的所有状态下测试这些输入组合,但这些几乎不可能全部做到。

既然可能的测试太多,又无法全部执行到,因此在测试过程中对四类输入(有效输入、无效输入、编辑过的输入和不同时间的输入)中的一种或几种输入进行测试就可以了,但应该认识到,只要有一个输入值没有进行测试,就不是"完全测试"。

2. 不可能测试到程序每一条可能的执行路径

程序路径可以在代码中从程序开始追踪到程序结束。程序执行了不同的语句或以不同的顺序执行相同的语句时,追踪两条路径是不一样的。为了说明这个问题,下面举个极其简单的例子,部分程序流图如图 5-6 所示。根据该图首先计算这样的一块程序片段有多少条独立的测试路径:

(1) 第一条独立测试路径为 A+B+D+F+G+H。

(2) 第二条独立测试路径为 A+B+E+F+G+H。

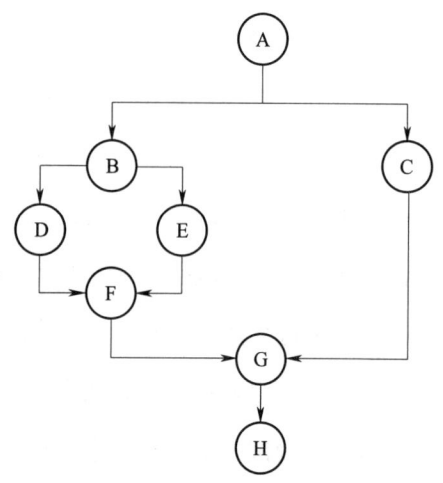

图 5-6 部分程序流图

(3)第三条独立测试路径为 A+C+G+H。

这只是一个小小的片段代码,而且该代码并不复杂,因此当面对一个复杂而庞大的项目编码时,不难想象将会存在大量独立的测试路径。这就意味着在测试过程中会出现大量的输入与输出结果,而大量的软件实现路径和软件事项又没有客观标准,从不同角度看软件缺陷的标准是不同的,因此只能进行有限数量的路径测试。

Myers 已经证明,即使简单的程序,其路径的数量也是很庞大的。他在 1979 年描述过一个只包含 loop 循环和一些 if 语句的简单程序,可以使用不同的语言将其写成 20 行左右的代码。但是,该程序却有 100 万亿条路径,而一个有经验的优秀测试人员需要十亿年才能将其全部测试完。当然,这些简单的程序都是经过特殊"处理"的,专门设计成包含大量路径以证明他的理论。尽管如此,如果只有 20 行却具有 100 万亿条路径的程序都能写出来,那么一个 5 000 行的文本编辑器、一个 20 000 行的基本电子制表软件或一个 400 000 行的桌面排版程序中又会有多少条执行路径呢?

当测试输入数据时,要意识到不可能完全测试一个程序,除非执行过每一条路径。假如认为可以安全跳过某些路径,那么就要找出潜藏在这些路径中的问题。

同时,应该注意到,如果没有程序清单,就不能进行严格意义的路径测试;如果没有认真检查代码,就无法知道是否漏掉了某条路径。测试人员通常不会了解程序的内部结构,而是通过接口直接进行测试,因此,无法测试到程序中的所有路径,或者说不能确认是否已经测试完了所有路径。

另外,假设能够在上百或上千个小时内完全测试一个程序(包括所有的输入、所有的路径),那么,这样就能解决问题吗?答案是否定的。因为在执行测试的过程中还会发现缺陷,且当缺陷修复以后,还得再执行一次测试,在执行测试的过程中很可能又发现更多的缺陷。也就是说,在程序准备发布前,也许要对其进行十次甚至更多次的回归测试。但是,很难保证对其进行这么多次的测试。

3. 无法找出所有的设计错误

如果一个程序能准确实现规格说明的要求,而不再做其他任何事情,程序就是符合规格说明的,因此有些人便想通过是否满足规格说明来说明程序正确与否,但这样做合理吗?如果规格说明上说"2+2 等于 5",那该怎么办?如果规格说明里有印刷错误而程序又是满足这个规格说明的,这是不是缺陷?如果程序偏离了规格说明,这又算不算是缺陷?

其实规格说明本身往往包含着错误,其中有些错误是偶然的,而有些则是故意造成的。如果程序遵从的是一个不合格的规格说明,就说它是有错的;如果找不出程序中所有的设计错误,就无法完全进行测试。

4. 不能采用逻辑来证明程序的正确性

计算机是根据逻辑规则进行操作的,程序则是以精确的语言来表达的。如果程序组织得好,就能够判断程序在不同条件下的状态,并能够通过跟踪程序的逻辑结构来证明这些判断是正确的。暂且不考虑时间和所需条件多少的问题,首先应该认识到这种方法仅能确认程序内部的一致性。其也许能证明程序是按照规格说明的要求运行的,但规格说明本身是否正确呢?又如何证明该证明过程是正确的呢?即使该过程在理论上是正确的,又怎么能确定证明运行是正确的呢?如果证明是由某个人来完成的,怎么才能确定程序证明人员的操作比程序编制人员的操作更正确呢?

通过上述分析可知,完全测试和从不测试都是不可取的,需要根据实际情况来决定资源分配,并对测试程度和范围进行有效控制,只有这样才能更好地协调开发与测试的关系,从而以最少的投入来获得最大的回报,这就是测试工作的最理想结果。可以通过设计可复用的测试用例、测试数据,构建可复用的测试环境等手段来达到充分利用测试资源、节约测试时间的目的。但无论测试工作安排得有多周密,都会有部分缺陷。此时,就要借助时间对系统进行考验。总之,测试宗旨是尽可能多地发现错误。

(三)增量测试,由小到大

由小到大指的是软件测试的粒度,而无论是传统的软件测试还是面向对象的软件测试都要遵循这样的原则。因为只有这样,当错误发生时才能够更方便地隔离和定位错误。通常把单元测试作为软件测试的最小粒度,也就是说,只有当每个模块都通过单元测试后,才可以把它们集成到一起进行集成测试(一般根据设计信息来进行);然后,结合软件需求对已集成的软件进行确认测试;最后,结合系统的其他元素对已确认的软件进行系统测试。

测试资源关系图如图 5-7 所示。在该图中多个单元组合会过渡到集成测试阶段，集成测试阶段又会过渡到更高级别的系统测试阶段，虚线则是各个测试阶段的发布基线。而且，随着测试逐步深入，范围逐步扩大，测试时间、可用资源也不断增大，因此不难看出单元测试充分与否会影响后来的集成测试和系统测试，或者说决定测试质量的高低，以及软件开发和测试成本的投入。

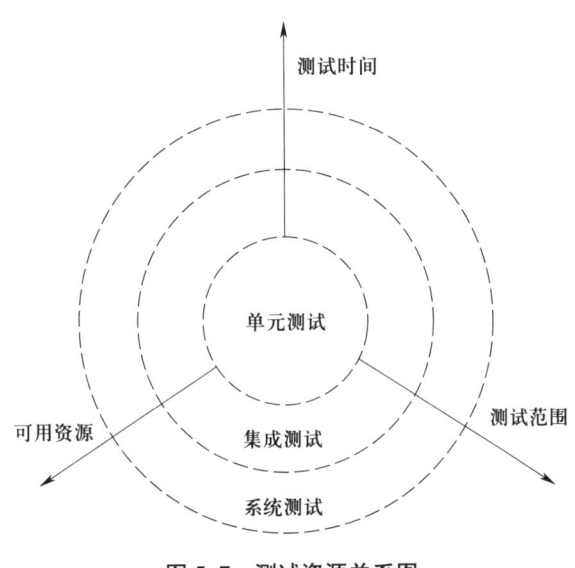

图 5-7　测试资源关系图

（四）避免测试自己的程序

除了测试人员之外，程序员编写完每段编码之后，或者在每个子模块完成后，都要认真测试，这样就可以在最早的时间发现一些潜在的问题并加以解决。例如，微软在开发 XP 系统中，就采取了让两个程序员相互交替检查各自的程序，以完成基本的测试工作，也就是不提倡开发人员对自己的代码进行完整的测试。

之所以这样做，是因为在测试过程中要避免一些人为因素和主观因素的干扰。开发和测试是互为相反的行为过程，两者有本质不同。程序员完成大量设计和编码后，若让他否定自己所做的工作，是非常不易的，可以说很少有人能有这样的心态。另外一个原因就是系统需求的错误不易被发现，如果让程序员检查自己的代码，因为他对系统需求的理解缺乏客观性，往往存在对问题叙述或说明的误解，不难想象带有错误认识的程序员是很难发现自己的程序存在问题的。因此，程序员即使是做白盒测试也要尽量避免检查自己的代码。

避免程序员测试自己代码的主要原因归纳如下：

（1）程序员轻易不会承认自己写的程序有错误。

（2）程序员的测试思路有局限性，在做测试时很容易受到编程思路的影响。

（3）多数程序员没有接受过严格正规的职业训练，缺乏专业测试人员的意识。

（4）程序员没有养成对错误跟踪和回归测试的习惯。

（五）设计周密的测试用例

软件测试的本质就是针对要测试的内容确定一组测试用例。测试用例至少包括如下 3 个基本信息：

（1）在执行测试用例之前应满足的前提条件。

（2）输入（包括合理的与不合理的）。

（3）预期输出（包括后果和实际输出）。

进行测试活动时，首先建立必要的前提条件，提供测试用例输入，并观察输出，然后将这些输出与预期输出相比较，以确定测试用例是否通过。进行测试用例输入的设计时之所以包括不合理输入，是因为用户在使用软件时不小心输入了不合理数据或没有输入数据的情况是完全有可能发生的，这就需要系统对这些情况进行相应的处理，如使用弹出错误提示窗口等方法。另外，还可以针对用户的坏习惯进行测试用例的设计，如有的用户进行数据增删后经常忘记存盘。此时，就要求系统弹出提示用户存盘的窗口。其实，周密的测试用例除了上述信息之外，还包括其他信息，如执行历史、测试目的等，以便更好地支持测试管理。典型的测试用例信息如图 5-8 所示。

测试用例是测试工作的核心，应该尽量设计得周密细致，这样才能更好地保证测试工作的质量。那么，什么样的测试用例才称得上周密细致呢？下面举例来说明这一点。

以一个实现登录功能的小程序为例，其允许用户选择城市和地区，输入自己的账号和密码，可通过 Alt-F4 组合键和 Exit 按钮来终止程序，且 Tab 键可在区域中间移动。登录窗口如图 5-9 所示。

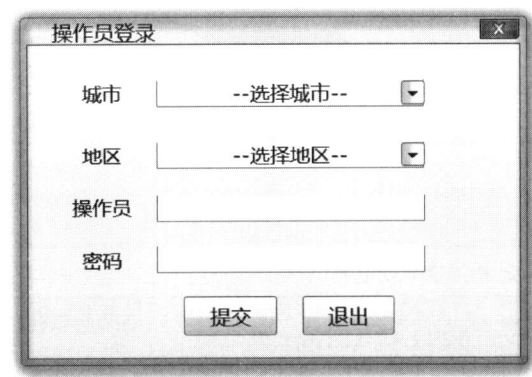

| 测试用例ID： |
| 目的： |
| 前提： |
| 输入： |
| 预期输出： |
| 后果： |
| 执行历史： |
| 日期： 结果： 版本： 执行人： |

图 5-8　典型的测试用例信息　　　　图 5-9　登录窗口

下面根据组成页面的具体元素，分别从几个方面做了一些比较全面的测试用例，见表 5-1 至表 5-4。

表 5-1　　　　　　　　　　下拉框和输入框测试用例

测试内容		输入操作	预期输出	实际结果
下拉框		未和后台数据库绑定（显示列表元素固定）	不允许列表中出现 NULL 现象，固定"-- 请选择 --"	
		已和后台数据库绑定（显示列表元素活动）	不允许列表中出现 NULL 现象，固定"-- 请选择 --"	
输入框	限定字符型输入	12、6	无	
		#，* 等	错误提示	
	限定型数字输入	测试数据	无	
		12月、7*、0	错误提示	

1. 功能测试

表 5-2　　　　　　　　　　功能测试用例

用例	应产生行为	结果	失败原因
1. 基本功能测试			
1.1 在输入框中输入资料并且执行存储	程序必须能够接受使用者的输入并且输入值存在登录文件中		
1.2 在输入框中不输入资料但执行存储	程序必须能够检查使用者输入是否为空白，同时必须能够告知使用者原因		
1.3 检查 city 字段存储结果	City 字段输入后存入 cookies		

续表

用例	应产生行为	结果	失败原因
1.4 检查 area 字段存储结果	Area 字段输入后存入 cookies		
1.5 检查 ID 字段存储结果	ID 字段输入后存入 cookies		
……			
2. 使用接口功能测试			
2.1 检查输入字段的输入值	必须组织使用者输入空白，同时部分字段只能输入数字		
2.2 检查使用接口的 Tab Order	所有的 Tab Order 必须按照正常顺序		
2.3 检查所有的 Button	所有的 Button 必须能够起作用		
2.4 检查所有的 Hot Key	所有的 Hot Key 必须能够起作用		
……			

2. 各种错误数据的测试

表 5-3　　　　　错误数据的测试用例

测试内容	输入操作	预选测试数据	预期输出	实际结果
点击登录按钮	不完整的数据	City，area，ID，pswd	略	提示错误对话框	
	不正确的数据	City，area，ID，pswd	略	提示错误对话框	
回车操作	不完整的数据	City，area，ID，pswd	略	提示错误对话框	
点击"退出"按钮	无	无	无	关闭当前应用系统	

3. 特殊测试

表 5-4　　　　　特殊测试用例

测试内容	输入操作	预选测试数据	预期输出
操作焦点逃逸	连续 Tab 切换，察看异常	无	焦点可准确回归当前操作窗口
分配内存不足	启动多个应用程序或模拟多个程序运行	无	是否可以正常运行
网络断线	切断网络连接	无	是否可正常抛出异常

通过上述表格可知，仅一个登录窗口就可以设计这么多测试用例，那么，对于一个大型的应用程序来说，岂不是要设计数百上千的设计用例？但是软件开发周期是有限的，如果不能按时完成测试工作怎么办？其实，在实际的测试工作中永远不可能对软件进行详尽地测试。因此，在进行软件测试工作时，要先确定每个测试的优先级。而测试人员就可以根据每个测试的优先级和测试时间的长短来确定测试用例所能达到的周密细致的程度。

（六）注意错误集中的现象

有经验的测试人员会发现，在做软件测试的过程中，常发生错误扎堆的现象，因此在某一部分发现很多错误时，应该进一步仔细测试是否还包含更多的软件缺陷。

软件缺陷的"扎堆"现象的常见形式为如下4种：

（1）对话框的某个控件功能不起作用，其他控件的功能可能也不起作用。

（2）某个文本框不能正确显示双字节字符，则其他文本框也可能不支持双字节字符。

（3）联机翻译的某段文字包含了很多错误，与其相邻的上下段的文字可能也包含很多的语言质量问题。

（4）安装文件某个对话框的"上一步"或"下一步"按钮被截断，则这两个按钮在其他对话框中也可能被截断。

（七）确认Bug的有效性

由于Bug之间难免会有关联（如程序模块A使用了程序模块B编写的代码，程序模块B出错导致程序模块A也出现了相关的Bug），那么当程序员修复了一个Bug之后，与其关联的Bug很可能就会自动关闭，或者在测试人员发现Bug之后和提交给程序员之前的这段时间，已经被程序员发现并修复。因此，有时测试人员提交的Bug并不是真正的Bug。

测试过程的不规范和对设计理解的歧义都是无效Bug的主要来源。除此之外，无效Bug还可能由于工具或方法使用错误、无效的运行环境，以及人为因素或者其他原因造成，无效Bug来源的构成图如图5-10所示。

一般A测试人员发现的Bug，一定要由另外一个B测试人员进行确认，如果发现严重的Bug甚至需要召开评审会进行讨论和分析。在软件开发过程中，发现Bug是一个过程，确认 Bug 是否有效则是另外一个过程，而在测试过程中之所以增加一对一的确认过程，是为了防止失效的 Bug 浪费有限的时间资源和人力资源。

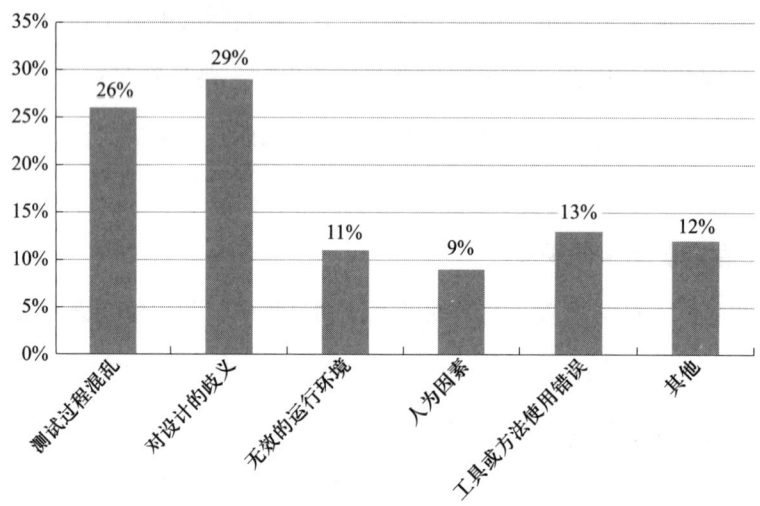

图 5-10　无效 Bug 来源的构成图

（八）合理安排测试计划

合理的测试计划有助于测试工作能够顺利有序进行，因此在对软件进行测试之前所做的测试计划中，应该结合多种针对性强的测试方法，并列出所有可使用的资源，建立一个正确的测试目标，本着严谨、准确的原则，周到细致地做好测试前期的准备工作，尤其要尽量科学、合理地安排测试时间，并留出一定的机动时间，以防止发生意外情况，从而导致测试时间不够用，甚至使很多测试工作不能正常进行。注意，一定要尽量降低测试风险。

（九）回归测试

错误关联是一种常见的现象，指某个错误因为其他错误而出现或者消失。此时，若想关闭某个错误必须先关闭其父类错误。可见，这些错误之间存在单纯的依赖或者复杂的多重依赖关系、错误的依赖关系，如图 5-11 所示。

该图 5-11a 中的 A、B 关系表达为，A 错误依赖于 B 错误的关闭而关闭。如果多了一条路径（图 5-11b 中 A、B、C 关系），A 错误依赖于 B 错误和 C 错误的同时关闭而关闭。图 5-11c 是图 5-11a 和图 5-11b 的复合方式，因程序中的错误存在一对多、多对多的复杂关系而变得难以处理，并且有些错误关联和依赖关系处于隐性状态。

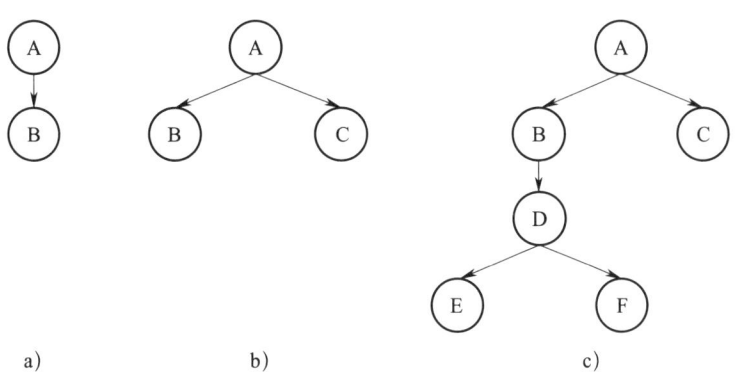

图 5-11 错误的依赖关系
a）单纯依赖 b）多重依赖 c）复合依赖

当程序员修正 Bug 时，完全有可能会引入一处或多处错误，使应用程序不能正常运行。另外，当需求变更时，对现有系统也具有类似的波及效应，从而导致一个或多个错误的产生，因此当应用程序有所改动时就需要进行多次回归测试以保证错误被正确关闭，并且保证应用程序中原先能正常运行的部分依然工作正常。

（十）测试结果的统计和分析

测试人员时常会发现，在得出的测试结果中存在大量正确的以及错误的输出信息。而只有对这些输出信息进行深入统计、分析和比较，才能够正确鉴别测试后输出的数据，并给出针对错误原因的分析报告。另外，当输出的信息很庞大时，可以借助专业测试工具。

例如，当对使用 Java 开发的面向对象应用程序进行测试时，就可以借助开源测试工具 JUnit，且每次测试运行结束后，测试工具都能提供测试通过、失败，以及出错的信息（如出错方法的名称和详细出错原因）。而测试人员就可以根据这些提示信息仔细检查代码，记录并改正错误，然后核实与出错代码相关联的程序片段是否存在问题。

（十一）及时更新测试

在测试过程中，有时在用例设计工作结束后，才进行测试用例的设计，因此对这两项工作的对应描述很有可能会产生严重错位，并造成文档过时的现象，给测试工作带来麻烦，从而导致测试失败。事实上，导致测试失败的原因很多，大致归纳为以下5点：

（1）测试团队的管理者失职。

（2）测试团队中的沟通不好。

（3）测试团队和项目团队之间沟通不良。

（4）在测试过程中，执行角色无准确定义。

（5）测试团队缺乏良好的培训。

在测试过程中，变更管理不善也容易造成测试过程的混乱，从而导致测试失败，尤其对中小型软件企业来说出现这种情况的可能性更大一些，而在一些大型软件公司则可以通过定义严格的测试流程，以及使用成熟的测试变更管理工具等方法来避免类似情况的发生。因此，为了避免因各种因素导致测试失败情况的发生，唯一的解决办法就是及时更新测试。

四、软件测试技术分类

可从不同的角度将软件测试技术分成不同的种类。

（一）从是否需要执行被测软件的角度可分为静态测试（Static Testing）和动态测试（Dynamic Testing）

将那些不利用计算机运行被测程序，而是通过其他手段达到测试目的的方法称为静态测试。换句话说，就是计算机并不真正运行被测试的程序，如在项目开发中存在大量的规格说明，而规格说明是无法用计算机来运行的，所以对这些软件规格说明的测试就属于静态测试。除此之外，使用分析方法进行的一些测试，如对软件设计、体系结构和代码的审查也是静态测试，但这并不表示静态测试完全脱离了计算机。实际上，静态测试有时会利用计算机作为对被测试程序进行特性分析，只是没有真正运行被测试程序。静态测试的方法主要有代码检查和走查，以及桌面检查和同行评分。其中，代码检查与走查是两种主要的人工测试方法，都要求组成一个小组来阅读或直观检查特定的程序。而且无论采用哪种方法，参加者都需要完成一些准备工作，即组织参加者召开会议，目的是找出错误，但不必找出改正错误的方法。

代码检查与走查已经被广泛运用了很长时间。在代码走查中，会有一组开发人员（以3~4人为最佳）对代码进行审核，而参加者当中只有一人是程序编写者。也就是说，这项工作主要是由其他人，而不是由软件编写者单独来完成。这种做法符合软件测试的原则，即软件编写者往往不能有效测试自己编写的软件。

代码检查与走查是对以前的桌面检查过程（在提交测试前由程序员阅读自己程序的过程）的改进。相比之下，代码检查与走查更为有效，因为在该项工作的实施过程中，除了软件编写者之外，还有其他人参与。

代码走查的另一个优点在于，一旦发现错误，通常就能在代码中对其进行精确定位，从而降低了调试（错误修正）的成本。另外，该过程通常能够发现成批的错误，这样一来错误就可以一同得到修正。而基于计算机的测试通常只能暴露出错误的某种特征（如程序不能停止，打印出了一个无意义的结果等），只能一个一个发现并纠正错误。

在典型程序中，这些方法通常会有效地查找出 30%～70% 的逻辑设计和编码错误。但是，这些方法不能有效地查找出高层次的设计错误，如在软件需求分析阶段的错误。注意，30%～70% 的错误发现率，并不是说所有错误中多达 70% 的错误会被找出来，而是说这些方法在测试过程结束时可以有效查找出多达 70% 的已知错误。

当然，可能有人认为人工方法只能发现"简单"的错误（与基于计算机的测试方法相比，所发现的问题显得微不足道），而困难、不明显或微妙的错误只能使用基于计算机的测试方法才能找到。然而，一些测试人员在使用了人工方法之后发现，对于某些特定类型的错误，人工方法比基于计算机的方法更有效，而对于其他错误类型，基于计算机的方法则更有效。这就意味着，代码检查和走查与基于计算机的测试是互补的，只有把二者相互结合起来使用，才能提高错误检查的效率。

这些测试过程不但对新开发的程序测试工作有不可估量的作用，而且对测试更改后的程序也有相同的作用，甚至更大。根据经验，修改一个现存的程序比编写一个新程序更容易产生错误（以每写一行代码的错误数量计）。因此，除了回归测试方法外，更改后的程序还要进行人工方法的测试。

下面将对这几种静态测试分别加以介绍。

1. 代码检查

代码检查是以组为单位阅读代码，是一系列规程和错误检查技术的集合。对代码检查的大多数讨论都集中在规程、所要填写的表格等，下面将对整个规程进行简短概述，然后将重点讨论实际的错误检查技术。

一个代码检查小组通常由4人组成，其中一人发挥着协调作用，应该选择一名能负责的程序员（不能安排该程序的编码人员）作为协调人员，主要负责如下4项工作：

（1）为代码检查分发材料、安排进程。

（2）在代码检查中起主导作用。

（3）记录发现的所有错误。

（4）确保所有错误能够及时得到改正。

小组中的第二个主要成员就是该程序的编码人员，其他成员通常是不同于编码人员的程序设计人员，以及一名测试专家。

进行代码检查前，协调人员要将程序清单和设计规范分发给其他成员，同时小组中的所有成员应在检查之前熟悉这些材料。进行代码检查时，主要应该进行下面两项活动：

（1）程序编码人员逐条语句讲述程序的逻辑结构。在整个过程当中，其他成员可以提出问题并判断是否存在错误。

（2）对照历来常见的编码错误列表分析程序。

协调人负责确保检查会议的讨论能够高效地进行，以及每个参与者应该把注意力集中在查找错误而不是修正错误上（错误的修正由程序员在检查会议之后完成）。

会议结束之后，把所发现的错误清单交给程序员。如果错误太多，或者程序要做很大改动才能修改某个错误，那么协调人员就应该在所有错误修正完毕后，再安排一次对程序进行检查的会议。另外，要对程序错误清单进行分析、归纳并提炼一些错误列表，以提高以后代码检查的效率。

综上所述，代码检查过程主要将注意力集中在发现错误上，而不是修正错误上。然而，当检查出某个小问题之后，小组成员（包括负责该代码的程序员本人）可能会建议对设计进行修补以解决这个特例。在这种情况下就可能会将整个小组的注意力集中在设计的某个部分，探讨修补设计的最佳方法时，还有可能会注意到另外一些问题。既然小组已经发现了设计中同一部分的一些相关问题，那么每隔几段代码就可能需要注释。几分钟之内，整个设计就会被彻底检查完，任何问题都会一目了然。

应该选择一个避免受外部干扰的时间和地点进行代码检查,由于开会是一项繁重的脑力劳动,会议时间越长,效率越低,而大多数的代码检查可以按照每小时大约阅读 150 行代码的速度进行,因此理想的会议时间应设置为 90~120 分钟。另外,对于大型软件项目,应同时安排多个代码检查会议,且每个代码检查会议会处理一个或几个模块或子程序。

代码检查工作除了可以发现软件错误之外,还具有其他作用,例如,程序员可以得到编程风格、算法选择及编程技术等方面的反馈信息;其他参与者也可以通过接触其他程序员的编程风格和所发现的软件错误而同样受益匪浅。

2. 代码走查

代码走查与代码检查很相似,都是以小组为单位进行代码阅读,是一系列规程和错误检查技术的集合。代码走查的过程与代码检查的过程大体相同,也是采用持续 1~2 小时的不间断会议的形式,但是规程稍微有所不同,采用的错误检查技术也不一样。

代码走查小组由 3~5 人组成,其中一人扮演类似代码检查过程中"协调人员"的角色,一人担任秘书(负责记录所有查出的错误),还有一人担任测试人员,建议在代码走查小组中安排如下 6 名人员:

(1)一位经验丰富的程序员。

(2)一位程序设计语言专家。

(3)一位初级程序员(可以给出新颖、不带偏见的观点)。

(4)一位负责程序维护的人员。

(5)一位其他项目的人员。

(6)一位来自该软件编程小组的程序员。

与代码检查相同,在走查会议之前也要把材料交给参与者。只是走查会议的规程与代码检查的规程不同,不仅要阅读程序或使用错误检查列表,还要求测试人员准备一些书面测试用例(如程序或模块具有代表性的输入集及预期的输出集)。在会议期间,要使用事先设计好的测试数据按照程序的逻辑结构运行一遍,并随时记录程序运行的状态（如变量的值）以供监视。同计算机相比，人工执行程序的速度要慢上若干数量级，因此只要求准备一些简单的、有代表性的、少量的测试用例。而这些测试用例主要用于启动代码走查，以及证明程序员的逻辑思路是否正确。实际上，在代码走查过程中，很多问题都是在向程序员提问的过程中发现的。

与代码检查相同，代码走查的参与者不应针对程序员，而应针对程序本身提出建议，不要把软件中存在的错误当作衡量程序员水平高低的尺度，而应该意识到这些错误的出现在软件开发过程中是难以避免的。

同样，代码走查也可以发现易出错的程序区域，并通过接触这些软件错误、编程风格和方法获得一些经验性的知识。

3. 桌面检查

可将桌面检查看作是由单人进行的代码检查或代码走查，即一个人阅读程序、对照错误列表检查程序，以及使用测试数据对程序进行推演。

对大多数人而言，桌面检查的效率是相当低的，其中一个原因是该过程本身不受任何约束，另外一个重要原因是程序员通常不能有效测试自己编写的程序，因此最好由其他人而非该程序的编写人员进行桌面检查（如程序员之间可以相互交换各自编写的程序，以避免对自己编写的程序进行桌面检查）。但是，使用桌面检查进行测试所得到的效果无法同代码检查或代码走查的相比，因为代码检查和代码走查小组均由多人组成，能够产生相互促进的效应，而桌面检查无法做到这一点。简而言之，桌面检查虽然胜过没有检查，但其测试效果远远不能同代码检查和代码走查的相比。

4. 同行评分

虽然同行评分的目的是给程序员提供一个自我评价的手段，与程序测试并无关系（其目标不是为了发现错误），但是因为其与代码阅读的思想有关，是一种依据程序的整体质量、可维护性、可扩展性、易用性和清晰性对匿名程序进行评价的技术，因此，有必要对其进行简单了解。

大致过程如下：首先挑选一位程序员担任评分过程的管理员，管理员再挑选出6~20名具备相似背景的参与者（如不能把Java应用程序员与汇编语言系统程序员编为一组）。每个参与者都提供两个自己编写的程序以供评审，其中一个程序是能代表参与者自身能力的最好作品，而另一个则是参与者认为质量较差的作品。

把所有程序都收集起来之后，给每个参与者随机分发4个程序，参与者要评选出两个"最好"的与两个相对"较差"的程序，且要记录评审一个程序所花费的时间，并填写评价表。而且在评审结束后，参与者要使用一定的分值（如1~7分）对程序的相对质量进行分级，一般可通过以下5个方面来打分：

（1）程序是否易于理解？

（2）高层次的设计是否可见且合理？

（3）低层次的设计是否可见且合理？

（4）修改此程序对评审者而言是否容易？

（5）评审者是否会以编写出该程序而骄傲？

评审结束之后，参与者会收到两份自己所提交程序的匿名评价表，此外还会收到一份统计总结——显示程序整体和具体的打分情况，以及参与者对其他程序的评价与其他评审人对同一程序打分情况的比较分析。因此，同行评分的目的是让程序员对自身的编程技术进行客观的自我评价，该过程适用于企业开发和课堂教学环境。

在以上几种静态测试活动中，通常需要完成以下工作：

（1）检查算法的逻辑正确性，确定算法是否实现了所要求的功能，是否存在循环嵌套条件错误、死循环等。

（2）检查模块接口的正确性，例如，形参是否与实参相匹配，二者数量是否一致，顺序是否相同，返回值及其类型是否正确，等等。

（3）检查变量是否合法，如果没有合法性检查，则应该确定该参数是否不需要合法性检查，否则应加上参数的合法性检查；检查是否存在变量定义错误或没有定义。

（4）检查调用其他模块的接口是否正确，检查实参类型、个数是否正确，检查返回值是否正确；若被调用的模块出现异常或错误，程序是否有适当的出错处理。

（5）检查是否设置了适当的出错处理，以便在程序出错时，能对出错部分重新安排，以保证其逻辑的正确性。

（6）检查表达式、语句是否正确，是否存在两义性，是否存在遗漏标号或代码拼写错误。

（7）检查程序风格的一致性、规范性，检查代码是否符合行业规范，是否所有模块的代码均风格一致、规范；在程序中是否存在一些书写错误、简单的逻辑错误和简单的概念性错误，如用错局部变量和全局变量等。

（8）检查代码是否可以优化，算法效率是否最高。

（9）检查代码注释是否完整，是否正确反映了代码的功能，并查找错误的注释。

当然，还可以根据软件开发所使用的语言特点，有针对性地进行静态测试。虽然使用人工静态测试可以发现 1/3～2/3 的逻辑设计和编码错误，但代码中仍会隐藏无法通过静态测试发现的缺陷。因此除了静态测试方法外，还必须通过动态测试进行详细分析。动态测试与静态测试相反，动态测试的对象必须是能够由计算机真正运行的被测试的程序。通过输入测试用例，并对实际输出结果和预期输出结果进行对比分析，找出被测试程序中的疏漏，然后进行错误定位和纠错处理，最终达到测试的目的。下面介绍的黑盒测试和白盒测试就属于动态测试。

（二）从软件测试用例设计方法的角度可分为黑盒测试（Black-box Testing）和白盒测试（White-box Testing）

黑盒测试是一种从用户观点出发的测试，又称为功能测试、数据驱动测试和基于规格说明的测试。使用这种方法进行测试时，可把被测试程序当作一个黑盒，并忽略程序内部结构的内部特性，测试者在只知道该程序输入和输出之间的关系或程序功能的情况下，依靠能够反映这一关系和程序功能需求规格的说明书，来确定测试用例和推断测试结果的正确性。简单地说，若测试用例的设计是基于产品的功能，目的是检查程序的各个功能是否能够实现，并检查其中的功能错误，则这种测试方法就称为黑盒测试。

白盒测试一般用来分析程序的内部，其是基于产品的内部结构进行测试，并检查内部操作是否按规定执行，软件各个部分的功能是否得到了充分使用。白盒测试又称为结构测试、逻辑驱动测试或基于程序的测试。其依赖于对程序细节的严密检验，针对特定条件和循环设计测试用例，对软件的逻辑路径进行测试。在程序的不同点检验程序的状态，并判定其实际情况是否和预期的状态相一致。

黑盒测试和白盒测试可以说是两种对立的测试方法，分别从不同的角度来考虑软件测试。黑盒测试与白盒测试的具体内容将在第六章和第七章详细介绍。

（三）按照软件测试的策略和过程可分为单元测试（Unit Testing）、集成测试（Integration Testing）、确认测试（Validation Testing）、系统测试（System Testing）和验收测试（Verification Testing）。

单元测试是针对每个单元的测试，是软件测试的最小单位。单元测试可确保每个模块能正常工作，且多数使用白盒测试，以发现内部错误。

集成测试是对已测试过的模块进行组装，进行集成测试的目的主要用于检验与软件设计相关的程序结构是否有问题。集成测试一般通过黑盒测试的方法来完成。

确认测试是完成集成测试后开始的，其对开发工作初期制定的确认准则进行检验。确认测试是检验所开发的软件能否满足所有功能和性能需求的最后手段，通常采用黑盒测试的方法。

系统测试的主要任务是检测被测软件与系统其他部分的协调性，如能否适应硬件环境、数据库环境等。

验收测试是检验软件产品质量的最后一关，这一环节的测试主要从用户角度着手，其参与者主要是用户和少量程序开发人员。

五、软件测试流程

在传统的 V 模型中，一个完整的软件开发过程可大致分为立项阶段、需求阶段、设计阶段、编码和单元测试阶段、集成测试阶段、系统测试阶段、验收测试阶段和项目总结阶段。其中单元测试阶段与编码过程同时进行；集成测试阶段对应着项目的设计阶段；系统测试阶段则针对需求阶段而言；单元测试中发现的错误和疏漏需要在编码过程中修改；集成测试阶段发现的错误和疏漏则要返回设计阶段修改；系统测试中发现的缺陷就需要追溯到需求阶段修改。

在整个过程中，软件测试作为一个非常重要的环节，越来越受到人们的重视。因为随着软件开发规模增大、复杂程度增加，以寻找软件中的错误为目的的测试工作就显得更加困难。所以，为了尽可能多地找出程序中的错误，生产出高质量的软件产品，加强对测试工作的组织和管理就显得尤为重要。因此，很多公司通常会根据企业内部的实际情况制定一套适合自身内部使用的软件测试的工作流程，以使测试工作有条不紊进行，软件测试工作的总体流程如图 5-12 所示。

（一）需求阶段

需求阶段是软件测试活动的前提。测试分析人员清楚地了解被测系统的需求是进行高效的软件测试工作的前提。因此，在测试工作展开之初要对参与测试的人员进行相关的培训，要求测试人员尽量了解被测系统的情况，包括用户需求、硬件环境、软件平台等。然后，找出被测系统的业务和功能需求，以及用户需求，由此生成总体的测试计划。该计划需要评审会通过才能成为需求说明书，作为系统测试的方案形成文档。否则，就要重新编写需求，直到评审通过为止。如果实际情况很容易发生变更，就要求返回重新编写需求，通过多次反复，最终才能得到一个完好的需求文档。如果有需求报警，同样要求做好相关的需求报警信号记录，否则就进入下一阶段，需求阶段测试的工作流程如图 5-13 所示。

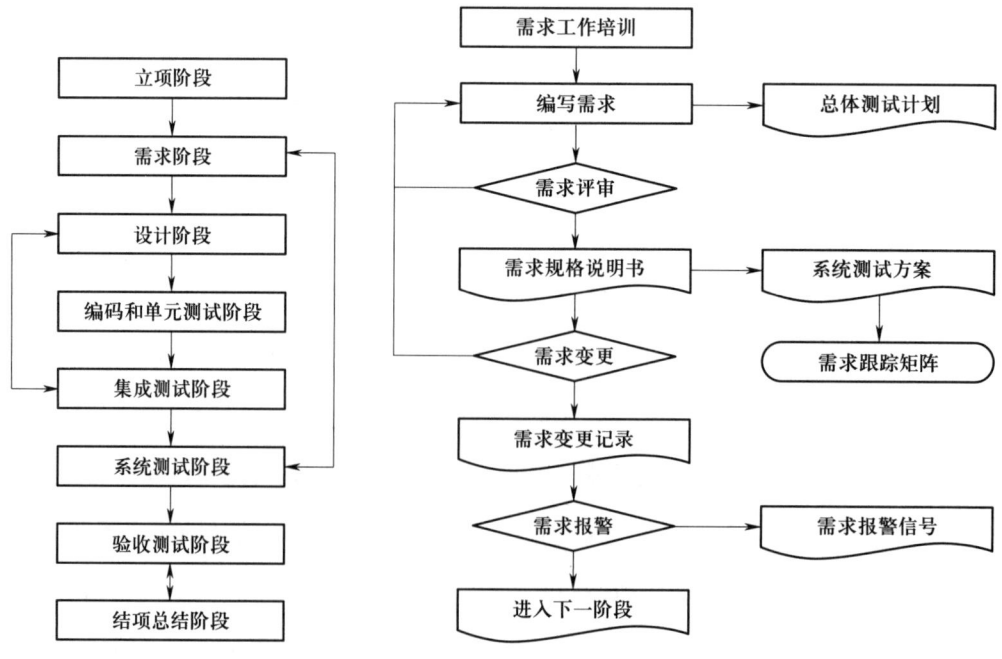

图 5-12 软件测试工作的总体流程图　　图 5-13 需求阶段测试的工作流程图

(二)设计及编码阶段的测试工作流程

设计及编码阶段根据需求阶段生成的大量需求文档进行概要设计,从而形成了集成测试方案,这是一个需要经过多次"评审-修改"直至通过的过程,通过评审后的文档则会形成详细的设计文档,然后进入制定单元测试方案的环节。

这一环节以模块为单位进行循环:单元测试方案制定—编码—单元测试是否通过—测试抽检是否通过,然后重新编写没有通过单元测试和测试抽检的代码,最终形成一份单元测试总结报告,具体流程如图5-14所示。

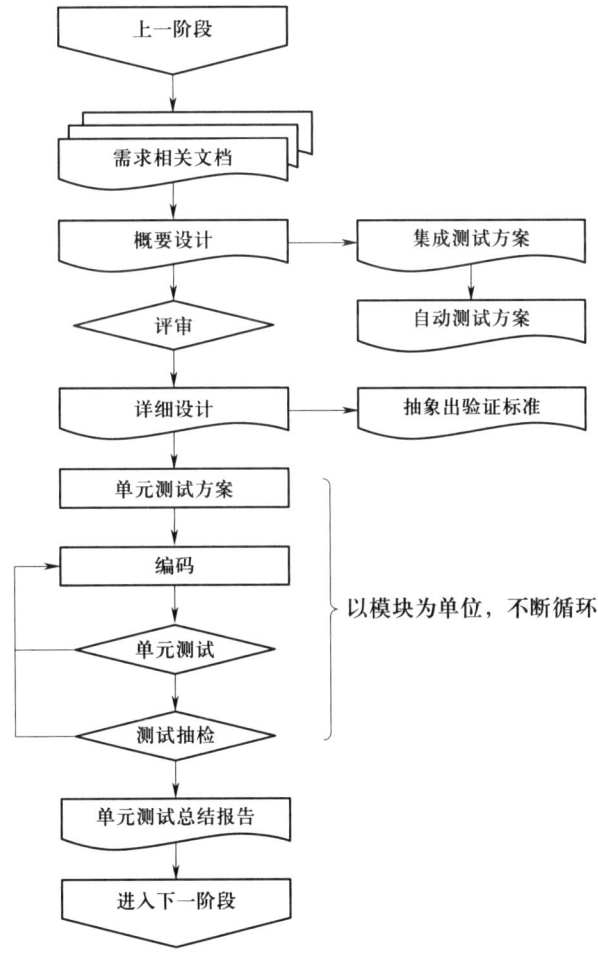

图 5-14 设计及编码阶段的测试工作流程图

（三）集成测试、系统测试和验收测试阶段

单元测试工作结束后就会进入集成测试阶段，集成测试工作完成后，提交系统测试申请，由测试部门进行评估。如没有通过评审会形成并提交一份重新进行集成测试的申请，通过评审则进行系统测试和产品化工作。在系统测试过程中制定自动测试方案和系统测试方案，最终形成系统测试综合报告。产品化工作后会生成一份产品化工作报告。最后再对这两份报告进行验收测试，通过验收测试后会得到质量合格证书，表示测试工作完成。该测试阶段的流程图如图5-15所示。

精心的测试组织和管理固然重要，但这并不表示测试工作的流程是一成不变的。在实际工作中，不但要视具体情况而定，还要根据软件开发过程的不同和所使用的软件开发技术的不同适当改变测试工作流程，例如，当某个软件是使用现成的软件构件来实现的，那么就不必进行单元测试；或者当某个软件项目只是单纯升级以前的系统，也就是改变一种实现方式，那么就不必针对需求分析进行重新测试，甚至可以直接使用以前的一些功能测试用例。

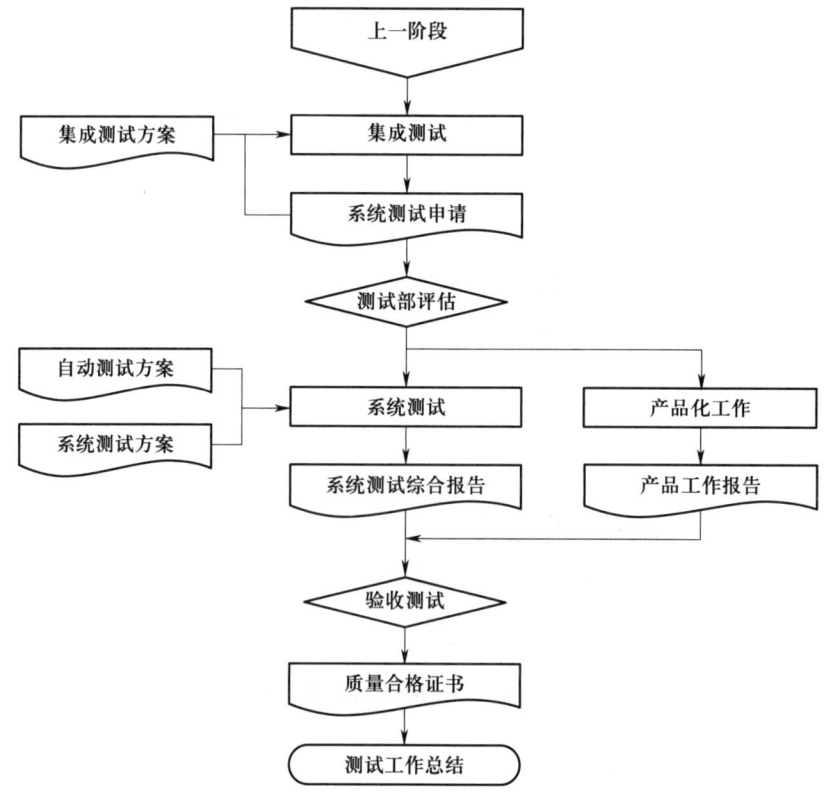

图 5-15　集成测试、系统测试和验收测试阶段流程图

第二节 系统测试环境搭建

考核知识点及能力要求：

- 掌握系统测试环境搭建流程和方法。

虚拟现实应用系统测试环境的搭建在某些项目的测试过程中是一项非常重要的工作，同时也可能是一项很耗时的工作。有些软件的测试环境要求比较复杂，需要在测试执行前做好充分的准备。

根据具体产品特点和需要进行的测试，进行测试环境搭建，如图 5-16 所示。根据该图可知：

（1）有些测试需要使用大批量的数据，如容量测试、压力测试等。另外，根据产品的具体测试要求，可能还需要在数据库表插入大量的数据、准备大量的文件、生成大量的 Socket 包等。

（2）有些测试需要使用专门的外部硬件设备，如头戴式显示设备、图像采集卡、跟踪定位设备、交互设备等。如果是手机端的应用测试，则可能要把所有支持型号的手机都准备好，并根据手机操作系统的不同，分别搭建测试环境。不过，这些设备有些可以使用模拟器来

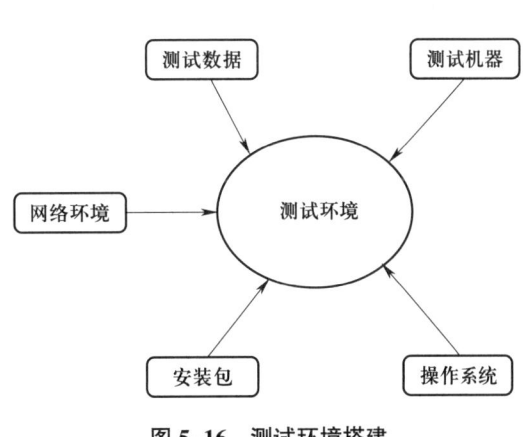

图 5-16 测试环境搭建

模拟，有些则不能。

（3）有些产品需要支持多种操作系统，那么在做兼容性测试前就需要准备好包含各种操作系统的计算机，或者考虑使用虚拟操作系统工具来安装多个操作系统，如VM Ware、Virtual PC 等。

（4）有些测试需要部署到多台机器，并且需要设置各种参数，那么就需要在测试之前准备好各种安装包。

（5）有些测试需要用到网络，设置需要考虑网络的路由设置、拓扑结构等，那么测试前就要准备好这样的网络设备和网络环境配置。

思考题

1. 试述软件测试的定义。

2. 软件测试的目标和原则分别是什么？

3. 软件测试生命周期每个阶段都要完成一些确定的任务，请用结构图的形式描述一下软件测试的生命周期。

4. 利用结构图的形式简单说明软件工程中的 W 模型。

5. 软件缺陷的定义是什么？

6. 软件测试按照执行需要的角度可分为哪两种？请加以详细说明。

7. 软件测试按照用例设计方法的角度可分为哪两种？请加以详细说明。

8. 在传统的 V 模型中，一个完整的软件开发过程需要哪些阶段？

9. 测试环境的搭建在某些项目的测试过程中是非常重要的工作，在这个过程中需要考虑哪些条件？

第六章
黑盒测试

黑盒测试是指非系统开发人员通过测试用例对系统进行接口测试、功能测试和压力测试等。黑盒测试可用于查找系统在功能上的缺陷，并且能够验证系统接口接收信息是否正确。

本章介绍黑盒测试与白盒测试的不同之处，在此基础上介绍黑盒测试的原则和策略。

- **职业功能：** 开发虚拟现实应用。
- **工作内容：** 测试应用。
- **专业能力要求：** 能根据测试用例，对应用进行接口、功能、压力等黑盒测试。
- **相关知识要求：** 计算机软件测试基础知识；黑盒测试知识。

第一节 黑盒测试概述

考核知识点及能力要求：
- 了解黑盒测试和白盒测试的不同之处。
- 掌握黑盒测试的原则和策略。

对开发的系统进行接口测试、功能测试和压力测试等是一个系统走向产品的必经之路，虚拟现实应用系统也是一样，并且这些需要测试的内容可以归纳到黑盒测试中。所以，虚拟现实应用系统的各项功能测试、接口测试、压力测试等都可以通过黑盒测试的形式进行，帮助开发者完成对虚拟现实应用系统的测试。

一、黑盒测试和白盒测试的不同之处

（一）执行测试人员不同

黑盒测试通常由用户以及非开发人员来进行，白盒测试通常由了解软件内部结构的开发人员来进行。

（二）测试覆盖目标不同

如果用一个盒子代替整个软件系统，那么黑盒测试可以看成是一种系统测试，而对盒子内部的多个单元的测试就可以称为白盒测试。

黑盒测试的目标是覆盖所有的用户需求，而白盒测试的目标是覆盖所有的代码，这也是两个最常见的覆盖准则，都有不同的商业工具支持。

（三）测试方法不同

黑盒测试是基于功能需求来定义测试，而结构测试是基于代码本身来定义测试的。两种方法所使用的测试工具不同，工具生产商把进行代码覆盖率检查的工具称为白盒测试工具，把一些能够捕捉输入数据或进行 GUI 界面回放的工具称为黑盒测试工具。

（四）评估测试方法不同

在测试过程中，有时不借助工具无法判断被测软件是否存在缺陷，因为这些缺陷可能会由于软件自身容错性等因素而隐藏起来，内存泄露和指针错误就是这样一个例子。在测试过程中，使用一些专门的测试技术就可以检测、诊断并显示程序中存在的这些问题。例如，使用针对源代码进行测试的工具，测试驱动程序运行结束后就可以直接显示测试结果。因为这些技术是使用代码工具来跟踪软件内部的工作过程，因此称为白盒测试技术。与之相比，黑盒测试技术只是简单观察程序的正常输出。

正是因为二者在以上各方面有明显不同，有时也把黑盒测试称为基于用户的测试、基于需求的测试、可用性测试、行为测试等，而把白盒测试称为开发人员测试、单元或代码覆盖测试、结构测试等。

下面请读者考虑以下几个问题。

1. 如果程序员为了确保能够满足功能需求而测试一个类，这属于黑盒测试还是白盒测试？

2. 如果非开发人员使用能够跟踪代码的测试工具来测试，以确保大部分代码被执行到。只要软件没有被挂起或崩溃就认为测试通过，这属于黑盒测试还是白盒测试？

3. 灰盒测试属于黑盒测试还是白盒测试？

二、黑盒测试的原则和策略

随着软件开发速度加快，用户需求变化趋势加快，会导致一些功能发生变化。因此，黑盒测试作为一种测试方法需要不断进行调整。由于黑盒测试不涉及内部结构和代码知识，而是根据规格说明书进行的，因此，选择黑盒测试时要考虑以下原则和策略。

（一）黑盒测试的原则

1. 根据软件规格说明书设计测试用例。

2. 有针对性地查找问题，并且正确定位等价类。

3. 检查功能是否有缺陷或错误现象。

4. 根据测试的重要性来确定测试等级和测试重点。

5. 检查在接口处输入的信息能否正确接收，以及接收后能否输出正确的结果。

6. 认真选择测试策略。

（二）黑盒测试的策略

1. 在任何情况下都必须采用边界值分析法，这种方法设计出来的测试用例对发现程序的错误是非常有用的。

2. 必要时采用等价类划分法补充测试用例。

3. 对照程序逻辑，检查已设计的测试用例的逻辑覆盖程度。如果它没有达到要求的覆盖标准，则应当补充更多的测试用例。

4. 如果程序的功能说明中含有输入条件的组合情况，则应该一开始就选用因果图法。

5. 对于业务流清晰的系统，可以利用场景法贯穿整个测试案例过程，在案例中综合使用各种测试方法。

第二节　黑盒测试用例设计技术

考核知识点及能力要求：

- 掌握常用的黑盒测试用例设计方法。
- 掌握黑盒测试方法。

在测试过程中,最理想的情况就是能够对程序进行全面测试。但是,正如人们所说的,开发和执行测试用例也需要一定的成本。那么,既要保证已经开发了一定数量的可以针对用户经常使用的功能或频繁使用的功能进行测试的用例,又要尽量避免开发多余的测试用例,每个测试用例应该能够分别从不同角度来测试程序,发现软件不同的缺陷,而且要尽可能简单,因为测试用例本身也容易出错。

常用的黑盒测试用例设计方法主要有等价类划分法、边界值分析法、因果图法、决策表法和错误推测法等。

一、等价类划分法

等价类划分法是一种重要的、常用的黑盒测试方法,它对不能穷举的测试过程进行合理分类,从而保证设计出来的测试用例具有完整性和代表性。例如,设计这样的测试用例来实现一个对所有实数进行开平方运算[y=sqrt(x)]的程序的测试。

由于开平方运算只对非负实数有效,这时需要将所有的实数(输入域 x)进行划分,可以分成正实数、0 和负实数。假设选定 +1.444 4 代表正实数,-2.345 代表负实数,则为该程序设计的测试用例的输入为 +1.444 4、0 和 -2.345。

等价类划分法:是把所有可能的输入数据,即程序的输入域划分为若干部分(子集),然后从每一个子集中选取少数具有代表性的数据作为测试用例。

等价类:指某个输入域的子集合。在该子集合中,各个输入数据对于揭露程序中的错误都是等效的,它们具有等价特性,即每一类的代表性数据在测试中的作用都等价于这一类中的其他数据。这样,对于表征该类的数据输入将能代表整个子集合的输入。因此,可以合理假定:测试某等价类的代表值等效于对这一类其他值的测试。

等价类是输入域的某个子集合,而所有等价类的并集就是整个输入域。因此,等价类对测试有两个重要意义。

(1)完备性——整个输入域提供一种形式的完备性。

(2)无冗余性——若互不相交,则可保证一种形式的无冗余性。

问题:如何划分等价类?

先从程序的规格说明书中找出各个输入条件，再为每个输入条件划分两个或两个以上的等价类，形成若干个互不相交的子集，采用等价类划分法设计测试用例通常分以下两步进行：

（1）确定等价类，列出等价类表。

（2）确定测试用例。

划分等价类可分为以下两种情况：

（1）有效等价类：是指对软件规格说明而言，是有意义地、合理地输入数据所组成的集合。利用有效等价类，能够检验程序是否实现了规格说明中预先规定的功能和性能。

（2）无效等价类：是指对软件规格说明而言，是无意义、不合理地输入数据所构成的集合。利用无效等价类，可以测试程序异常处理的情况，检查被测对象功能和性能的实现是否有不符合规格说明要求的地方。

等价类划分的依据如下：

（1）按照区间划分：在输入条件规定了取值范围或值的个数的情况下，可以确定一个有效等价类和两个无效等价类。

（2）按照数值划分：在规定了一组输入数据（假设包括 n 个输入值），并且程序要对每一个输入值分别进行处理的情况下，可确定 n 个有效等价类（每个值确定一个有效等价类）和一个无效等价类（所有不允许的输入值的集合）。例如，程序输入 x 取值于一个固定的枚举类型 $\{1，3，7，15\}$，且程序中对这 4 个数值分别进行了处理，则有效等价类为 $x=1$、$x=3$、$x=7$、$x=15$，无效等价类为 $x \neq 1、3、7、15$ 的值的集合。

（3）按照数值集合划分：在输入条件规定输入值的集合或规定"必须如何"的条件下，可以确定一个有效等价类和一个无效等价类（有效值之外的集合）。

（4）按照限制条件或规则划分：在规定了输入数据必须遵守的规则或限制条件的情况下，可确定一个有效等价类（符合规则）和若干个无效等价类（从不同角度违反规则）。

（5）细分等价类：在确知已划分的等价类中各元素在程序中的处理方式不同的情

况下，则应再将该等价类进一步划分为更小的等价类，并建立等价类表。

设计测试用例时，应同时考虑有效等价类和无效等价类测试用例的设计。根据已列出的等价类表可确定测试用例，具体过程如下：

首先，为等价类表中的每一个等价类分别规定一个唯一的编号。

其次，设计一个新的测试用例，使它能够尽量覆盖尚未覆盖的有效等价类。重复这个步骤，直到所有的有效等价类均被测试用例所覆盖。

最后，设计一个新的测试用例，使它仅覆盖一个尚未覆盖的无效等价类。重复这一步骤，直到所有的无效等价类均被测试用例所覆盖。

针对是否对无效数据进行测试，可以将等价类测试分为标准等价类测试和健壮等价类测试。

标准等价类测试：不考虑无效数据值，测试用例使用每个等价类中的一个值。

健壮等价类测试：主要的出发点是考虑无效等价类。对有效输入，测试用例从每个有效等价类中取一个值；对无效输入，一个测试用例有一个无效值，其他值均取有效值。健壮等价类测试存在两个问题：

（1）需要花费精力定义无效测试用例的期望输出。

（2）对强类型的语言没有必要考虑无效的输入。

【例 6–1】三角形问题。

输入 3 个正整数 a、b、c，分别作为三角形的 3 条边，通过程序判断由 3 条边构成的三角形的类型为等边三角形、等腰三角形、一般三角形（特殊的还有直角三角形），以及构不成三角形。现在要求输入 3 个整数 a、b、c，必须满足以下条件：

条件 1　$1 \leq a \leq 100$　　　　条件 4　$a<b+c$

条件 2　$1 \leq b \leq 100$　　　　条件 5　$b<a+c$

条件 3　$1 \leq c \leq 100$　　　　条件 6　$c<a+b$

分析：在多数情况下，是从输入域划分等价类的，但并非不能从被测程序的输出域反过来定义等价类。事实上，这对三角形问题是最简单的划分方法。在三角形问题中，有 4 种可能的输出：等边三角形、等腰三角形、一般三角形和非三角形。利用这些信息能够确定下列输出（值域）等价类。

$R_1 = \{\langle a, b, c\rangle:$ 边为 a, b, c 的等边三角形$\}$

$R_2 = \{\langle a, b, c\rangle:$ 边为 a, b, c 的等腰三角形$\}$

$R_3 = \{\langle a, b, c\rangle:$ 边为 a, b, c 的一般三角形$\}$

$R_4 = \{\langle a, b, c\rangle:$ 边为 a, b, c 不能组成三角形$\}$

三角形问题的标准等价类测试用例和健壮等价类测试用例,见表 6-1、表 6-2。

表 6-1　　　　　　　　　　　标准等价类测试用例

测试用例	a	b	c	预期输出
Test1	10	10	10	等边三角形
Test2	10	10	5	等腰三角形
Test3	3	4	5	一般三角形
Test4	4	1	2	非三角形

表 6-2　　　　　　　三角形问题的 7 个健壮等价类测试用例

测试用例	a	b	c	预期输出
Test1	5	6	7	一般三角形
Test2	-1	5	5	a 值超出输入值定义域
Test3	5	-1	5	b 值超出输入值定义域
Test4	5	5	-1	c 值超出输入值定义域
Test5	101	5	5	a 值超出输入值定义域
Test6	5	101	5	b 值超出输入值定义域
Test7	5	5	101	c 值超出输入值定义域

【例 6-2】保险公司计算保费费率的程序。

某保险公司的人寿保险的保费计算公式为:保费 = 投保额 × 保险费率。

其中,保险费率依点数不同而有别,10 点及 10 点以上保险费率为 0.6%,10 点以下保险费率为 0.1%。而点数是由投保人的年龄、性别、婚姻状况和抚养人数决定的,具体规则见表 6-3。

表 6-3　　　　　　　　　　　　　　保险费率计算规则

年龄			性别		婚姻		抚养人数
20～39岁	40～59岁	其他	M	F	已婚	未婚	1人扣0.5点 最多扣3点 （四舍五入取整）
6点	4点	2点	5点	3点	3点	5点	

（1）分析程序规格说明中给出和隐含的对输入条件的要求，列出等价类表（包括有效等价类和无效等价类）。

年龄：一位或两位非零整数，值的有效范围为1～99。

性别：一位英文字符，只能取值"M"或"F"。

婚姻：字符，只能取值"已婚"或"未婚"。

抚养人数：空白或一位非零整数（1～9）。

点数：一位或两位非零整数，值的范围为1～99。

（2）根据1中的等价类表，设计能覆盖所有等价类的测试用例。等价类见表6-4。等价类测试用例见表6-5。

表 6-4　　　　　　　　　　　　　　　等价类

输入条件	有效等价类	编号	无效等价类	编号
年龄	20～39岁	1		
	40～59岁	2		
	1～19岁 60～99岁	3	小于1	12
			大于99	13
性别	单个英文字符	4	非英文字符	14
			非单个英文字符	15
	M	5	除"M"和"F"之外的 其他单个字符	16
	F	6		
婚姻	已婚	7	除"已婚"和"未婚"之外 的其他字符	17
	未婚	8		
抚养人数	空白	9	除空白和数字之外 的其他字符	18
	1～6人	10	小于1	19
	6～9人	11	大于9	20

表 6–5　　　　　　　　　等价类测试用例

测试用例编号	输入数据			预期输出	
	年龄	性别	婚姻	年龄	性别
1	27	F	未婚	空白	0.6%
2	50	M	已婚	2	0.6%
3	70	F	已婚	7	0.1%
4	0	M	未婚	空白	无法推算
5	100	F	已婚	3	无法推算
6	99	男	已婚	4	无法推算
7	1	Child	未婚	空白	无法推算
8	45	N	已婚	5	无法推算
9	38	F	离婚	1	无法推算
10	62	M	已婚	没有	无法推算
11	18	F	未婚	0	无法推算
12	40	M	未婚	10	无法推算

二、边界值分析法

边界值分析法是对输入或输出的边界值进行测试的一种黑盒测试方法，通常边界值分析法是作为对等价类划分法的补充。这种情况下，其测试用例来自等价类的边界。

为什么使用边界值分析法？无数的测试实践表明，大量故障往往发生在输入定义域或输出值域的边界上，而不是在其内部。因此，针对各种边界情况设计测试用例，通常会取得很好的测试效果。那么如何用边界值分析法设计测试用例呢？

首先，确定边界情况，通常输入或输出等价类的边界就是应该着重测试的边界情况。

然后，选取正好等于、刚刚大于或刚刚小于边界的值作为测试数据，而不是选取等价类中的典型值或任意值。

常见的边界值如下：

（1）对 16 位的整数而言，32 767 和 –32 768 是边界。

（2）屏幕上光标在最左上、最右下位置。

（3）报表的第一行和最后一行。

（4）数组元素的第一个和最后一个。

（5）循环的第 0 次、第 1 次和倒数第 2 次，最后一次。

边界值分析使用与等价类划分法相同的划分，只是边界值分析假定错误更多地存在于划分的边界上，因此，在等价类的边界上以及两侧的情况设计测试用例。

【例 6-3】测试计算平方根的函数。

输入：实数

输出：实数

规格说明：当输入一个 0 或比 0 大的数时，返回其正平方根；当输入一个小于 0 的数时，显示错误信息"平方根非法 – 输入值小于 0"并返回 0；库函数 Print-Line 可以用来输出错误信息。

等价类划分，可以考虑如下划分：

输入 <0 或 ≥ 0；

输出 ≥ 0 或 Error。

测试用例有两个：

输入 4，输出 2，对应于输入 ≥ 0 及输出 ≥ 0。

输入 –10，输出 0 和错误提示，对应于输入 <0 和输出 Error。

边界值分析：

划分输入 ≥ 0 的边界为 0 和最大正实数；划分输入 <0 的边界为最小负实数和 0。由此得到以下测试用例：

输入：{最小负实数}

输入：{绝对值很小的负数}

输入：0

输入：{绝对值很小的正数}

输入：{最大正实数}

通常情况下，软件测试所包含的边界检验有几种类型：数字、字符、位置、质量、大小、速度、方位、尺寸、空间等。相应地，以上类型的边界值应该在最大 / 最小、首位/末位、上/下、最快/最慢、最高/最低、最短/最长、空/满等情况下。边界值测试用例见表 6-6。

表 6-6　　边界值测试用例

项	边界值	测试用例的设计思路
字符	起始 −1 个字符/结束 +1 个字符	假设一个文本输入区域允许输入 1 个到 255 个字符，输入 1 个和 255 个字符作为有效等价类；输入 0 个和 256 个字符作为无效等价类，这几个数值都属于边界条件值
数值	最小值 −1/最大值 +1	假设某软件的数据输入域要求输入 5 位的数据值，可以使用 10 000 作为最小值、99 999 作为最大值；然后使用刚好小于 5 位和大于 5 位的数值作为边界条件
空间	小于空余空间一点/大于满空间一点	例如，在用 U 盘存储数据时，使用比剩余磁盘空间大一点（几 KB）的文件作为边界条件

在多数情况下，边界值条件是基于应用程序的功能设计而需要考虑的因素，可以从软件规格说明或常识中得到，也是最终用户可以很容易发现问题的情况。然而，在测试用例设计过程中，某些边界值条件不需要呈现给用户，或者说用户是很难注意到的，但同时确实属于检验范畴内的边界条件，称为内部边界值条件或子边界值条件。内部边界值条件主要有以下几种。

（一）数值的边界值检验

计算机是基于二进制进行工作的，因此，软件的任何数值运算都有一定的范围限制，见表 6-7。

表 6-7　　计算机数值运算的范围

项	范围或值
位（bit）	0 或 1
字节（byte）	0 到 255
字（word）	0 到 65 535（单字）或 0 到 4 294 967 295（双字）
千（K）	1 024
兆（M）	1 048 576
吉（G）	1 073 741 824

（二）字符的边界值检验

在计算机软件中，字符也是很重要的表示元素，其中 ASCII 和 Unicode 是常见的编码方式，常见字符对应的 ASCII 码值见表 6-8。

表 6-8　　　　　　　　　　常用字符对应的 ASCII 码值

字符	ASCII 码值	字符	ASCII 码值
空（null）	0	A	65
空格（space）	32	a	97
斜杠（/）	47	Z	90
0	48	z	122
冒号（:）	58	单引号（'）	96
@	64		

在实际测试用例设计中，需要将基本的软件设计要求和程序定义的要求结合起来，即结合基本边界值条件和内部边界值条件来设计有效的测试用例。

选择测试用例的原则如下：

（1）如果输入条件规定了值的范围，则应取刚达到这个范围的边界值以及刚刚超过这个范围边界的值作为测试输入数据。

（2）如果输入条件规定了值的个数，则用最大个数、最小个数和比最大个数多1个、比最小个数少1个的数作为测试数据。

（3）根据程序规格说明的每个输出条件，使用原则1。

（4）根据程序规格说明的每个输出条件，使用原则2。

（5）如果程序的规格说明给出的输入域或输出域是有序集合（如有序表、顺序文件等），则应选取集合中的第一个和最后一个元素作为测试用例。

（6）如果程序中使用了一个内部数据结构，则应当选择这个内部数据结构的边界上的值作为测试用例。

（7）分析程序规格说明，找出其他可能的边界条件。

采用边界值分析测试的基本思想是，故障往往出现在输入变量的边界值附近。因此，边界值分析法利用输入变量的最小值（min）、略大于最小值（min+）、输入值域内的任意值（nom）、略小于最大值（max-）和最大值（max）来设计测试用例。

边界值分析法是基于可靠性理论中称为"单故障"的假设，即有两个或两个以上故障同时出现而导致软件失效的情况很少。也就是说，软件失效基本上是由单故障引起的。因此，在边界值分析法中获取测试用例的方法如下：

（1）每次保留程序中一个变量，让其余的变量取正常值，被保留的变量依次取min、min+、nom、max- 和 max。

（2）对程序中的每个变量重复（1）。

【例6-4】

有两个输入变量 $x1$（$a \leq x1 \leq b$）和 $x2$（$c \leq x2 \leq d$）的程序 F 的边界值分析测试用例如图 6-1 所示。

{<X1nom，X2min>，<X1nom，X2min+>，<X1nom，X2nom>，<X1nom，X2max>，<X1nom，X2max->，<X1min，X2nom>，<X1min+，X2nom>，<X1max，X2nom>，<X1max-，X2nom>}

【例6-5】

有二元函数 $f(x, y)$，其中 $x \in [1, 12]$，$y \in [1, 31]$，则采用边界值分析法设计的测试用例为：

{<1，15>；<2，15>；<11，15>；<12，15>；<6，15>；<6，1>；<6，2>；<6，30>；<6，31>}

推论：对于一个含有 n 个变量的程序，采用边界值分析法测试程序会产生 $4n+1$ 个测试用例。

健壮性测试是作为边界值分析的简单扩充，它除了对变量的5个边界值分析取值外，还需要增加一个略大于最大值（max+）以及略小于最小值（min-）的取值，检查超过极限值时系统的情况。因此，对于有 n 个变量的函数采用健壮性测试需要 $6n+1$ 个测试用例。前面例6-5中的程序 F 的健壮性测试如图6-2所示。

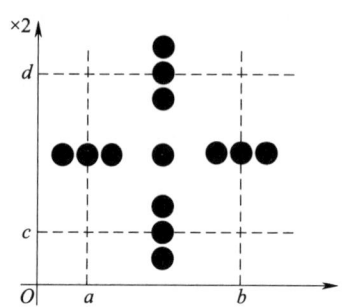 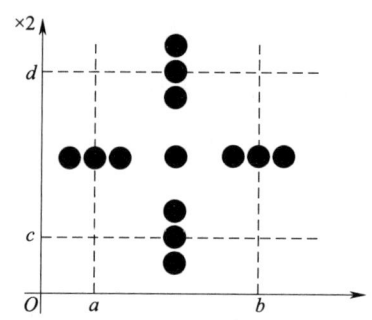

图 6-1　两变量函数的边界值分析测试用例　　图 6-2　两变量函数的健壮性测试用例

三、因果图法

等价类划分法和边界值分析法都是着重考虑输入条件，但没有考虑输入条件的各种组合、输入条件之间的相互制约关系，这样虽然各种输入条件可能出错的情况已经测试到了，但多个输入条件组合起来可能出错的情况却被忽略。

如果测试时考虑输入条件的各种组合，则可能的组合数目将是天文数字，因此，必须考虑采用一种适合于描述多种条件的组合、相应产生多个动作的形式来进行测试用例的设计，这就需要利用因果图（逻辑模型）。

一些程序的功能可以用判定表（或称决策表）的形式表示，并根据输入条件的组合情况规定相应的操作。因果图法就是一种利用图解法分析输入的各种组合情况，从而设计测试用例的方法，它适合于检查程序输入条件的各种组合情况。

采用因果图法设计测试用例的步骤如下：

（1）列出模块的原因（输入条件）和效果（动作），而且给每个原因和效果一个标识符。

（2）列出原因。

（3）由于语法或环境的限制，有些原因和结果的组合情况是不可能出现的。为表明这些特定情况，在因果图上使用特殊的符号标明约束条件。

（4）把因果图转换成判定表。

（5）把判定表的每一列写成一个测试用例。

使用因果图法进行测试有如下几个优点：

（1）考虑了输入情况的各种组合以及各个输入情况之间的相互制约关系。

（2）能够帮助测试人员按照一定的步骤高效率地开发测试用例。

（3）因果图法是将自然语言规格说明转化成形式语言规格说明的一种严格的方法，可以指出规格说明存在的不完整性和两义性。

为了对该方法有进一步理解，对因果图中所使用的符号作如下说明。在因果图中出现的4个符号，分别表示4种关系，如图6-3所示，其中C_1表示原因，通常在图的左侧；e_1表示结果，通常在图的右侧。C_1和e_1都可取值0或1，0表示某状态不出现，1表示某状态出现。

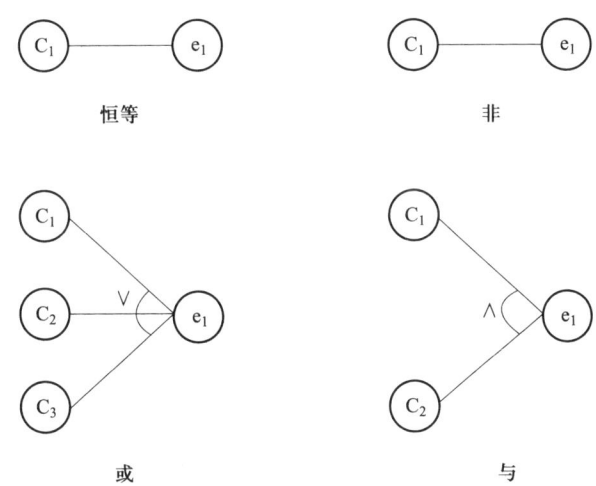

图6-3 因果图的基本符号

（1）恒等：若C_1是1，则e_1也是1，否则e_1为0；

（2）非：若C_1是1，则e_1是0，否则e_1为1；

（3）或：若C_1或C_2或C_3是1，则e_1是1，否则e_1为0；

（4）与：若C_1和C_2都是1，则e_1是1，否则e_1为0。

因果图中使用了简单的逻辑符号，以直线连接左右节点。左节点表示输入状态（或称原因），右节点表示输出状态（或称结果）。

在实际操作过程中，输入状态相互之间还可能存在某些依赖关系，称为"约束"。例如，某些输入条件本身不可能同时出现，输出状态之间也往往存在约束，在因果图中，以特定的符号标明这些约束，如图6-4所示，对输入条件的约束如下：

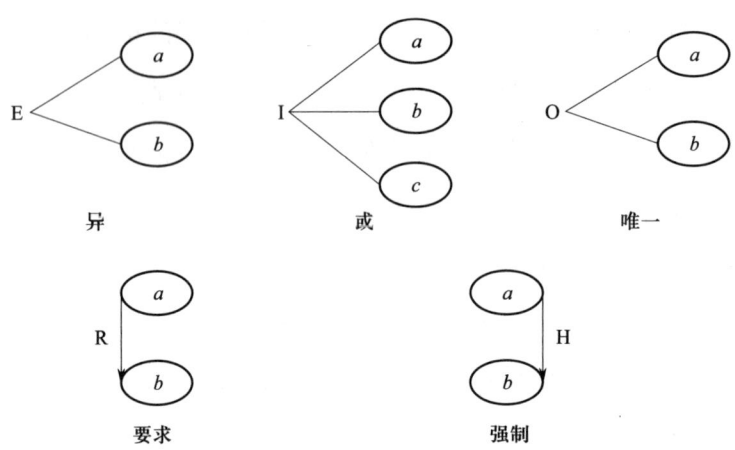

图 6-4 约束符号

（1）E 约束（异）：a 和 b 中至多有一个可能为 1，即 a 和 b 不能同时为 1。

（2）I 约束（或）：a、b 和 c 中至少有一个必须是 1，即 a、b 和 c 不能同时为 0。

（3）O 约束（唯一）：a 和 b 中必须有一个，且仅有一个为 1。

（4）R 约束（要求）：a 是 1 时，b 必须是 1，即不可能 a 是 1 时，b 是 0。

（5）输出条件的约束是 M 约束（强制）：若结果 a 是 1，则结果 b 强制为 0。

因果图法最终生成的是决策表，利用因果图生成测试用例的基本步骤如下：

（1）分析软件规格说明中哪些是原因（输入条件或输入条件的等价类），哪些是结果（输出条件），并给每个原因和结果赋予一个标识符。

（2）分析软件规格说明中的语义，找出原因与结果之间、原因与原因之间对应的关系，根据这些关系画出因果图。

（3）由于语法或环境的限制，有些原因与原因之间、原因与结果之间的组合情况不可能出现。为表明这些特殊情况，在因果图上用一些记号表明约束或限制条件。

（4）把因果图转换为决策表。

（5）根据决策表中的每一列设计测试用例。

【例 6-6】用因果图法测试以下程序。

程序的规格说明要求：输入的第一个字符必须是 # 或 *，第二个字符必须是一个数字，此情况下进行文件的修改；如果第一个字符不是 # 或 *，则给出信息 N；如果第二个字符不是数字，则给出信息 M。

(1)分析程序的规格说明,列出原因和结果,见表6-9。

表6-9　　　　　　　　　　　　原因和结果列表

原因	结果
c1:第一个字符是 #	e1:给出信息N
c2:第一个字符是 *	e2:修改文件
c3:第二个字符是一个数字	e3:给出信息M

(2)找出原因与结果之间的因果关系,原因与原因之间的约束关系,画出因果图,如图6-5所示。

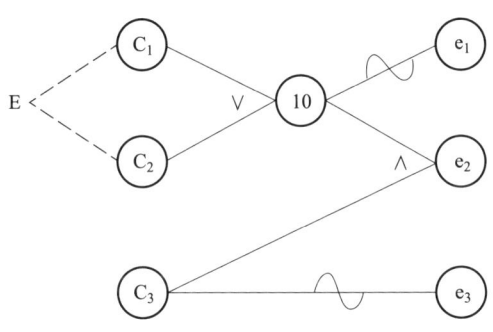

图6-5　因果图

(3)将因果图转换成决策表,见表6-10。

表6-10　　　　　　　　　　　　决策表

规则＼选项	1	2	3	4	5	6	7	8
条件:C1	1	1	1	1	0	0	0	0
C2	1	1	0	0	1	1	0	0
C3	1	0	1	0	1	0	1	0
10			1	1	1	1	0	0
动作:e1							√	√
e2			√		√			
e3				√		√		√
不可能	√	√						
测试用例			#3	#A	*6	*B	A1	GT

(4) 根据表 6-10，设计测试用例的输入数据和预期输出，见表 6-11。

表 6-11　　　　　　　　　　　　因果图法的测试用例

测试用例编号	输入数据	预期输出
1	#3	修改文件
2	#A	给出信息 M
3	*6	修改文件
4	*B	给出信息 M
5	A1	给出信息 N
6	GT	给出信息 N 和信息 M

四、决策表法

在所有黑盒测试方法中，基于决策表（也称判定表）的测试是最为严格、最具有逻辑性的测试方法。

决策表是分析和表达多逻辑条件下执行不同操作的情况的工具，见表 6-12。

表 6-12　　　　　　　　　　　　决策表举例

规则 \ 选项		1	2	3	4	5	6	7	8
问题	觉得疲倦吗？	Y	Y	Y	Y	N	N	N	N
	感兴趣吗？	Y	Y	N	N	Y	Y	N	N
	糊涂吗？	Y	N	Y	N	Y	N	Y	N
建议	重读					√			
	继续						√		
	跳下一章							√	√
	休息	√	√	√	√				

决策表的优点是能够将复杂问题按照各种可能的情况全部列举出来，简明并避免遗漏，因此，利用决策表能够设计出完整的测试用例集合。

在一些数据处理问题中，某些操作的实施依赖于多个逻辑条件的组合，即针对不同逻辑条件的组合值，分别执行不同的操作，决策表很适合于处理这类问题。

决策表通常由以下 4 部分组成。

（1）条件桩：列出问题的所有条件。

（2）条件项：针对条件桩给出的条件列出所有可能的取值。

（3）动作桩：列出问题规定的可能采取的操作。

（4）动作项：指出在条件项的各组取值情况下应采取的动作。

将任何一个条件组合的特定取值及相应要执行的动作称为一条规则。在决策表中贯穿条件项和动作项的一列就是一条规则。

构造决策表的 4 个步骤如下：

（1）确定规则的个数，有 n 个条件的决策表有 $2n$ 个规则（每个条件取真、假值）。

（2）列出所有的条件桩和动作桩。

（3）填入动作项，得到初始决策表。

（4）简化决策表，合并相似规则。

若表中有两条以上规则具有相同的动作，并且在条件项之间存在极为相似的关系，便可以合并。合并后的条件项用符号 – 表示，说明执行的动作与该条件的取值无关，称为无关条件。

三角形问题的决策表见表 6-13。

表 6-13　　　　　　　　　　三角形问题的决策表

条件	规则 1~8	规则 9	规则 10	规则 11	规则 12	规则 13	规则 14	规则 15	规则 16
条件：C1: a, b, c 构成三角形?	N	Y	Y	Y	Y	Y	Y	Y	Y
C2: a=b?	–	Y	Y	Y	Y	N	N	N	N
C3: a=c?	–	Y	Y	N	N	Y	Y	N	N
C4: b=c?	–	Y	N	Y	N	Y	N	Y	N
动作：a1: 非三角形	√								

续表

条件	规则 1~8	规则 9	规则 10	规则 11	规则 12	规则 13	规则 14	规则 15	规则 16
a2：一般三角形									√
a3：等腰三角形					√		√	√	
a4：等边三角形		√							
a5：不可能			√	√		√			

决策表测试法适用于具有以下特征的应用程序：

if-then-else 逻辑突出；输入变量之间存在逻辑关系，涉及输入变量子集的计算，输入与输出之间存在因果关系。

适用于使用决策表设计测试用例的情况如下：

（1）规格说明以决策表形式给出，或较容易转换为决策表。

（2）条件的排列顺序不会也不应影响执行的操作。

（3）规则的排列顺序不会也不应影响执行的操作。

（4）当某一规则的条件已经满足，并确定要执行的操作后，不必检验别的规则。

（5）如果某一规则的条件要执行多个操作，这些操作的执行顺序无关紧要。

五、错误推测法

错误推测法是基于经验和直觉推测程序中所有可能存在的各种错误，从而有针对性地设计测试用例的方法。

错误推测法的基本思想：列举出程序中所有可能有的错误和容易发生错误的特殊情况，根据它们选择测试用例。

例如，在单元测试时曾列出的许多在模块中常见的错误、以前产品测试中曾经发现的错误等，这些就是经验的总结。还有输入数据和输出数据为 0 的情况、输入表格为空格或输入表格只有一行等，这些都是容易发生错误的情况，可选择这些情况下的例子作为测试用例。

思考题

1. 试述黑盒测试的目的。
2. 黑盒测试的具体技术方法有哪些？
3. 黑盒测试需要注意哪些原则？
4. 试述边界值分析法的特点。
5. 划分等价类可分为哪两种情况？
6. 采用因果图法设计测试用例的步骤有哪些？
7. 因果图法进行测试具有什么优点？
8. 试述错误推测法的概念。

第七章
白盒测试

　　白盒测试是系统开发人员通过测试用例对系统的代码逻辑和分支进行测试。通过白盒测试能够有利于查找系统代码本身在逻辑和分支上存在的缺陷，这些在系统正常运行状态下可能很难发现，是潜藏的系统隐患。虚拟现实应用开发人员要能够测试自身系统代码逻辑缺陷的能力，以确保开发的系统没有潜藏的安全隐患。

　　本章介绍白盒测试与调试的异同，并在此基础上介绍黑盒测试的原则和策略。

- **职业功能：** 开发虚拟现实应用。
- **工作内容：** 测试应用。
- **专业能力要求：** 能根据测试用例，对代码进行逻辑、分支等白盒测试。
- **相关知识要求：** 计算机软件测试基础知识；白盒测试知识。

第一节 白盒测试概述

考核知识点及能力要求：

- 了解白盒测试和调试的异同。
- 掌握白盒测试的分类。

除了对虚拟现实应用系统进行各项功能测试、接口测试、压力测试等之外，还需要对系统进行单元测试、集成测试和系统测试等，通过这些测试发现系统中可能存在的漏洞、潜在的逻辑错误或者正常运行状态下很难发现的问题等，这部分的工作主要由系统开发人员或者对系统的功能和逻辑比较了解的人员来完成。白盒测试就是一种用于检查代码是否按照预期工作的验证技术，可以用来满足虚拟现实应用系统在单元测试、集成测试和系统测试等方面的需求。

白盒测试是一种可视的测试软件的方法，即它把测试对象看作一个透明的盒子，测试人员要了解程序结构和处理过程，按照程序内部逻辑测试程序，检查程序中的每条通路是否按照预定要求工作。白盒测试的主要特点就是它主要针对被测程序的源代码，测试者可以完全不考虑程序的功能。白盒测试的过程如图 7-1 所示。

读者可能会问，用户在使用软件过程中关心的只是软件的功能，为什么要在软件测试过程中花费时间和精力做白盒测试呢？

其中一个原因就是软件自身存在缺陷。

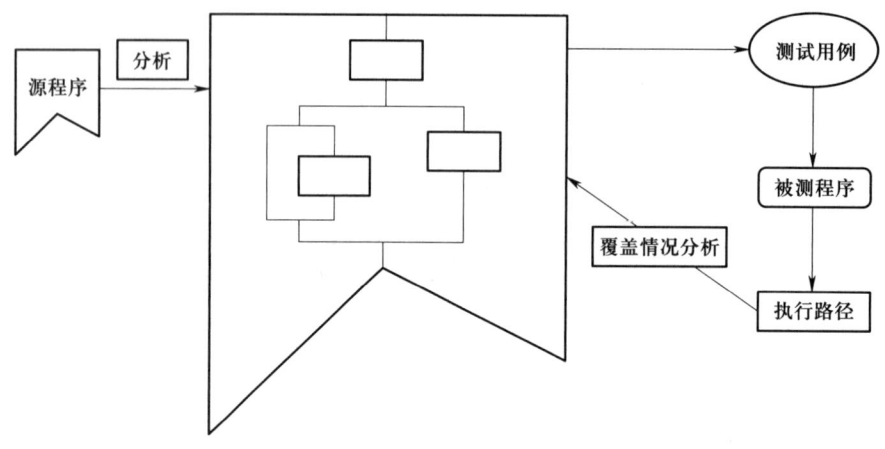

图 7-1 白盒测试的过程

（1）逻辑错误和不正确假设与一条程序路径被运行的可能性成反比。当主要功能、条件或控制完成后，常常会在后续的工作中开始出现错误，设计者通常能够很好了解常用功能，但当处理特殊情况时则容易出现问题，并且难以被发现。

（2）很多读者经常认为其中的逻辑路径不可能被执行，但程序的逻辑流有时是和直觉不一致的，也就是说关于控制流和数据流的一些无意识的假设可能导致设计错误，此时只有路径测试才能发现这些错误。

（3）随机错误难以避免。把一个程序翻译为程序设计语言源代码后，有可能产生某些笔误，虽然语法检查机制能够发现很多错误，但是，一些错误只有在测试开始时才能发现，而错误在每个逻辑路径上出现的概率是一样的。

另一个原因就是功能测试本身的局限性。简单地说，如果程序实现了没有被描述的行为，功能测试是无法发现的（病毒就是这样一个例子），这将会给软件带来隐患，而白盒测试就能够发现这样的缺陷。

白盒测试方法大体可分为静态分析和动态测试。但是，白盒测试的用例设计技术有多种，对被测软件进行白盒测试时，主要对程序进行以下几个方面的检查。

（1）保证一个模块中的所有独立执行路径至少测试一次。

（2）对所有逻辑判定取值 true 和 false 的两种情况都至少测试一次。

（3）在循环边界和运行界限内执行循环体。

（4）测试内部数据结构的有效性。

在软件测试领域，有六种基本的测试类型：单元测试、集成测试、功能测试/系统测试、可接受性测试、回归测试和Beta测试，白盒测试可以用在其中的三种测试类型中。

1. 单元测试

单元指的是一个不能够再分割成其他组件的组件，那么单元测试就是对一组相关组件或单元的独立测试。软件工程师设计白盒测试用例的目的是用来检查单元编码是否正确。单元测试是十分重要的，因为在单元与其他代码集成前，它能够确保代码的可靠性。代码一旦同底层代码集成到一起，就难以对所发现的软件缺陷进行定位。而且，因为是软件工程师设计和运行单元测试，软件公司常常不对单元测试过程中所发现的缺陷进行跟踪，也就是不公开单元测试的缺陷。因此，最好自己先找出错误，在还没有提交给测试人员之前修复它。研究表明，大约65%的缺陷可以在单元测试中发现。

2. 集成测试

集成测试就是对集成到一起的软件组件和硬件组件进行的测试，用来验证这些组件之间能否进行正确交互。设计集成测试用例的主要目的就是检查各种组件之间的接口。如果测试员能够很好地了解某个测试用例需要多个程序单元进行交互，那么在集成测试中可以使用黑盒测试用例。另外，测试员也可以设计白盒测试用例来检查他们所熟悉的各个单元接口。

3. 回归测试

回归测试是一种具有选择性的对系统或组件的重复测试，用来验证对软件所做的修改没有带来不良影响，系统或组件仍然符合特定的需求。正如集成测试一样，回归测试既可以使用黑盒测试，也可以使用白盒测试，或者把二者组合起来进行测试。白盒的单元测试和集成测试用例都可以保存起来，作为回归测试的一部分重新运行。

在白盒测试过程中，必须使用预先确定的输入来运行代码，以便检查程序的正确性，确保代码能够产生预期的输出。因此，程序员通常要设计桩模块和驱动模块进行白盒测试。驱动模块就是用于触发被测模块的一个软件模块，一般要提供测试输入，控制和监测并报告测试结果。最简单的形式是使用一行能够调用一个方法的代码。例如，如果想移动球场上的一个运动员，驱动代码可能是这样，即move Player，这个驱动代码可能被主方法调用。而白盒测试用例将要执行这行驱动代码并且检查运动员的位置，如使用 player.GetPosition ( ) 方法，以确保运动员现在处于运动场上的相应位置。桩模块就是能够代替软件模块的计算机程序语句，可以模拟实际组件行为的组件或对象。例如，若 move Player 方法还没有完成，就可以暂时使用下面所示的代码，把运动员移动到标识为 1 的位置。

```
Public void move Player (Player player, int dicecValue){
Player.set Position (1);}
```

最后要由正确的程序逻辑来代替这个方法。但是，开发桩模块的程序员可以调用正在开发的代码中的方法，甚至是一个还没有规定预期行为的方法。桩模块和驱动模块通常被看作是随时可以抛弃的代码，但是可以通过填写这些代码来实现真正的方法，也可以把驱动模块作为自动化测试用例。

一、白盒测试与调试的异同

白盒测试与调试的最终目的都是让被测应用（AUT）可以正常安全运行，都是保证软件质量过程的一个环节。那么，白盒测试和调试有哪些不同？

从承担的任务来看，白盒测试同其他类型测试一样，它的任务是发现所开发的项目中的缺陷；但是，调试不属于测试，其任务是弥补软件中的缺陷。

从最终的结果来看，白盒测试有预知的结果，不可预知的只是程序是否通过测试，并且成功测试的结果是发现错误的症状，从而引起调试进行；而调试结果是消除项目中的错误。

从执行过程来看，软件测试只是发现程序中有错误的迹象，没有错误定位，也不需要找到出错原因；软件调试是根据测试报告的记录，在软件测试后纠正错误的工作，包括确定错误位置和修改错误。测试是一个发现错误、改正错误、重新测试的过程，而调试是一个推理过程。

从准备工作来看，测试从已知的条件开始，使用预先定义的程序；调试一般以不可知的内部条件开始，进行统一性调试。

从执行计划性来看,测试是有计划的,并要进行测试设计;而调试则不受时间约束。测试的执行是有规程的;而调试的执行往往要求程序员进行必要推理以至直接"飞跃"。

从执行人员来看,测试经常是由独立的测试组在不了解软件设计的条件下完成的,而调试必须由程序员来完成。

从所使用的工具来看,大多数白盒测试的执行和设计可由工具支持,而调试程序员能利用的工具主要是调试器。

二、白盒测试的分类

程序的结构形式是白盒测试的主要依据。程序结构主要用流程图来表示程序的执行路径数目庞大,让程序的所有路径都执行一次是不可能的。对一个具有多重选择和循环嵌套的程序,有无数个不同的路径。图7-2所示为循环程序流程,它包括一个执行20次的循环,包含的不同执行路径数达54亿条。

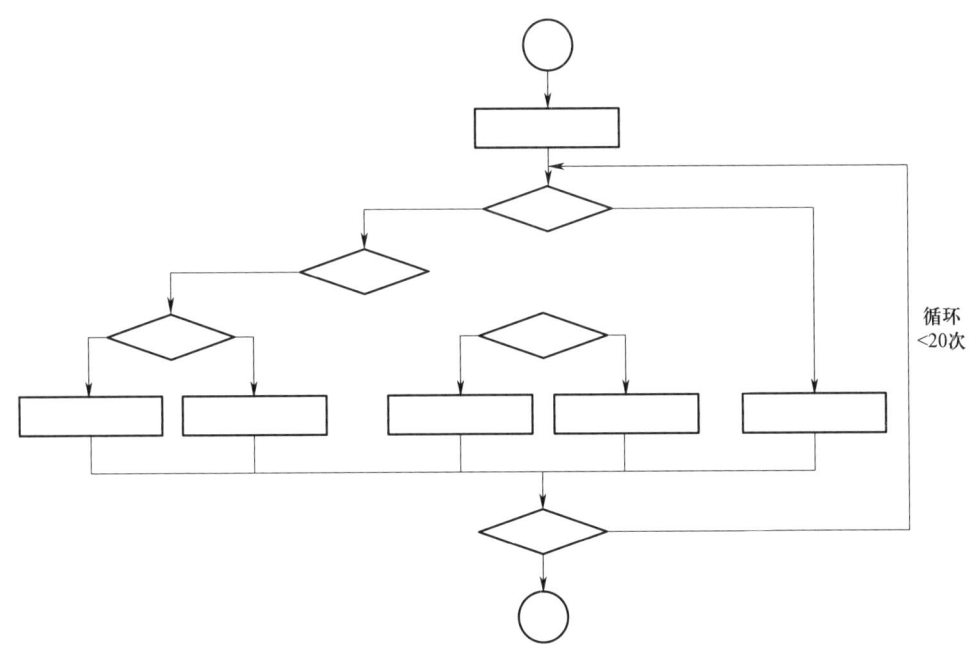

图7-2 循环程序流程图

由此可见,彻底的测试(穷举测试)是无法实现的。但是为了检查程序的正确性,每完成一个代码模块时,却需要设计一定的测试用例。因此,为了节省时间和资源,提高测试效率,就必须采用一些方法和技巧有选择地设计测试用例,以取得最佳的测试效果。白盒测试用例设计技术就是研究如何用最少的测试用例来最大限度发现软件中的错误。常见测试用例设计方法如下:

(1)逻辑覆盖测试。

(2)边界值测试。

(3)基本路径测试。

(4)循环语句测试。

(5)程序插桩测试。

(6)数据流测试。

(7)变异测试。

第二节 白盒测试用例设计技术

考核知识点及能力要求:

- 掌握常用的白盒测试用例设计方法。
- 掌握白盒测试方法。

一、逻辑覆盖测试

结构测试是依据被测程序的逻辑结构设计测试用例,驱动被测程序运行完成的测试。结构测试中的一个重要问题是,弄清测试进行到什么程度才可以结束测试。可以根据实际情况并参考如下结构测试的覆盖准则。

(一)语句覆盖

【例 7-1】

```
IF ((A>1) AND (B=0)) THEN
    X = X/A
IF ((A=2) OR (X>1)) THEN
    X = X+1
```

上述程序的流程图如图 7-3 所示。

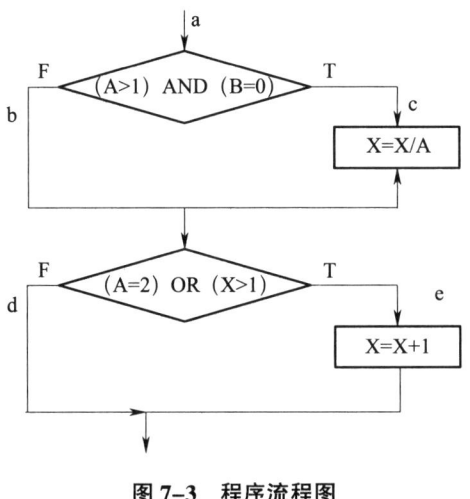

图 7-3 程序流程图

测试时,首先设计若干个测试用例,然后运行被测程序,使程序中的每个可执行语句至少执行一次。如果选用的测试用例为:

```
A = 2
B = 0     CASE 1
X = 3
```

则程序按路径 ace 执行。这样该程序段的 4 个语句均得到执行,从而实现语句覆盖。

如果选用的测试用例为:

A = 2	
B = 1	CASE 2
X = 3	

则程序按路径 abe 执行。此时该程序段只执行了其中的 3 个语句，所以未达到语句覆盖。从程序中每个语句都得到执行这一点来看，语句覆盖的方法似乎能够比较全面地检验每一个语句。但即使程序中每个语句都得到执行，也不能保证程序完全正确。

假如这一程序段中两个判断的逻辑运算有问题：第一个判断的运算符 AND 错写成运算符 OR 或是第二个判断中的运算符 OR 错写成了运算符 AND。这时仍使用测试用例 CASE 1，程序仍将按路径 ace 执行。这时虽然也达到了语句覆盖，但是发现不了判断中逻辑运算的错误。

与其他几种逻辑覆盖相比，语句覆盖是比较弱的覆盖原则。达到了语句覆盖可能给人们一种心理上的满足，以为每个语句都测试过，似乎可以放心了。其实这仍然是不十分可靠的。

语句覆盖在测试被测程序中，除去对检查不可执行语句有一定作用外，并没有排除被测程序包含错误的风险。这是因为被测程序并非语句的无序堆积，语句之间存在许多有机联系。

（二）判定覆盖

按判定覆盖准则进行测试是指设计若干测试用例运行被测程序，使程序中每个判定覆盖的取真分支和取假分支的情况至少经历一次，即判定覆盖，又称为分支覆盖。

仍以上述程序段为例，若选用的两组测试用例分别为：

CASE 1	CASE 3
A=2	A=1
B=0	B=0
X=3	X=1

可分别执行路径，从而使两个判断的 4 个分支 c、e 和 b、d 分别得到覆盖，若选用另外两组测试用例：

CASE 4	CASE 5
A=3	A=2
B=0	B=1
X=3	X=1

可分别执行路径 acd 和 abe。同样使两个判断的 4 个分支 c、e 和 b、d 分别得到覆盖。上述两组测试用例不仅满足了判定覆盖，同时还达到了语句覆盖的目的。但是，在此程序段中的第 2 个判断条件 x>1 如果错写成 x<1，使用上述测试用例 CASE 5，照样能按原路径执行（abe），而不影响结果。所以，判定覆盖无法确定判断内部条件的错误。

(三) 条件覆盖

条件覆盖是指设计若干测试用例，执行被测程序以后，要使每个判断中每个条件的可能取值至少满足一次。

在上述程序段中，第一个判断应考虑以下情况：

A>1 取真值，记为 T1；

A>1 取假值，即 A ≤ 1 时，记为 T1；

B=0 取真值，记为 T2；

B=0 取假值，即 B ≠ 0 时，记为 T2。

第二个判断应考虑以下情况：

A=2 取真值，记为 T3；

A=2 取假值，即 A ≠ 2 时，记为 T3；

X>1 取真值，记为 T4；

X>1 取假值，即 X ≤ 1 时，记为 T4。

表 7-1 给出了 3 个测试用例：CASE6、CASE7、CASE8。执行该程序段所走路经及覆盖条件从表 7-1 中可以看到，3 个测试用例把 4 个条件的 8 种情况均做了覆盖。进

一步分析后,可以发现这些测试用例在覆盖4个条件的8种情况的同时,把两个判断的4个分支b、c、d、e似乎也覆盖了。这样是否可以说实现了条件覆盖,也实现了判定覆盖呢?来分析另一种情况,假定选用两组测试用例是CASE8和CASE9,执行程序段的覆盖情况见表7-2。

表7-1　　　　　　　　　　　条件覆盖测试用例1

测试用例	A B X	所走路径	覆盖条件
CASE6	2 0 3	ace	
CASE7	1 0 1	abd	
CASE8	2 1 1	abe	

表7-2　　　　　　　　　　　条件覆盖测试用例2

测试用例	A B X	所走路径	覆盖分支	覆盖条件
CASE8	1 0 3	abe	be	
CASE9	2 1 1	abe	be	

这一覆盖情况表明,覆盖条件的测试用例不一定覆盖了分支。事实上,它只覆盖了4个分支中的两个。为了解决这一矛盾,需要兼顾条件和分支覆盖的需求。

(四)判定 – 条件覆盖

判定 – 条件覆盖要求设计足够的测试用例,使得判断中每个条件的所有可能至少出现一次,并且每个判断本身的判定结果也至少出现一次。

例子中两个判断各包含两个条件,4个条件在两个判断中可能有8种组合:

(1) A>1, B=0 记为 T_1T_2;

(2) A>1, B≠0 记为 $T_1\overline{T_2}$;

(3) A≤1, B=0 记为 $\overline{T_1}T_2$;

(4) A≤1, B≠0 记为 $\overline{T_1T_2}$;

(5) A=2, X>1 记为 T_3T_4;

(6) A=2, X≤1 记为 $T_3\overline{T_4}$;

(7) A≠2, X>1 记为 $\overline{T_3}T_4$;

(8) A≠2, X≤1 记为 $\overline{T_3T_4}$。

这里设计了 4 个测试用例,用以覆盖上述 8 种条件组合,见表 7-3。

表 7-3   判断 - 条件覆盖

测试用例	A B X	覆盖组合号	所走路径	覆盖条件
CASE1	2 0 3	(1)(5)	ace	T_1, T_2, T_3, T_4
CASE8	2 1 1	(2)(6)	abe	$T_1, \overline{T_2}, T_3, \overline{T_4}$
CASE9	1 0 3	(3)(7)	abe	$\overline{T_1}, T_2, \overline{T_3}, T_4$
CASE10	1 1 1	(4)(8)	abd	$\overline{T_1}, \overline{T_2}, \overline{T_3}, \overline{T_4}$

这一程序共有 4 条路径。以上 4 个测试用例固然覆盖了条件组合,同时也覆盖了 4 个分支。但仅覆盖了 3 条路径,却漏掉了路径 acd,前面讨论的多种覆盖准则,有的虽然提到了所走路径问题,但尚未涉及路径的覆盖,而能否全面覆盖路径在软件测试中仍是个重要问题。因为程序要取得正确的结果,就必须消除遇到的各种障碍,沿着特定路径顺利执行。只有程序中每一条路径都进行了检验,才能说对程序进行了全面检验。

(五)路径覆盖

按路径覆盖要求进行测试是指设计足够多的测试用例覆盖程序中所有可能的路径。针对例 7-1 中的程序有 4 条可能路径。

(1) ace 记为 L1;

(2) abd 记为 L2;

(3) abe 记为 L3;

(4) acd 记为 L4。

这里给出 4 个测试用例:CASE1、CASE7、CASE8 和 CASE11,使其分别覆盖这 4 条路径,见表 7-4。

表 7-4   路径覆盖

测试用例	A B X	所走路径
CASE1	2 0 3	ace
CASE7	1 0 1	abd
CASE8	2 1 1	abe
CASE11	3 0 1	acd

这里所用的程序很短,只有 4 条路径。在实际应用中一般不太复杂的程序,其路径数都是个庞大的数字,要在测试中覆盖所有路径是不可能的。为解决这个难题只得把覆盖的路径数压缩到一定限度内,例如,只执行一次程序中的循环体。但即使已经达到了路径覆盖的程序,仍然不能保证被测程序的正确性。测试目的并非要证明程序的正确性,而是要尽可能找出程序中的错误。确实并不存在十全十美的测试方法,能够发现所有的错误。

二、边界值分析

等价类划分和边界值分析为软件测试提供了一种设计白盒测试用例的策略。毫无疑问,在测试过程中应该经常考虑使用这两种方法。例如,如果某个人想买一座房子,但是它可能有也可能没有足够的资金。这时就可以考虑使用这两种方法,那么应该包括如下几个测试用例:

(1) 房子的价格是 100 万元,买主有 200 万元现金(有足够资金购买房子)。

(2) 房子的价格是 100 万元,买主有 50 万元现金(没有足够资金购买房子)。

(3) 房子的价格是 100 万元,买主有 99 万元现金(边界值)。

(4) 房子的价格是 100 万元,买主有 101 万元现金(边界值)。

在测试过程中,对于程序中存在的循环,考虑使用等价类划分的方法测试时要使用正常值来执行循环操作。如果使用边界值分析方法来测试,一定要给循环条件赋予低于正常值、正常值、高于正常值等边界值。

三、基本路径测试

基本路径测试是 TomMcCabe 首先提出的一种白盒测试技术,允许测试用例设计者导出一个过程设计的逻辑复杂性测度,并使用该测度作为指南来定义执行路径的基本集。从该基本集导出的测试用例保证对程序中的每一条语句至少执行一次。

使用基本路径方法设计时要使用到流图或程序图。流图使用符号来描述逻辑控制流,每一种结构化构成元素有一个相应的流图符号。其中,圆代表一个或多个语句称为流图的节点;一个处理方框序列和一个菱形决策框可被映射为一个节点;流图中的箭头称为边或连接，代表控制流，类似于流程图中的箭头；一条边必须终止于一个节点，即使该节点并不代表任何语句。由边和节点限定的范围称为区域。计算区域时应包括图外部的范围。任何过程设计表示法都可被翻译成流图。当程序设计中遇到复合条件时，生成的流图就会变得更复杂。当条件语句中用到一个或多个布尔运算符（如逻辑 OR、AND、NAND、NOR）时，就出现了复合条件。包含条件的节点被称为判定节点，可以从每一个判定节点发出两条或多条边。

下面引入环形复杂度的概念。环形复杂度是一种为程序逻辑复杂性提供定量测度的软件度量，将该度量用于基本路径方法，计算所得的值定义了程序基本集的独立路径数量，并提供了确保所有语句至少执行一次的测试数量的上界。

独立路径是指程序中至少引进一个新的处理语句集合或一个新条件的任一路径。采用程序图的术语，即独立路径必须至少包含一条在定义路径之前不曾用到的边。如果只是已有路径的简单合并，并未包含任何新边，则不是独立路径。如果能将测试设计为强迫运行这些路径（基本集），那么程序中的每一条语句将至少被执行一次，每一个条件执行时都将分别取 true 和 false。应该注意到基本集并不唯一，实际上，给定的过程设计可派生出任意数量的不同基本集。

如何才能知道需要寻找多少条路径呢？由于环形复杂度是以图论为基础，能够提供非常有用的软件度量，因此，通过对环形复杂度的计算可以得到这个问题的答案。可用如下 3 种方法来计算复杂性：

（1）控制流图中区域的数量对应于环形的复杂性。

（2）控制流图 G 的环形复杂度 V（G），定义为 V（G）=E−N+2，E 表示控制流图中边的数量，N 表示程序图中节点数量。

（3）控制流图 G 的环形复杂度 V（G），也可定义为 V（G）=P+1。P 表示控制流图 G 中判定节点的数量。

更重要的是，VG 的值提供了组成基本集的独立路径的上界，并由此得出覆盖所有程序语句所需的测试设计数量的上界。下面根据环形复杂度的值讨论如何导出测试用例，步骤如下：

（1）以设计或代码为基础，画出相应的控制流图。

（2）确定所得程序图的环形复杂性。可采用上面给出的任意一种算法来计算环形复杂性 V（G）。

（3）确定线性独立的路径的一个基本集。V（G）的值提供了程序控制结构中线性独立路径的数量。

（4）准备测试用例，强制执行基本集中每条路径。测试人员可选择数据以便在测试每条路径时适当设置判定节点的条件。

（5）执行每个测试用例，并和期望值比较，一旦完成所有测试用例，测试者可以确定在程序中的所有语句至少被执行一次。

要注意的是，某些独立路径不能以独立方式被测试，即穿越路径所需数据组合不能形成程序的正常流。在这种情况下，这些路径必须作为另一个路径测试的一部分进行测试。具体过程参考例 7-2。

【例 7-2】

```
public void Sort (int iRecordNum， int iType)
{
int x=0;
int y=0;
while (iRecordNum-- )
if (iType==0)
x=y+2;
else
if (iType==1)
x=y+10;
else
x=y+20;
}
```

画出其对应的控制流图，如图 7-4 所示。

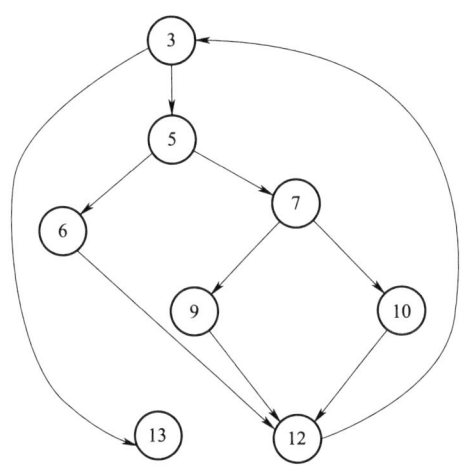

图 7-4 控制流图

如果在程序中遇到复合条件,例如,条件语句中有多个布尔运算符(逻辑 OR 和 AND)时,为每一个条件创建一个独立的节点,其中包含条件的节点称为判定节点,从每一个判定节点发出两条或多条边。

【例 7-3】

```
if (a||b)
x=5;
else
y=10;
...
```

对应的逻辑图如图 7-5 所示。

1. 计算圈复杂度

根据前面公式,对应图 7-5 中代码的圈复杂度,计算过程如下:

程序图中有 4 个区域:V(G)=11 条边 -9 节点 +2=4;或 V(G)=3 个判定节点 +1=4。

2. 导出测试用例

根据上面的计算方法,可得出 4 个独立的路径。

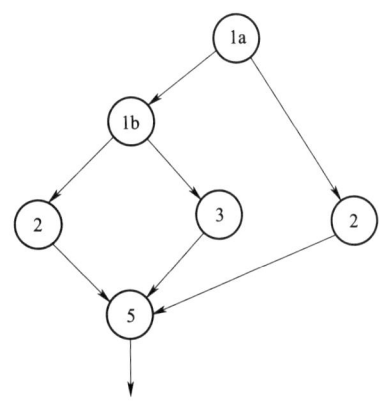

图 7-5 对应的逻辑图

路径 1：3-13（iRecordNum=0）。

路径 2：3-5-6-12-3-13（iRecordNum ≥ 0，iType=0）。

路径 3：3-5-7-9-12-3-13（iRecordNum ≥ 0，iType=1）。

路径 4：3-5-7-10-12-3-13（iRecordNum ≥ 0，iType ≠ 1，iType ≠ 0）。

最后，就可以根据上面的独立路径，去设计输入数据，使程序分别执行到上面 4 条路径。如果取 iRecordNum=3，iType=1，那么将遍历路径 4，预期结果为 x=10。

四、循环语句测试

循环语句是一种白盒测试技术，注重于循环构造的有效性。n 循环结构测试用例的循环设计可以划分为多种模式，如图 7-6 所示。

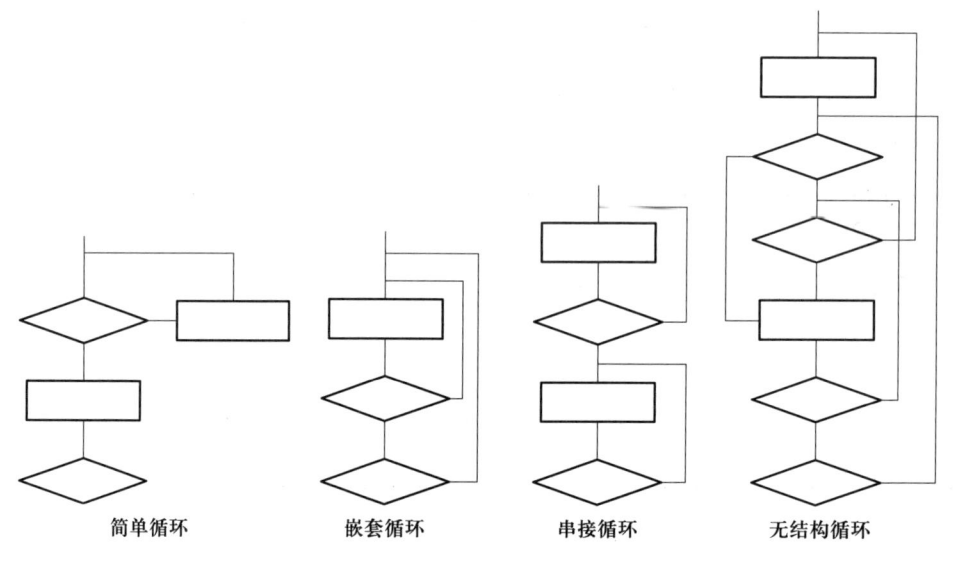

图 7-6　各种循环图

下列测试集用于简单循环，其中 n 是允许通过循环的最大次数。可以使用如下方法设计循环测试用例：

（一）简单循环

1. 零次循环：从循环入口到出口。

2. 一次循环：检查循环初始值。

3. 二次循环：两次通过循环。

4. m 次循环：检查多次循环。

5. 最大次数循环 n、比最大次数多一次 n+1、少一次的循环 n-1。

【例 7-4】求最小值，如图 7-7 所示。

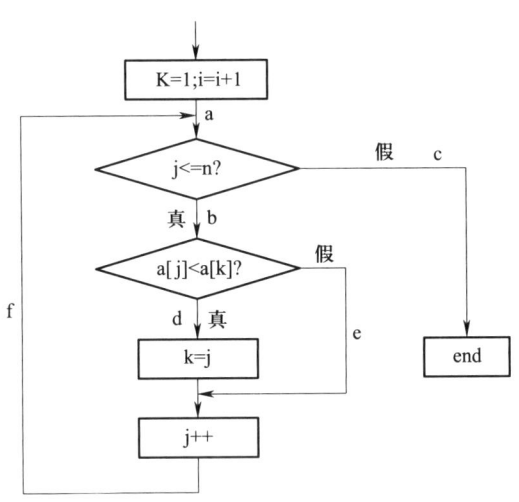

图 7-7　例 7-4 程序流程图

```
k=i;
for（j=i+1;j<=n;j++）
if（A[j]<A[k]）k=j;
```

简单循环测试用例见表 7-5。

表 7-5　　　　　　　　　　　简单循环测试用例

循环	i　n	A[i]	A[i+1]	A[i+2]	k	路径
0	1　1				i	ac
1	1　3	1 2	2 1		i i+1	abefc abdfc
2	1　3	1 2 3 3	2 3 2 1	3 1 1 2	i i+2 i+2 i+1	abefefc abefafc abdfdfc abdfefc

表 7-5 说明：d 改 k 的值，e 不改 k 的值。

（二）嵌套循环

如果将简单循环的测试方法用于嵌套循环，可能的测试数目就会随嵌套层数呈几何级增加，下面是一种减少测试数目的方法：

1. 从最内层循环开始，将其他循环设置为最小值。

2. 对最内层循环使用简单循环，而使外层循环的迭代参数（循环计数）最小，并为范围外或排除的值增加其他测试。

3. 逐步外推，对其外面一层循环进行测试，测试时保持其他外层循环为最小值，并使其他嵌套循环变量为"典型"值。

4. 重复上述过程，直到测试所有循环。

（三）串接循环

如果串接循环的循环都彼此独立，可以使用嵌套的策略测试。但是如果两个循环串接起来，而第一个循环是第二个循环的初始值，则这两个循环并不是独立的。如果循环不独立，则推荐使用嵌套循环的方法进行测试。

（四）无结构循环

不能测试，重新设计出结构化的程序后再进行测试。

（五）程序插装

在软件动态测试中，程序插桩（Program Instrumentation）是一种基本测试手段。这是一种往被测程序中插入操作、实现测试目的的方法。

最简单的插桩：在程序中插入打印语句 print（..）语句。这样就可以在运行程序以后，一方面检验测试结果数据，另一方面借助插入语句给出的信息了解程序的动态执行特性。

如果想要了解一个程序在某次至 11 行中所有可执行语句被覆盖的情况，或是每个语句实际执行次数，最好的办法就是利用程序插桩技术。

【例 7-5】求取整数 X 和 Y 的最大公约数。

相应的程序如下：

```
int gsd (int X, int Y)
{
    int Q=X; int R=Y;
    while (Q!=R)
    {
        if(Q>R)
            Q=Q-R;
        else R=R-Q;
    }
    return Q;
}
```

可以根据程序绘制出其流程图，为了记录该程序中语句的执行次数，使用插桩技术插入如下语句：

C（i）=C(i)+1，i=1，2，…，6

插桩之后的流程图如图 7-8 所示。

程序从入口开始执行，到出口结束，凡经历的计数语句都能记录下来该程序的执行次数。如果在程序的入口处还插入了对计数器 C（i）初始化的语句，在出口处插入了打印这些计数器的语句，就构成了完整的插桩程序。它就能记录并输出在各程序点上语句的实际执行次数。图 7-9 所示为插桩之后的程序，箭头所指为插入的语句。

设计插桩程序时需要考虑的问题如下：

（1）需要探测哪些信息？

（2）在程序的什么部位设置探测点？

（3）需要设置多少个探测点？

前两个问题需要结合具体的问题解决，并不能进行笼统回答。至于第三个问题，需要考虑如何设置最少的探测点。

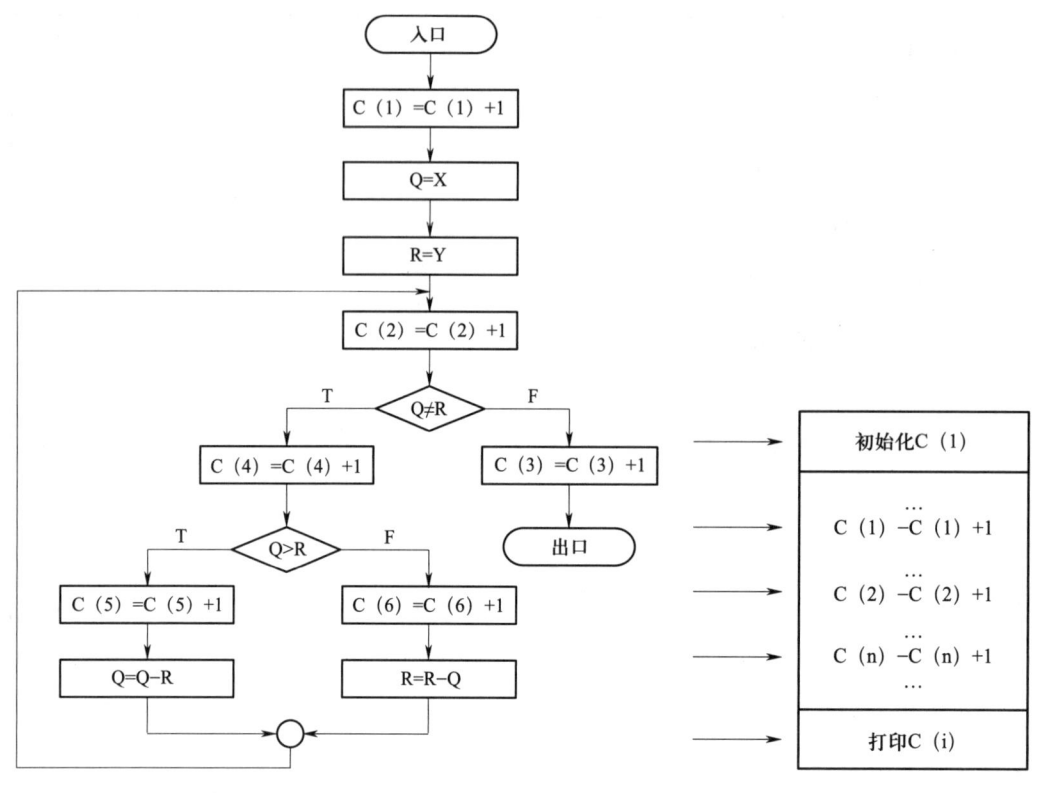

图 7-8 插桩之后的流程图　　　　图 7-9 插桩之后的程序

五、其他白盒测试方法

（一）数据流测试

数据流测试只关注变量接收值的点和使用（引用）这些值的点的结构性测试形式，可以用作路径测试的"真实性检查"。基于数据流覆盖的测试有助于填补边覆盖和路径覆盖之间的空缺。程序的数据流通常是在其控制流基础上进行描述的，主要是指程序中变量的定义使用关系，涉及如下几个概念：

1.如果程序中的变量出现在赋值号左边，称为对变量的定义（Definition）。

2.如果变量出现在赋值号的右边，则称为对变量的计算使用（c-use：Computation Use）。

3.如果变量出现在谓词表达式中，则称为对变量的判定使用（p-use：Predicate Use），并根据所在谓词表达式的值分为真（t）和假（f）。

4.对于程序的一条路径（i, n_1, n_2, …, n_m, n_j;），如果从 n_1 到 n_m 的节点中不

包含对变量 x 的定义，则称为关于该变量的定义清除（Definition-clear）的路径。

5. 如果节点 n_d 包含对 α 的一个定义，而节点 e 包含对 α 的一个计算使用，并且由 n_d 到 n_{c-use} 是一条对 α 的定义清除的路径，那么 n_d 和 n_{c-use} 就是 α 的一个定义计算使用关系（Definition-c-use），表示为（n_d, n_{c-use}, α）。

6. 如果节点 n_d 包含对 α 的一个定义，而节点 n_{p-use} 包含对 α 的一个判定使用，那么 n_d 和 n_{p-use} 就是 α 的一个定义判定使用关系（Definition-p-use），根据判定式的真假相应地表示为 [n_d, (n_{p-use}, t), α] 和 [ns, (n_{p-use}, f), α]。

7. 经过定义使用对（包括 C-use 和 P-use）的路径称作定义使用路径（Du-paths）。给定一个测试用例集，假设 P 是运行这个测试用例集所经过的程序的完整路径集，如果 P 满足如下条件，则可定义相应的数据流测试覆盖标准如下：

（1）定义覆盖：如果 P 覆盖了程序中所有的定义，也就是 P 包含从每一个定义到其某一相应使用（C-use 或 P-use）的定义清除路径。

（2）使用覆盖：如果 P 覆盖了程序中从每一个定义出发到所有与之相对应的使用（包括 c-use 和 p-use）的定义清除路径。

（3）定义使用覆盖：如果 P 覆盖了与程序中每一个定义相对应的所有定义使用路径，也就是说如果一个定义使用对之间存在多个路径 s，则这些路径都应被覆盖。

上述覆盖标准的强度是递增的，不过它们的强度都介于边覆盖和路径覆盖之间。数据流策略既考虑了数据运算方面，又考虑了程序的控制流方面，从而更有利于发现代码级的错误，不失为较好的测试方法，尤其是在路径覆盖无法实现的情况下。

（二）变异测试

变异测试（Mutation Testing）的提出始于 20 世纪 70 年代末期，是一种错误驱动测试，即针对某类特定程序错误而进行的测试，也是一种比较成熟的排错性测试方法（排错性测试方法的基本思想是通过检验测试数据集的排错能力来判断软件测试的充分性）。

假设 P 在测试集 T 上是正确的，可以找出 P 的变异体的某一集合：M={M（P）|M（P）}是 P 的变异体。若变异体 M 中每一个元素在 T 上都存在错误，则可以认为源程序 P 的正确程度较高；否则若 M 中某些元素在 T 上不存在错误，则可能存在以下 3 种情况。

（1）这些变异体与源程序 P 在功能上是等价的。

（2）现有的测试数据不足以找出源程序 P 与其变异体的差别。

（3）源程序 P 可能含有错误，而某些变异体却可能是正确的。

变异测试方法的理论基础来源于以下两个基本假设：

（1）程序员的能力假设，即假设被测程序是由具有足够程序设计能力的程序员编写，因此所编写的程序是接近正确的。

（2）组合效应假设，它假设简单的程序设计错误和复杂的程序设计错误之间具有组合效应，即一个测试数据如果能够发现简单的错误，那么也可以发现复杂的错误。正是这两个基本假设才确定了变异测试的基本特征，通过变异算子对程序作一个较小的语法变动来产生一个变异体。

思考题

1. 试述一下白盒测试的目的。

2. 白盒测试的具体技术方法有哪些？

3. 试述白盒测试与调试的不同之处。

4. 白盒测试的主要依据是什么？

5. 逻辑覆盖的准则有哪些？

6. 试述一下什么是变异测试。

第八章
软件测试报告

软件测试报告是对要执行的软件测试的结果进行描述、定义、规定和报告的任何书面或图示信息。由于软件测试是一个复杂的过程，必须把测试要求、规划、测试过程以报告形式保存起来。规范的报告对测试阶段的工作具有指导与评价的作用，即使是已经投入使用的软件，在维护过程中，常常要进行回归测试，还会用到开发阶段的各种测试报告。

本章介绍软件测试大纲、计划和用例模板，同时介绍多种测试报告模板。

- **职业功能：** 开发虚拟现实应用。
- **工作内容：** 测试应用。
- **专业能力要求：** 能根据测试结果，编写软件测试报告。
- **相关知识要求：** 计算机软件测试基础知识；软件测试报告编写规范相关知识。

第一节 测试大纲、计划和用例模板

考核知识点及能力要求：

- 掌握软件测试大纲的编写方法。
- 掌握软件测试计划的编写方法。
- 掌握软件测试用例的编写方法。

一、测试大纲写作模板

测试大纲在一般情况下是由一位对整个系统设计熟悉的设计人员编写的，大纲中要明确测试的内容和测试通过的准则，能设计出完整合理的测试用例，以便系统实现后进行全面测试。

测试大纲的主要内容是测试策略是什么、需要做哪些测试、测试过程如何组织、测试人员包括哪些等。测试大纲是测试单位为了获得测试任务在项目招标阶段编制的文件，它是测试单位参与投标时投标书内容的重要组成部分。编制测试大纲的目的是使建设单位信服，采用本测试单位制定的测试方案，能够圆满实现建设单位的投资目标和建设意图，进而赢得竞争投标的胜利。由此可见，测试大纲是为测试单位的经营目标服务的，起着承接测试任务的作用。测试大纲的写作模板可参考如下：

1. 概述

（1）编写目的：本文档的编写目的是为×××（软件名称）软件测试人员提供详细的测试步骤和测试数据，以保证软件测试的正确性和完整性。

（2）参考资料：说明软件测试所需的资料（需求分析、设计规范等）。

（3）术语和缩写词：说明本次测试所涉及的专业术语和缩写词等。

（4）测试内容和测试种类。

2. 系统结构

用图表形式表示。

3. 测试目的

说明本次测试的目的。

4. 测试环境

（1）硬件：列出进行本次测试所需的硬件资源的型号、配置和厂家。

（2）软件：列出进行本次测试所需的软件资源，包括操作系统和支持软件（不含待测软件）的名称、版本、厂家。

5. 人员

列出一份清单，说明在整个测试期间对人员的数量、时间、技术水平的要求。

6. 测试说明

可以把整个测试过程按逻辑划分为几个组（包括测试计划中描述的总体测试要求的每个方面），并给每个组命名一个标识符。

（1）测试 1 名称及标识符说明。

1）测试概述：对测试 1 进行一个总体描述，主要说明这组测试的基本内容。

2）测试准备：描述本测试开始前系统必须具备的状态和数据。

3）测试步骤：对各项测试操作按先后顺序进行编号。

（2）测试 2 名称及标识符说明。

增加内容与测试 1 相同，不再赘述。

二、测试计划写作模板

《ANSI/IEEE 软件测试文档标准》将测试计划定义为："一个叙述了预定的测试活动的范围、途径、资源及进度安排的文档。它确认了测试项、被测特征、测试任务、人员安排以及任何偶发事件的风险。"由此可见测试计划的重要性。

软件测试计划是指导测试过程的纲领性文件，包含产品概述、测试策略、测试方法、测试区域、测试配置、测试周期、测试资源、测试交流、风险分析等内容。借助软件测试计划，参与测试的项目成员，尤其是测试管理人员，可以明确测试任务和测试方法，保持测试实施过程的顺畅、跟踪和控制测试进度，应对测试过程中的各种变更。IEEE829 标准测试计划模板如下：

1. 目的

规定测试范围、测试方法、测试所需资源和测试活动时间表。确定测试项、要测试的特性、要执行的测试任务、每个任务的责任人和与本计划相关的风险。

2. 测试计划标识

本测试计划的唯一标识。

3. 介绍

总结要测试的软件项和软件特性。在此也可描述一下每个软件项的用途、历史等。

4. 测试项

列出测试项的版本、修订号，同时应该说明测试该项的先决条件（如项目将从存储在磁带上转为存储在磁盘上）。

5. 要测试的特性

列出所有要测试的特性及其组合与相关的测试设计规格说明。

6. 不会被测试的特性

列出所有不会被测试的特性及其组合，以及不会测试它们的原因。

7. 方法

描述测试将使用的总的方法，即对于测试每一个主要特性和特性组合将使用的方法、主要活动、技术、工具。测试方法应该描述得足够详细，以便识别出主要的测试任务，估计每个测试任务所需要的时间，同时描述期望至少要达到的测试广度。列出用来判断测试工作量的技术（如决定哪些语句至少要被执行一次）、完成准则（如错误频率等）、用于需求跟踪的工具；列出测试的重要约束，如测试项是否可得、测试资源是否可得和最后期限。

8. 测试项通过、失败准则

列出用来决定一个测试项是否通过或失败的标准。

9. 暂停准则和继续准则

列出用于判断测试项的部分或所有测试活动是否要暂停的标准，以及当测试继续的时候哪些测试活动要重新进行。

10. 测试交付物

列出所有要交付的文档，包括测试计划、测试设计规格说明、测试用例的规格说明、测试规程的规格说明、测试项移交报告、测试日志、测试事件报告、测试总结报告等。测试所需输入数据和输出数据也应该作为交付物列出。测试工具（如模块驱动器和桩）也可以列于此。

11. 测试任务

列出准备测试和执行测试所需的任务以及所需技能。

12. 环境需求

列出期望的测试环境，包括硬件、通信、系统软件、如何使用，以及其他用于测试的软件或辅助物。要说明测试辅助物、系统软件、专利组件（如软件、数据、硬件等）的安全级别。列出所需的特殊测试工具以及其他测试需要（如书籍或办公室）。测试环境列表见表8–1。

表8–1 测试环境列表

服务器			
机器名称	硬件配置	操作系统	软件环境
客户端			
机器名称	硬件配置	操作系统	软件环境

13. 责任

列出以下小组，包括管理、设计、准备、执行、作证、检查、解决。另外列出测试项的小组和环境需求的小组。这些小组的成员可以包含开发人员、测试员、运营人员、用户代表、技术支持人员、数据管理员和质量支持人员。

14. 人手和培训的需要

列出需要的测试人员与他们应具有的技能级别以及所需技能培训。

15. 时间表

列出项目时间表中的与测试相关的里程碑以及测试项迁移事件。定义其他所需的测试里程碑，估计每项测试任务所需的时间，说明每项测试任务和测试里程碑的时间表。对于每个测试资源（辅助物、工具、人手），说明它的使用期限。

16. 风险以及应急措施

列出所有高风险的假设，说明它们的应急措施（如测试项交付延期可能要求测试人员加班以求按时交付）。

17. 授权

说明核准该计划的人员的姓名和头衔，留下空间，以便让他们签名、填写日期。

软件开发标准 GB/T 8567—2016 测试计划写作模板见表 8-2。

表 8-2　　软件开发标准 GB/T 8567—2016 测试计划写作模板

一、引言
　（一）编写目的
　　明确本测试计划的具体编写目的，指出预期的读者范围。
　（二）背景
　　说明：
　　1. 测试计划所从属的软件系统的名称。
　　2. 该开发项目的历史，列出用户和执行此项目测试的计算中心，说明在开始执行本测试计划之前必须完成的各项工作。
　（三）定义
　　列出本文件中用到的专门术语的定义和外文首字母组词的原词组。
　（四）参考资料
　　列出要用到的参考资料，例如：
　　1. 本项目的经核准的计划任务书或合同、上级机关的批文。
　　2. 属于本项目的其他已发表的文件。
　　3. 本文件中各处引用的文件、资料，包括所要用到的软件开发标准。列出这些文件的标题、文件编号、发表日期和出版单位，说明能够得到这些文件资料的来源。
二、计划
　（一）软件说明
　　提供一份图表，并逐项说明被测软件的功能、输入和输出等质量指标，作为叙述测试计划的提纲。

续表

（二）测试内容

列出组装测试和确认测试中的每一项测试内容的名称标识符，这些测试的进度安排以及这些测试的内容和目的，如模块功能测试、接口正确性测试、数据文卷存取测试、运行时间测试、设计约束和极限测试等。

（三）测试1（标识符）

给出这项测试内容的参与单位及被测试部位。

1. 进度安排：给出对这项测试的进度安排，包括进行测试的日期和工作内容（如熟悉环境、培训、准备输入数据等）。
2. 条件：陈述本项测试工作对资源的要求。
   （1）设备：采用的设备类型、数量和预定使用时间。
   （2）软件：列出将被用来支持本项测试过程而本身又并不是被测软件的组成部分的软件，如测试驱动程序、测试监控程序、仿真程序、桩模块等。
   （3）人员：列出在测试工作期间预期可由用户和开发任务组提供的工作人员的人数、技术水平及有关的预备知识，包括一些特殊要求，如倒班操作和数据键入人员。
3. 测试资料

列出本项测试所需的资料，例如：
   （1）有关本项任务的文件。
   （2）被测试程序及其所在的媒体。
   （3）测试的输入和输出举例。
   （4）有关控制此项测试的方法、过程的图表。
4. 测试培训

说明为被测软件的使用提供培训的计划。规定培训的内容、受训的人员及从事培训的工作人员。

（四）测试2（标识符）

用与本测试1相类似的方式说明用于另一项及其后各项测试内容的测试工作计划。

三、测试设计说明

（一）测试1（标识符）

说明对第一项测试内容的测试设计考虑。

1. 控制：说明本测试的控制方式（如输入是人工、半自动或自动），引入控制操作的顺序以及结果的记录方法。
2. 输入：说明本项测试中所使用的输入数据及选择这些输入数据的策略。
3. 输出：说明预期的输出数据，如测试结果及可能产生的中间结果或运行信息。
4. 过程：说明完成此项测试的每个步骤和控制命令，包括测试的准备、初始化、中间步骤和运行结束方式。

（二）测试2（标识符）

用与本测试1相类似的方式说明第2项及其后各项测试工作的设计考虑。

四、评价准则

（一）范围

说明所选择的测试用例能够检查的范围及其局限性。

（二）数据整理

为了把测试数据加工成便于评价的适当形式，使得测试结果同已知结果进行比较而要用到的转换处理技术，如手工方式或自动方式。如果是用自动方式整理数据，还要说明为进行处理而要用到的硬件、软件资源。

续表

（三）尺度 　　说明用来判断测试工作是否能通过的评价尺度，如合理的输出结果的类型，测试输出结果与预期输出之间的容许偏离范围，允许中断或停机的最大次数。具体编写测试计划时，可以对 IEEE 测试计划模板和软件开发标准测试计划模板进行修改，从而制订针对具体项目的可行测试计划。

三、测试用例写作模板

测试用例是软件测试的核心，测试用例的设计和编写是软件测试活动中最重要的任务。测试用例是一个文档，是执行的最小实体。测试用例描述输入、动作，或者时间和一个期望的结果，其目的是确定应用程序的某个特性是否正常工作，并且达到程序所设计的结果，以便测试某个程序路径或核实是否满足某个特定需求。测试用例写作模板参考如下：

1. 文档介绍

提示：用户根据项目的实际测试状况，裁剪本测试用例模板。

（1）文档目的和范围。

（2）读者对象。

（3）术语与缩写解释。

2. 通用测试用例编写方法

测试用例表格可以根据项目自身的特点进行设计，以下提供一种通用用例表格，见表 8-3。

表 8-3　　　　　　　　　　通用用例编写方法

用例编号					
原形描述	如函数、类的定义等				
用例目的	描述本用例的测试目的				
前提条件	如果某些前提条件不满足，本用例无法正常执行，则在此描述				
子用例编号	输入	操作步骤	期望结果	实测结果	状态

注：状态为"通过""失败""阻塞"。

3. 功能测试用例编写方法

功能测试用例编写方法见表 8-4。

表 8-4　功能测试用例编写方法

用例编号				
功能 A 描述				
用例目的				
前提条件				
子用例编号	输入 / 动作			
	示例：典型值……	期望的输出 / 响应	实际情况	状态
	示例：边界值……			
	示例：异常值……			

4. 容错能力、恢复能力测试用例编写方法

容错能力、恢复能力测试用例编写方法见表 8-5。

表 8-5　容错能力、恢复能力测试用例编写方法

用例编号				
用例目的				
前提条件				
子用例编号	异常输入 / 动作	容错能力 / 恢复能力	造成的危害、损失	状态
	示例：错误的数据类型……			
	示例：定义域外的值……			
	示例：错误的操作顺序……			
	示例：异常中断通信……			
	示例：异常关闭某个功能……			
	示例：负荷超出了极限……			

5. 性能测试用例编写方法

性能测试用例编写方法见表 8-6。

表 8-6　　　　　　　　　　　性能测试用例编写方法

用例编号			
性能 A 描述			
用例目的			
前提条件			
子用例编号	输入数据	期望的性能（平均值）	实际性能（平均值）	状态

6. 界面测试用例编写方法

界面测试用例编写方法见表 8-7。

表 8-7　　　　　　　　　　　界面测试用例编写方法

用例编号				
用例目的				
前提条件				
指标	子用例编号	检查项	评价	状态
合适性和正确性		用户界面是否与软件的功能相融洽？		
		是否所有界面元素的文字和状态都正确？		
容易理解		对于常用的功能，用户能否不必阅读手册就能使用？		
		是否所有界面元素（例如图标）都不会让人误解？		
		是否所有界面元素提供了充分而必要的提示？		
		界面结构能否清晰地反映工作流程？		
		用户是否容易知道自己在界面中的位置，不会迷失方向？		
		有联机帮助吗？		
风格一致		同类的界面元素是否有相同的视感和相同的操作方式？		
		字体是否一致？		
		是否符合广大用户使用同类软件的习惯？		

续表

指标	子用例编号	检查项	评价	状态
及时反馈信息		是否提供进度条、动画等反映正在进行的比较耗时间的过程？		
		是否为重要的操作返回必要的结果信息？		
出错处理		是否对重要的输入数据进行校验？		
		执行有风险的操作时，有"确认""放弃"等提示吗？		
		是否根据用户的权限自动屏蔽某些功能？		
		是否提供 Undo 功能用以撤销不期望的操作？		
适应各种水平的用户		所有界面元素都具备充分必要的键盘操作和鼠标操作吗？		
		初学者和专家都有合适的方式操作这个界面吗？		
		色盲或者色弱的用户能正常使用该界面吗？		
国际化		是否使用国际通行的图标和语言？		
		度量单位、日期格式、人的名字等是否符合国际惯例？		
个性化		是否具有与众不同的、让用户记忆深刻的界面设计？		
		是否在具备必要的"一致性"的前提下突出"个性化"设计？		
合理布局和谐色彩		界面的布局符合软件的功能逻辑吗？		
		界面元素是否在水平或者垂直方向对齐？		
		界面元素的尺寸是否合理？行、列的间距是否保持一致？		
		是否恰当地利用窗体和控件的空白，以及分割线条？		
		窗口切换、移动、改变大小时，界面正常吗？		
		界面的色调是否让人感到和谐、满意？		
		重要的对象是否用醒目的色彩表示？		
		色彩使用是否符合行业的习惯？		
……	……	……	……	

第八章 软件测试报告

7. 信息安全测试用例编写方法

信息安全测试用例编写方法见表 8-8。

表 8-8　　　　　　　信息安全测试用例编写方法

用例编号				
用例目的				
假想目标 A				
前提条件				
子用例编号	非法入侵手段	是否实现目标	代价—利益分析	状态
	……			

8. 压力测试用例编写方法

压力测试用例编写方法见表 8-9。

表 8-9　　　　　　　压力测试用例编写方法

用例编号				
用例目的				
极限名称 A	如"最大并发用户数量"			
前提条件				
子用例编号	输入/动作	输出/响应	是否能正常运行	状态
如 10 个用户并发操作				
如 20 个用户并发操作				

9. 可靠性测试用例编写方法

可靠性测试用例编写方法见表 8-10。

表 8-10　　　　　　　可靠性测试用例编写方法

用例编号	
任务 A 描述	
连续运行时间	

续表

故障发生的时刻	故障描述
……	

统计分析	
任务 A 无故障运行的平均时间间隔	（CPU 小时）
任务 A 无故障运行的最小时间间隔	（CPU 小时）
任务 A 无故障运行的最大时间间隔	（CPU 小时）
结论	

10. 安装、反安装测试用例编写方法

安装、反安装测试用例的编写方法见表 8-11。

表 8-11　　　　安装、反安装测试用例的编写方法

用例编号			
用例目的			
配置说明			
子用例编号	安装选项	是否正常	难易程度
	全部		
	部分		
	升级		
	其他		
	反安装选项	是否正常	难易程度

第二节 测试报告模板

考核知识点及能力要求：

- 掌握功能测试、性能测试、集成测试、系统测试等软件测试报告的编写。
- 掌握测试分析报告的编写。

一、功能测试报告写作模板

功能测试是对产品的功能进行验证，保证各个功能模块、逻辑的正确性。测试应侧重于业务功能和业务规则方面，检查产品是否达到用户的功能要求。对于功能测试，针对不同的应用系统，其测试内容的差异很大，但一般都可归为界面、数据、操作、逻辑、接口等方面。供参考的功能测试写作模板如下所示。

1. 概述

（1）编写目的：阐明编写本报告的目的，指明读者对象。

（2）项目背景：说明本项目的开发背景。

（3）定义：此报告中涉及的业务和技术方面的专业名词。

（4）参考资料：此报告参考和依据的所有文档。

2. 功能测试方法与环境

（1）测试方法：此次功能测试使用的测试方法，如黑盒测试法等。

（2）硬件设备：测试过程中用到的硬件设备。

（3）软件设备：测试过程中用到的软件设备。

说明：对测试中所用到的软硬件设备实际情况的详细列举，过低的配置、软件版本不匹配、网络拓扑的错误都会使提交的缺陷缺乏说服力，也会使开发人员对某些缺陷是否由于环境因素导致而产生疑惑。

3. 功能测试内容

本次功能测试的内容如界面、数据、操作、功能接口、功能约束条件等，还包括各功能点对应的测试用例设计，测试工具的选取。

4. 功能测试结果

对缺陷和问题进行统计，见表8–12。

表8–12　　　　　　　　　　功能测试结果统计

缺陷统计	新建Bug数、修复Bug数、未修复Bug数、Bug总数
问题摘要	遗留问题、拒绝问题、挂起问题、长期验证问题、待评估问题

5. 功能测试的结论

测试结论不仅仅只是测试通过或不通过，而应该使用详细的数据来支持测试结论，见表8–13、表8–14，需要列举的数据有测试用例通过率和遗留Bug情况统计。

表8–13　　　　　　　　　　测试用例通过率

用例	未通过用例	未通过比率

表8–14　　　　　　　　　　遗留Bug情况

Bug数	未修复Bug	遗留Bug率

二、性能测试报告写作模板

性能测试主要是对响应时间、事务处理速率、资源占用率测试、兼容性、易用性、用户文档、效率、可扩充性等进行的测试。供参考的性能测试写作模板如下所示。

1. 概述

（1）目的：说明为什么要进行此测试，参与人有哪些，以及测试时间，项目背景等。

（2）名词解释：此报告中涉及的业务和技术方面的专业名词。

（3）参考资料：此报告参考和依据的所有文档。

2. 测试需求分析

（1）测试目的：说明此测试的目的。

（2）测试对象：说明被测试产品的名称、版本、特性等。

（3）系统结构：简要描述被测系统的结构。

（4）测试范围

1）测试范围介绍。如×××系统各项性能指标，软件响应时间的性能测试，CPU、Memory 的性能测试，负载的性能测试（压力测试）。

2）主要检测内容。典型应用的响应时间，客户端、服务器的 CPU、Memory 使用情况，服务器的响应速度，系统支持的最优负载数量，网络指标，系统可靠性测试。

（5）系统环境：说明测试所需要的软硬件环境。

1）硬件环境，性能测试的硬件环境见表 8-15。

表 8-15　　　　　　　　　　性能测试的硬件环境

IP	CPU	OS	Memory	Storage

2）软件环境

①测试软件产品：主要说明被测试的软件产品模块名称和各模块分布情况。

②测试工具：说明所使用的测试工具。

3. 测试场景设计

说明测试执行时的业务操作情况，相当于用例（Use Case）。不同场景下将得到不同的测试结果，因此性能测试的结果必须与场景关联。

（1）测试目的：说明此场景测试的目的。

（2）测试配置：说明该测试所使用的配置。

（3）测试步骤：详细说明测试步骤。

（4）测试结果输出：记录测试输出结果，用于数据分析。

（5）测试结论：对测试数据做出分析，并对此次测试是否通过给出结论。

4. 测试结论及建议

对此次性能测试做出结论并给出建议。

三、集成测试报告写作模板

集成测试是在单元测试后由专门的测试小组来进行，目的是确保各个单元模块组合在一起能够按照规格说明书的规定运行。完成集成测试后，测试小组负责对测试结果进行整理、分析，并最终形成集成测试报告。供参考的集成测试报告写作模板如下：

1. 引言

（1）编写目的：阐述此次集成测试的目的。

（2）背景：说明本项目的开发背景。

（3）定义：对报告中的定义进行说明。

（4）参考资料：此报告参考和依据的所有文档。

2. 计划集成测试

（1）制订集成测试计划应考虑的问题：采用何种方式对系统进行集成；测试过程中是否要有专门的硬件设备；全局数据结构是否有问题；在集成各个模块时，穿越模块接口的数据是否会丢失。

（2）集成测试具体内容

1）功能性测试：检查各个子模块结合起来是否满足设计所要求实现的功能。

2）可靠性测试：根据需求分析中提出的要求，对软件的容错性、易恢复性、错误处理能力进行测试。

3）易用性测试：根据软件设计中提出的要求，对软件的易理解性、易学性、易操作性、吸引性测试、易用的依从性进行测试。

4）性能测试：根据需求分析中提出的要求，对软件的相应时间、吞吐量、资源利用率等进行测试。

5）维护性测试：对软件的可以被修改的容易程度进行测试。

6）可移植性测试：测试软件是否可以被成功移植到其他硬件或软件平台上。

7）操作性测试：测试主要操作是否正确，有无误差。

8）疲劳性测试：通过大容量数据进行测试。

（3）设计集成测试用例：具体设计测试用例，执行集成测试。

3. 集成测试结果评估

按照集成测试的内容，对内容一一进行结果评估。

4. 建议的集成测试结论

对此次集成测试是否通过下结论。

四、系统测试报告写作模板

完成集成测试后，还需要进行系统测试。系统测试是将已经通过集成测试的软件、计算机硬件、外设和网络等其他因素结合在一起，与系统需求说明书、系统方案说明书相比，发现系统与用户需求不符或矛盾的地方，所以，系统实施运行前要进行系统测试。供参考的系统测试报告模板如下：

1. 测试范围

（1）测试产品信息：产品或系统模块名称，版本信息。

（2）测试内容：用表格的形式列出每一测试的标志符及其测试内容，并指出实际进行的测试内容与测试计划中预先设计的内容之间的差别，说明做出这种变动的原因。

（3）测试环境：硬件、软件、测试数据。

2. 测试执行情况

（1）测试计划执行情况：描述测试任务执行情况，包括实际进度和人员情况。

（2）测试类型和测试用例执行情况：用附件列出每个选用的测试用例的执行

结果。

3. 测试结果统计

测试用例执行通过率，测试用例需求覆盖率，测试共发现缺陷数量。

4. 缺陷统计分析

（1）缺陷统计信息：统计主要依据缺陷相关信息，主要统计信息有：

1）模块对应 Bug 数量。

2）Bug 的优先级。

3）Bug 的严重性。

4）产品发布后 Bug 状态图等。

5）通过 O/C 图对测试结束时间进行分析。

6）缺陷密度。

（2）缺陷分析：通过 Bug 统计信息对 Bug 进行分析，提出改进意见；O/C 图分析、产品缺陷趋势分析。

5. 测试评价

（1）测试结束准则：测试用例需求覆盖率，测试用例通过率，遗留缺陷数量。

（2）遗留缺陷和建议：给出遗留 Bug 情况以及解决措施建议，在系统测试报告中必须列出遗留缺陷的明细列表。

（3）建议测试结论

1）满足测试结束准则，通过测试。系统测试报告中还需要根据发布准则判断是否允许发布。

2）不满足测试结束准则，测试不通过。

五、验收测试写作模板

验收测试是依据软件开发商和用户之间的合同、软件需求说明书以及相关行业标准、国家标准、法律法规等对软件的功能、性能、可靠性、易用性、可维护性、可移植性等特性进行严格的测试，验证软件的功能和性能及其他特性是否与业务需求一致。验收测试写作模板的主要内容如下：

1. 测试目的

描述进行本次验收测试的测试标准、进行的主要测试类项以及要达到的测试目的。如针对验收测试的标准（如需求规格说明书、双方签订合同以及双方其他正式约定、公司的验收标准和验收过程等）进行功能符合性测试、数据准确性测试、性能测试等，目的是验证各功能模块是否符合需求规格说明书或用户需求描述的功能和技术要求。

2. 测试产品信息

产品或系统名称以及版本信息。

3. 测试环境和数据准备

（1）测试环境：验收测试环境见表 8–16。

表 8–16　　　　　　　　　　　验收测试环境

系统资源		
资源	名称 / 类型	软件环境
数据库服务器		
数据库名称		
服务器名称		
网络或子网		
客户端测试 PC		
包括特殊的配置需求		
测试存储库		
服务器名称		
测试开发 PC		

（2）测试准备：应用软件安装准备和测试数据准备。

4. 测试人员

测试人员和职责见表 8–17。

表 8-17　　　　　　　　　　　　　测试人员和职责

角色	所推荐的最少资源 （所分配的专职角色数量）	具体职责或注释
人力资源		
测试负责人		制订测试计划，确定测试用例，构建测试环境；管理测试系统；完成测试报告，评估测试结果的有效性
测试人员		执行测试，职责如下： 执行测试；记录测试结果；从错误中恢复；记录变更请求

注：可适当删除或添加角色项。

5. 测试执行情况

对应测试计划，将测试执行情况如测试结果、实际测试时间直接填入。如有测试问题，记录在验收测试报告单上。

（1）功能测试：可采用如表 8-18 所示的方法填写。

表 8-18　　　　　　　　　　　　　功能测试执行情况表

测试功能	测试时间	测试结果	备注
功能 1			
……			

（2）性能测试：性能测试的执行情况，如执行时间、结果等。

（3）测试问题：记录测试中存在的问题。

6. 测试统计

针对测试发现的 Bug，进行统计分析：

（1）按 Bug 严重级别进行统计分析。

（2）按模块对应的 Bug 进行统计分析。

7. 测试结果

（1）准则：说明评价测试结果的准则。

（2）建议和意见：针对测试结果提出意见和建议。

（3）建议测试结论：根据评价准则，给予测试是否通过的结论。

六、测试分析报告模板

测试分析报告是测试主要报告之一。测试分析报告建立在正确的、足够的测试结果的基础上,不仅要提供测试结果的必要数据,而且要对结果进行分析。软件开发标准 GB/T 8567—2016 测试分析报告的模板见表 8-19。

表 8-19　　软件开发标准 GB/T 8567—2016 测试分析报告的模板

一、引言
　（一）编写目的
　　说明这份测试分析报告的具体编写目的,指出预期的阅读范围。
　（二）背景
　　说明:
　　1. 被测试软件系统的名称。
　　2. 该软件的任务提出者、开发者、用户及安装此软件的计算中心,指出测试环境与实际运
　　　行环境之间可能存在的差异以及这些差异对测试结果的影响。
　（三）定义
　　列出本文件中用到的专业术语的定义和外文首字母组词的原词组。
　（四）参考资料
　　列出要用到的参考资料,例如:
　　1. 本项目的经核准的计划任务书或合同、上级机关的批文。
　　2. 属于本项目的其他已发表的文件。
　　3. 本文件中各处引用的文件、资料,包括所要用到的软件开发标准。列出这些文件的标
　　　题、文件编号、发表日期和出版单位,说明能够得到这些文件资料的来源。
二、测试概要
　　用表格的形式列出每一项测试的标识符及其测试内容,并指明实际进行的测试工作内容与测试计划中预先设计的内容之间的差别,说明做出这种改变的原因。
三、测试结果及发现
　（一）测试 1（标识符）
　　把本项测试中实际得到的动态输出（包括内部生成数据输出）结果同对动态输出的要求进行比较,陈述其中的各项发现。
　（二）测试 2（标识符）
　　用类似本报告测试 1 的方式给出第 2 项及其后各项测试内容的测试结果和发现。
四、对软件功能的结论
　（一）功能 1（标识符）
　　1. 能力:简述该项功能,说明为满足此项功能而设计的软件能力以及经过一项或多项测试
　　　已证实的能力。
　　2. 限制:说明测试数据值的范围（包括动态数据和静态数据）,列出测试期间就某一项功
　　　能在该软件中查出的缺陷、局限性。
　（二）功能 2（标识符）
　　用类似本报告功能 1 的方式给出第 2 项及其后各项功能的测试结论。

> 续表
>
> 五、分析摘要
> （一）能力
> 　　陈述经测试证实了的本软件的能力。如果所进行的测试是为了验证一项或几项特定性能要求的实现，应提供这方面的测试结果与要求之间的比较，并确定测试环境与实际运行环境之间可能存在的差异对能力的测试所带来的影响。
> （二）缺陷和限制
> 　　陈述经测试证实的软件缺陷和限制，说明每项缺陷和限制对软件性能的影响，并说明所有性能缺陷的累积影响和总影响。
> （三）建议
> 　　对每项缺陷提出改进建议，例如：
> 　　1. 各项修改可采用的修改方法。
> 　　2. 各项修改的紧迫程度。
> 　　3. 各项修改预计的工作量。
> 　　4. 各项修改的负责人。
> （四）评价
> 　　说明该项软件的开发是否已达到预定目标，能否交付使用。
> 六、测试资源消耗
> 　　总结测试工作的资源消耗数据，如工作人员的水平级别、数量、机时消耗等。

思考题

1. 制定测试大纲的目的是什么？

2. 测试大纲的主要内容有哪些？

3. 软件测试的计划有哪些内容？

4. 测试用例是软件测试的核心，测试用例写作模板包含哪些要点？

5. 功能测试的主要目的是什么？

6. 测试报告包含哪些测试模板？

7. 性能测试的作用是什么？

8. 验收测试写作模板包含哪些要点？

参考文献

［1］李鑫，祝慧娟.C# 编程入门与应用 [M].北京：清华大学出版社，2017.

［2］李莹，田林琳.C# 语言程序设计 [M].北京：清华大学出版社，2018.

［3］张宝荣.Unreal Engine 4 学习总动员——快速入门 [M].北京：中国铁道出版社，2019.

［4］张宝荣.Unreal Engine 4 学习总动员——游戏开发 [M].北京：中国铁道出版社，2019.

［5］张宝荣.Unreal Engine 4 学习总动员——蓝图应用 [M].北京：中国铁道出版社，2019.

［6］曲朝阳，刘志颖，杨杰明，等.软件测试技术 [M].2 版.北京：清华大学出版社，2015.

［7］崔梦天，张波，郭雪峰.软件测试原理及应用 [M].成都：西南交通大学出版社，2019.

后 记

近年来，虚拟现实技术在国内外都得到了飞速发展并且逐步走向成熟，该技术融合应用了近眼显示、渲染计算、内容制作、感知交互、网络传输等多领域技术，拓展了人类感知能力，开启了"元宇宙"的大门，也给生产生活带来了前所未有的变革，在军事、工业、娱乐、教育、文化、医疗等行业领域都得到了广泛应用。据国际数据公司等机构预测，2020—2024 年，全球虚拟现实产业规模年增长率约为 54%。

虚拟现实产业的广泛应用和快速发展急需一大批虚拟现实技术人才作为支撑。当前我国虚拟现实技术人才相当短缺，数据显示，至 2030 年我国对 VR/AR 人才的岗位需求将达到 682.26 万个。国家高度重视虚拟现实技术人才的培养，2018 年 9 月，虚拟现实应用技术专业列入《普通高等学校高等职业教育（专科）专业目录》；2020 年 3 月，虚拟现实技术专业被纳入《普通高等学校本科专业目录》。

2020 年 2 月 25 日，人力资源社会保障部与市场监管总局、国家统计局联合向社会发布了包含虚拟现实工程技术人员在内的 16 个新职业。其中，明确定义虚拟现实工程技术人员为使用虚拟现实引擎及相关工具，进行虚拟现实产品的策划、设计、编码、测试、维护和服务的工程技术人员。其主要工作任务包括：虚拟现实软件产品策划、场景设计、界面设计、模型制作、程序开发、系统测试；设计、开发、集成、测试虚拟现实硬件系统；研究、应用虚拟现实体系架构、技术和标准；管理、监控、维护并保障虚拟现实产品的稳定和安全运行；提供虚拟现实技术相关的技术咨询、技术培训和技术支持服务。

2021年9月29日，人力资源社会保障部、工业和信息化部共同制定的《虚拟现实工程技术人员国家职业技术技能标准（2021年版）》正式颁布施行。至此，虚拟现实工程技术各等级从业人员的知识要求和专业能力要求均已明确。

本套教材严格按照《虚拟现实工程技术人员国家职业技术技能标准（2021年版）》编制成册，共包含"三类九本"。"三类"即基础知识类、应用开发类、内容设计类。其中，基础知识类指《虚拟现实工程技术人员基础知识》，主要讲述了虚拟现实系统搭建、虚拟现实项目管理等通用知识；应用开发类、内容设计类分别讲述了虚拟现实应用开发方向、虚拟现实内容设计方向应掌握的专用知识。三类都是按初、中、高三级单独成书，用于全国专业技术人员新职业培训。

在使用本系列教程开展培训时，应当结合培训目标和受众人员的实际水平和专业方向，选用合适的教程。本教程受众为大学专科学历（或高等职业学校毕业）以上，具有一定的学习、理解、沟通、分析和计算能力，具有较好的空间感，参加新职业培训的人员。

虚拟现实工程技术人员需按照《虚拟现实工程技术人员国家职业技术技能标准（2021年版）》的职业要求参加有关课程培训，完成规定学时，取得学时证明。初级120标准学时，中级100标准学时，高级100标准学时。

本教程编写过程中，得到了人力资源社会保障部、工业和信息化部相关部门的正确领导，得到了一些大学、科研院所、企业的专家学者的大力帮助和指导，同时参考了多方面的文献，吸取了许多专家学者的研究成果。整个编写团队克服疫情带来的困难，团结协作，体现了良好的奉献精神和工作热情，本书写作过程中得到了魏晓东、杨涛、段佳喜、李冬、李明、郝杰、刘晨、胡俊、朱晓龙、罗峥、邓秋亮等的大力支持和协助，在此表示由衷的感谢。

由于编著水平、经验与时间所限，本书的不足与疏漏之处在所难免，恳请广大读者批评指正。

本书编委会